普通高等院校土木工程专业"十三五"规划教材
国家应用型创新人才培养系列精品教材

土力学

主　编　杨庆光　胡贺松　刘　杰

副主编　李　雷　倪骁慧　周　斌

U0188758

中国建材工业出版社
北　京

图书在版编目（CIP）数据

土力学/杨庆光，胡贺松，刘杰主编．--北京：
中国建材工业出版社，2017.3（2024.1 重印）
普通高等院校土木工程专业"十三五"规划教材国家
应用型创新人才培养系列精品教材
ISBN 978-7-5160-1678-7

Ⅰ.①土…　Ⅱ.①杨…　②胡…　③刘…　Ⅲ.①土力学
—高等学校—教材Ⅳ.①TU43

中国版本图书馆 CIP 数据核字（2016）第 245992 号

内 容 简 介

本教材包括以下内容：绪论；土的物理性质及工程分类；土的渗透性及渗流问题；土中的应力计算；土的变形特征及沉降量计算；土的抗剪强度及地基承载力；土压力理论和土坡稳定性分析；土的动力特性。

本教材内容充实、概念清楚、层次分明、覆盖面广、重点突出，内容覆盖了建筑工程、交通土建工程及铁道工程专业领域内的土力学主要内容，满足我国当前对"大土木"的人才培养需要。教材内容与我国现行的有关规范规程保持一致。本书除作为本科教材外，还可以作为土木工程注册考试的参考用书。

土力学

主　编　杨庆光　胡贺松　刘　杰

副主编　李　雷　倪骁慧　周　斌

出版发行：中国建材工业出版社

地　　址：北京市海淀区三里河路 11 号

邮　　编：100831

经　　销：全国各地新华书店

印　　刷：北京印刷集团有限责任公司

开　　本：787mm×1092mm　1/16

印　　张：15.5

字　　数：380 千字

版　　次：2017 年 3 月第 1 版

印　　次：2024 年 1 月第 3 次

定　　价：48.80 元

前　言

本教材紧密结合现代人才培养模式的改革，结合"拓宽专业基础、提高综合素质、增强创新能力"的方针，特别针对应用型本科院校"卓越工程师"的培养要求，较系统地介绍了土力学的基本理论知识、分析方法及在实践工程中的应用等。

本教材内容充实、概念清楚、层次分明、覆盖面广、重点突出，内容覆盖了建筑工程、交通土建工程及铁道工程专业领域内的土力学主要内容，满足我国当前对"大土木"的人才培养需要。教材内容与我国现行的有关规范规程保持一致，除作为本科教材外，还可以作为土木工程注册考试的参考用书。

本教材包括以下内容：绪论；土的物理性质及工程分类；土的渗透性及渗流问题；土中的应力计算；土的变形特征及沉降量计算；土的抗剪强度及地基承载力；土压力理论和土坡稳定性分析；土的动力特性。

参加本教材编写的人员有：湖南工业大学杨庆光（第4章、第5章），广州市建筑科学研究院有限公司胡贺松（第2章、第3章），湖南工业大学刘杰（绪论），中矿资源勘探股份有限公司李雷（第6章），嘉兴学院倪骁慧（第7章），湖南工业大学周斌（第1章），杨庆光负责全书的统稿和定稿工作。本教材得到了浙江省重点专业建设项目——土木工程（41652002Z）经费资助。

由于编者水平有限，加之时间仓促，书中难免有不妥之处，热忱欢迎读者批评指正。

编者

2017年2月

目　　录

绪 论

0.1 土力学的概念、特点和作用

土力学（soil mechanics）是研究土体的一门力学，它是研究土体的应力、变形、强度、渗流及长期稳定的一门学科。广义的土力学又包括土的生成、组成、物理力学性质及分类在内的土质学。土力学也是一门实用的学科，它是土木工程的一个分支，主要研究土的工程性质，解决工程问题。

在土木工程中，天然土层常被作为各类建筑（构造物）的地基，如在土层上建造房屋、桥梁、涵洞、堤坝等；或利用土作为建筑物周围的环境，如在土层中修建地下建筑、地下管道、渠道、隧道等；还可利用土作为土工建筑物的材料，如修建高速公路、铁路、土坝等。因此，土是土木工程中应用最为广泛的一种建筑材料或介质。

土是矿物或岩石构成的松软集合体，由于其形成年代、生成环境及物质成分不同，工程特性亦复杂多变。土中颗粒之间没有联结或联结强度远小于颗粒本身的强度。土中固体颗粒之间有大量孔隙，由水和空气填充。水在孔隙中渗透显示出土的透水性；土孔隙体积的变化显示出土的压缩性；在土体的荷载等外界因素作用下，土粒错位显示出土内摩擦和黏聚的抗剪强度特性。因此，土具有碎散性、压缩性、固体颗粒之间相对移动性和渗透等特性。由于钢材、木材为连续介质固体材料，而土体为非连续松散介质材料，因此土与钢材、木材等土木工程材料有本质区别，这是土体不同于其他材料的一个重要特点。

土力学研究内容主要包括以下几个方面：土体的渗透性和渗流；土体的应力—应变和应力—应变—时间的本构关系，以及强度准则和理论；在均布荷载或偏心荷载以及各种荷载形式作用下，基础与地基土接触面上的应力分布及基础底面下不同深度位置的应力分布，地基土的压缩变形量与时间关系，以及地基土的稳定性和地基承载力取值问题；根据极限平衡理论对天然土坡及人工边坡稳定性进行评价；计算自重及附加荷载作用下挡墙上所受侧向土压力大小，为挡土墙结构设计提供依据；土体的动力特性及测定土体的动力参数，为动荷载作用下的建筑物（构筑物）设计提供理论依据。

土力学是土木工程专业的一门基础课程，其任务是保证各类建筑物（构筑物）既安全又经济，使用正常，不发生各类工程事故。因此，需要学习和掌握土力学的基本理论知识，为地基基础、地下建筑结构及与土体有关的工程设计和建设提供依据。

0.2 土力学的发展概况

由于生产的发展和生活上的需要，人类从出现开始从来没有离开过土，并在与土打交道的过程中，创造性地建立了一套利用和开发土体的工程经验。例如，我国的大型宫殿、万里长城、赵州桥等；国外的古埃及金字塔、古罗马桥梁工程等，都体现了人类在利用土方面的丰富经验。同样，在与土打交道的过程中，出现了很多与土有关的工程问题。如意大利的比萨斜塔、苏州的虎丘塔，受到建筑物地基土不均匀沉降的影响，导致比萨斜塔和虎丘塔都出现了不同程度的倾斜，进而对建筑物的结构造成一定的影响。对于软土地基上的建筑物，地基土的过大沉降，也会对建筑物结构造成一定程度的危害，如上海展览中心馆、墨西哥市艺术馆。当地基承载力满足不了结构荷载的要求时，容易造成地基土的破坏，如加拿大特朗斯康谷仓，美国纽约某水泥仓库，我国上海市闵行区莲花河畔景苑小区等典型案例。此外，土坡滑动、地基土液化、地基土的冻胀等问题均会对结构安全造成不同程度的影响。

18世纪的工业革命后，推动了工业、铁路和城市建设等事业的飞速发展，使人们面临着许多与土有关的工程问题，特别是上述一些工程事故的出现，促使一批土力学研究的先驱者从理论和试验方面展开相关研究，从而促进了土力学理论的产生和发展。

1773年，法国人库仑（Coulomb）根据试验创立了著名的砂土抗剪强度公式，提出了计算挡土墙土压力的滑楔理论。1857年，英国人朗金（Rankine）用另一途径提出挡土墙土压力计算理论，这对后来土体强度理论的发展起到了很大的作用。1856年，法国工程师达西（Darcy）研究了砂土的透水性，提出了达西定律，分析了土中的渗流问题。1885年法国学者布辛奈斯克（Boussinesq）求出了弹性半空间无限体表面竖向集中力作用时土中应力、变形的理论解答。

20世纪20年代，土力学方面的研究取得了较快的发展。1915年，瑞典的彼得森（Petterson）首先提出，后由瑞典费伦纽斯（Fellenius）及美国的泰勒（Taylor）进一步发展了土坡稳定分析的圆弧滑裂面法，对边坡稳定理论的发展起到重要的影响。1920年，法国学者普朗特尔（Prandtl）发表了地基剪切破坏时的滑动面形状和极限承载力公式。通过学术界和工程界的不懈努力和经验积累，到1925年，美籍奥地利人太沙基（Terzaghi）在归纳总结前人及其本人研究成果的基础上，发表了第一本关于土力学的专著——《土力学》，标志着土力学学科的诞生，因此太沙基也被称为"土力学之父"。许多国家和地区也都开展了土力学及岩土工程类的学术活动，交流经验，并不定期出版土力学相关学术著作，这对土力学学科的发展起到了积极的推动作用。

新中国的成立，改革开放的深入，使我国基础建设得到了高速的发展，为土力学学科的发展提供了沃土。陈宗基教授对土的流变性和黏土结构的研究；黄文熙院士对土的液化的探讨以及提出考虑侧向变形的地基沉降计算方法；钱家欢教授等主编的《土工原理与计算》一书，较全面地总结了土力学的新发展，在国内有较大的影响；沈珠江院士在土体本构模型、土体静动力数值分析、非饱和土理论等方面取得了令人瞩目的成就。自1962年以来，我国先后召开了数届全国土力学与岩土工程会议，并建立了许多地基基础研究机构和岩土工程实验室，对土力学理论和实践的发展作出了重大的贡献。

自20世纪50年代，特别是20世纪70年代以来，现代科学技术进入本学科的各个领域，计算理论和计算技术得到了飞速的发展，土力学的研究进入了崭新的发展阶段。今后，土力学理论与实践将以更快的速度向前发展，为人类的未来作出更大的贡献。

0.3 本课程的内容、要求及学习方法

根据高等学校土木工程专业指导委员会编制的"土力学"课程教学大纲和应用型土木工程人才培养要求，本书共分为 7 章，除重点阐述土力学的基本理论外，还配合理论介绍了相关的工程实例，主要包括以下几个方面的内容：

（1）第 1 章"土的物理性质及工程分类"。这是本课程的基础。了解土的三相组成，掌握土的物理力学性质和土的物理状态指标的定义、物理概念和计算公式。要求熟练掌握物理性质指标的三相换算方法，了解不同行业中地基土的分类依据和定名方法。

（2）第 2 章"土的渗透性及渗流问题"。了解土体的渗流基本理论，掌握土体渗透系数的测定方法、土体渗流分类方法及平面渗流中流网绘制及应用方法。

（3）第 3 章"土中的应力计算"。掌握土的自重应力、基底压力以及各种分布荷载作用下基底附加应力的分布情况，此外，还要求熟练掌握有效应力的基本概念，并了解有效应力原理在工程中的应用。

（4）第 4 章"土的变形特征及沉降量计算"。掌握土的变形特性和土体的最终沉降量计算方法，并要求掌握土体的应力历史与沉降的关系、太沙基一维固结理论及时间与沉降关系，及各自的沉降量计算方法。

（5）第 5 章"土的抗剪强度及地基承载力"。要求掌握土体抗剪强度理论、抗剪强度的测定方法、抗剪强度取值方法及影响因素，了解应力路径的基本概念。了解各种地基的破坏模式，掌握地基临塑荷载、界限荷载、地基极限承载力和地基容许承载力的确定方法。

（6）第 6 章"土压力理论和土坡稳定性分析"。掌握各种土压力的形成条件、朗金和库仑土压力理论，并掌握几种常见情况下的土压力计算方法。了解无黏性土边坡和黏性土边坡稳定性分析的常用方法。

（7）第 7 章"土的动力特性"。了解土体动荷载及其基本特性，掌握土体动强度指标、土体动力参数及其测定方法。了解土体的液化概念及影响因素，并要求掌握土体液化的判别方法及其防治的常用方法。

本课程涉及的自然科学范围很广，需要具备材料力学、结构力学和弹性理论的基础知识，此外，还需要了解弹塑性理论、流变理论以及地下水动力学等方面的知识。

在本课程学习中，必需牢固掌握土中应力、变形、强度和地基计算等土力学基本原理，自始至终抓住土的变形、强度和稳定性问题这一重要线索，特别注意认识土的多样性和易变形等特点。学习过程中突出基本概念的重要性，掌握基本原理，抓住重点，理论联系实际，重在工程应用。

第1章 土的物理性质及工程分类

1.1 土的形成

1.1.1 土的生成

土是由岩土，经物理化学风化、剥蚀、搬运、沉积，形成固体矿物、流体水和气体的一种集合体。

不同的风化作用形成不同性质的土，风化作用有下列三种：

1. 物理风化

岩石经受风、霜、雨、雪的侵蚀，由于温度、湿度的变化，发生不均匀膨胀与收缩，使岩石产生裂隙，崩解为碎块。这种风化作用，只改变颗粒的大小与形状，不改变原来的矿物成分，称为物理风化。

由物理风化生成的土为粗粒土，如块碎石、砾石和砂土等，这种土总称为无黏性土。

2. 化学风化

岩石的碎屑与水、氧气和二氧化碳等物质相接触时，逐渐发生化学变化，原来组成矿物的成分发生了变化，产生一种新的成分——次生矿物。这类风化称为化学风化。

经化学风化生成的土为细粒土，具有黏结力，如黏土与粉质黏土，总称为黏性土。

3. 生物风化

动物、植物和人类活动对岩体的破坏称生物风化。例如：长在岩石缝隙中的树，因树根伸展使岩石缝隙扩展开裂；人们开采矿石、石材，修铁路打隧道，劈山修公路等活动形成的土，其矿物成分没有变化。

1.1.2 土的成因类型

土是在第四纪（距今约一百万年）由原岩风化产物经各种地质作用剥蚀、搬运、沉积而成的。第四纪沉积物在地表分布极广，成因类型也很复杂。不同成因类型的沉积土，各具有一定的分布规律、地形形态及工程性质，下面分别介绍其中主要的几种成因类型。

1. 残积土、坡积土和洪积土

（1）残积土

原岩经风化作用而残留在原地的碎屑物，称为残积土。它的分布受地形控制。在宽广的分水岭上，由于地表水流速度很小，风化产物能够留在原地，形成一定的厚度。在平缓的山坡或低洼地带也常有残积土分布。

残积土中残留碎屑的矿物成分，在很大程度上与下卧母岩一致，这是它区别于其他沉积土的主要特征。例如，砂岩风化剥蚀后生成的残积土多为砂岩碎块。由于残积土未经搬运，其颗粒大小未经分选和磨圆，大小混杂，均质性差，土的物理力学性质各处不一，且其厚度变化大。因此，在进行工程建设时，要注意残积土地基的不均匀性。我国南部地区的某些残积土，还具有一些特殊的工程性质。如由石灰岩风化而成的残积红黏土，虽然其孔隙比较大，含水量高，但因其结构性强，因而承载力高。又如，由花岗岩风化而成的残积土，虽室内测定的压缩模量较低，孔隙比也较大，但其承载力并不低。

（2）坡积土

高处的岩石风化产物，由于受到雨雪水流的搬运，或由于重力的作用而沉积在较平缓的山坡上，这种沉积土称为坡积土。它一般分布在坡腰或坡脚，其上部与残积土相接。坡积土随斜坡自上而下逐渐变缓，呈现由粗而细的分选作用，但层理不明显。其矿物成分与下卧基岩没有直接关系，这是它与残积土明显的区别之处。

坡积土底部的倾斜度取决于下卧基岩面的倾斜程度，而其表面倾斜度则与生成的时间有关。时间越长，搬运、沉积在山坡下部的物质越厚，表面倾斜度也越小。在斜坡较陡地段的厚度常较薄，而在坡脚地段的坡积土则较厚。

由于坡积土形成于山坡，故较易沿下卧基岩倾斜面发生滑动。因此，在坡积土上进行工程建设时，要考虑坡积土本身的稳定性和施工开挖后边坡的稳定性。

（3）洪积土

由暴雨或大量融雪骤然集聚而成的暂时性山洪急流，将大量的基岩风化产物剥蚀、搬运、堆积于山谷冲沟出口或山前倾斜平原而形成洪积土。由于山洪流出沟谷口后，流速骤减，被搬运的粗碎屑物质先堆积下来，离山渐远，颗粒随之变细，其分布范围也逐渐扩大。洪积土的地貌特征是，靠山近处窄而陡，离山较远处宽而缓，形似扇形或锥体，故称为洪积扇（锥）。

洪积物质离山区由近渐远，颗粒呈现由粗到细的分选作用，碎屑颗粒的磨圆度由于搬运距离短而仍然不佳。又由于山洪大小交替和分选作用，常呈现不规则交错层理构造，并有夹层或透镜体（在某一土层中存在着形状似透镜的局部其他沉积土）等，如图1-1所示。

从工程观点可把洪积土分为三个部分：靠近山区的洪积土，颗粒较粗，所处的地势较高，而地下水位埋藏较深，且地基承载力较高，常为良

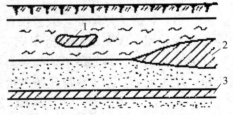

图1-1 土的层理构造

1—淤泥夹黏土透镜体；2—黏土尖灭层；
3—砂土夹黏土层

好的天然地基；离山区较远地段的洪积土多由较细颗粒组成，由于形成过程受到周期性干旱作用，土体被析出的可溶盐类胶结而较坚硬密实，承载力较高；中间过渡地段由于地下水溢出地表而造成宽广的沼泽地，土质较弱而承载力较低。

2. 冲积土

河流两岸的基岩及其上部覆盖的松散物质，被河流流水剥蚀后，经搬运、沉积于河流坡降平缓地带而形成的沉积土，称为冲积土。冲积土的特点是具有明显的层理构造。经过

搬运过程的作用,颗粒的磨圆度好。随着从上游到下游的流速逐渐减小,冲积土具有明显的分选现象。上游沉积物多为粗大颗粒,中下游沉积物大多由砂粒逐渐过渡到粉粒(粒径为 $0.075 \sim 0.005\text{mm}$)和黏粒(粒径 $<0.005\text{mm}$)。

(1)平原河谷冲积土

平原河谷的冲积土比较复杂,它包括河床沉积土、河漫滩沉积土、河流阶地沉积土及古河道沉积土等,如图 1-2 所示。河床沉积土大多为中密砂砾,作为建筑物地基,其承载力较高,但必须注意河流冲刷作用可能导致建筑物地基的毁坏以及凹岸边坡的稳定问题。河漫滩沉积土下层为砂砾、卵石等粗粒物质,上层则为河水泛滥时沉积的较细颗粒的土,局部夹有淤泥和泥炭层。河漫滩地段地下水埋藏很浅,当沉积土为淤泥和泥炭土时,其压缩性高,强度低,作为建筑物地基时,应认真对待,尤其是在淤塞的古河道地区,更应慎重处理;如冲积土为砂土,则其承载力可能较高,但开挖基坑时必须注意可能发生的流砂现象。河流阶地沉积土是由河床沉积土和河漫滩沉积土演变而来的,其形成时间较长,又受周期性干燥作用,故土的强度较高,可作为建筑物的良好地基。

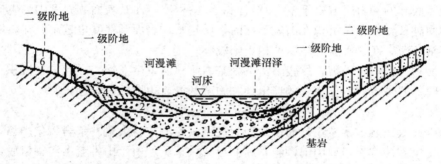

图 1-2 平原河谷横断面示意(垂直比例尺放大)

1—砾卵石;2—中粗砂;3—粉细砂;4—粉质黏土;5—粉土;6—黄土;7—淤泥

(2)山区河谷冲积土

在山区,河谷两岸陡峭,大多仅有河谷阶地,如图 1-3 所示。山区河流流速很大,故沉积土颗粒较粗,大多为砂粒所填充的卵石、圆砾等。山间盆地和宽谷中有河漫滩冲积土,其分选性较差,具有透镜体和倾斜层理构造,但厚度不大。在高阶地往往是岩石或坚硬土层,作为地基,其工程地质条件很好。

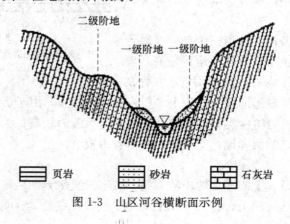

图 1-3 山区河谷横断面示例

（3）三角洲冲积土

三角洲冲积土是由河流所搬运的物质在入海或入湖的地方沉积而成的。三角洲的分布范围较广，其中水系密布且地下水位较高，沉积物厚度也较大。

三角洲沉积土的颗粒较细，含水量大且呈饱和状态。当建筑场地存在较厚的淤泥或淤泥质土层时，将给工程建设带来许多困难。在三角洲沉积土的上层，由于经过长期的干燥和压实，已形成一层所谓的"硬壳"层；硬壳层的承载力常较下面土层高，在工程建设中应该加以利用。另外，在三角洲建筑时应注意查明有无被冲积土所掩盖的暗浜或暗沟存在。

3. 其他沉积土

除了上述几类沉积土外，还有海洋沉积土、湖泊沉积土、冰川沉积土及风积土等，它们分别由海洋、湖泊、冰川及风等的地质作用形成。

1.1.3 土的结构和构造

很多试验资料表明，同一种土，原状土样和重塑土样的力学性质有较大差异。这就是说，土的组成成分不是决定土性质的全部因素，土的结构和构造对土的性质也有很多影响。

土的结构包含微观结构和宏观结构两层概念。土的微观结构，常简称为土的结构，或称为土的综合特征。土的宏观结构，常称之为土的构造，是同一土层中的物质成分和颗粒大小等都相互关联的特征，表征了土层的层理、裂隙及大孔隙等宏观特征。

1. 土的结构

（1）单粒结构（single grain fabrics）

单粒结构是由粗大土粒在水或空气中下沉而形成的，土颗粒相互有稳定的空间位置，碎石土与砂土均属于此类。在单粒结构中，土粒的粒度和形状、土粒在空间的相对位置决定其密实度。因此，这类土的孔隙比的值域变化较宽。同时，因颗粒较大，土粒间的分子吸引力相对很小，颗粒间几乎没有联结。只是在浸润条件下，粒间会有微弱的毛细压力联结。

单粒结构可以是疏松的，也可以是紧密的（图1-4）。呈紧密状态单粒结构的土，由于其土粒排列紧密，在动、静荷载作用下都不会产生较大的沉降。所以强度较大，压缩性较小，一般是良好的天然地基。

呈疏松状态单粒结构的土，其骨架是不稳定的，当受到震动及其他外力作用时，土粒易发生移动，土中孔隙剧烈减少，引起土的很大变形。因此，这种土层如未经处理，一般不易作为建筑物的地基或路基。

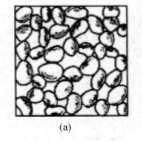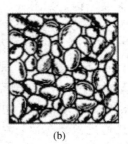

（a）　　　　　　　　　（b）

图1-4　土的单粒结构

（a）疏松的；（b）紧密的

（2）蜂窝结构（honeycomb fabric）

蜂窝结构主要是由粉粒或细砂组成的土的结构形式。据研究，粒径为$0.005\sim0.075mm$（粉粒粒组）的土粒在水中沉积时，基本上是以单个土粒下沉，当碰上已沉积的土粒时，由于它们之间的相互引力大于其重力，因此土粒就停在最初的接触点上不再下沉，逐渐形成土粒链，土粒链组成弓架结构，形成具有很大孔隙的蜂窝状结构，如图1-5所示。具有蜂窝结构的土有很大孔隙，但由于弓架作用和一定程度的粒间联结，使得其可以承担一般的水平静力载荷。但是，当其承受高应力水平荷载或动力荷载时，其结构将破坏，并可导致严重的地基变形。

（3）絮状结构（flocculated fabric）

细小的黏粒（其粒径 0.0001～0.005mm）或胶粒（其粒径 0.000001～0.0001mm），重力作用很小，能够在水中长期悬浮，不因自重而下沉。这时，黏土矿物颗粒与水的作用产生的粒间作用力就凸显出来。粒间作用力有粒间斥力和粒间吸力，且均随粒间的距离减小而增加，但增长的速率不尽相同。粒间斥力主要是两土粒靠近时，土粒反离子层间孔隙水的渗透压力产生的渗透斥力，该斥力的大小与双电层的厚度有关，随着水溶液的性质改变而发生明显的变化。相距一定距离的两土粒，粒间斥力随着离子浓度、离子价数及温度的增加而减小。粒间吸力主要是指范德华力，随着粒间距离增加很快衰减，这种变化取决于土粒的大小、形状、矿物成分、表面电荷等因素，但与土中水溶液的性质几乎无关。粒间作用力的作用范围从几埃到几百埃，它们中间既有吸力又有斥力，当总的吸力大于斥力时表现为净吸力，反之为净斥力，如图 1-6 所示。

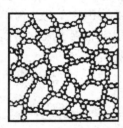

图 1-5 土的蜂窝结构

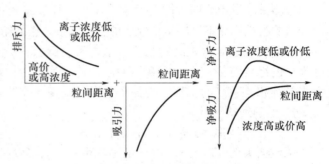

图 1-6 两土粒间的相互作用力

在高含盐量的水中沉积的黏性土，由于离子浓度的增加，反离子层减薄，渗透斥力降低。因此，在粒间较大的净吸力作用下，黏土颗粒容易絮凝成集合体下沉，形成盐液中的絮凝结构，如图 1-7（a）所示。混浊的河水流入海中，由于海水的高盐度，很容易絮凝沉积为淤泥。在无盐的溶液中，有时也可能产生絮凝，这一方面是由于某些片状黏土颗粒的（断裂的）边缘上存在局部正电荷的缘故，即当一个黏粒的边（正电荷）与另一黏粒的面（负电荷）接触时，即产生静电吸力。然后另一方面布朗运动（随机运动）的悬浮粒在运动的过程中，可能形成边—面连接，絮凝成集合体，并在重力的作用下下沉，形成无盐溶液中的絮凝结构，如图 1-7（b）所示。当土粒间表现为净斥力时，土粒将在分散状态下缓慢沉积，这时土粒是定向（或至少半定向）排列的，片状颗粒在一定程度上平行排列，形成所谓分散型结构，亦称片堆结构，如图 1-7（c）所示。

(a)   (b)   (c)

图 1-7 黏土颗粒沉积结构

(a) 盐液中絮凝；(b) 非盐液中絮凝；(c) 分散型

絮凝沉积形成的土在结构分类上亦称片架结构，这类结构实际是不稳定的，随着溶液性质的改变或受到振荡后可重新分散，在沉降法进行颗粒分析的试验中，即利用了这一特性。试验中所加的分散剂，一般都是一价阳离子的弱酸盐（如六偏磷酸钠）。通过离子交换，将负离子层中高价粒子交换下来，使得双电层变厚，粒间渗透斥力增加，达到分散的目的。

具有絮状结构的黏性土，其土粒之间的联结强度（结构强度），往往由于长期的固结作用和胶结作用而得到加强。因此，（集）粒间的联结特性，是影响这一类土工程性质的主要因素之一。

2. 土的构造

土的构造实际上是土层在空间的赋存状态，表征土层的层理、裂隙及大孔隙等宏观特征，土的构造最主要的特征就是成层性，即层理构造。它是在土的形成过程中，由于不同阶段沉积的物质成分、颗粒大小或颜色不同，而沿竖向呈现的成层特征，常见的有水平层理构造和交错层理构造。土的构造的另一特征是土的裂隙性，这是在土的自然演化过程中，经受地质构造作用或自然淋滤、蒸发作用形成的，如黄土的柱状裂隙，膨胀土的收缩裂隙等。裂隙的存在大大降低了土体的强度和稳定性，增大了透水性，对工程不利，往往是工程结构或土体边坡失稳的原因。此外，也应注意到土中有无包裹物（如腐殖质、贝壳、结合体等）以及天然或人为的孔洞存在。土的构造特征都造成土的不均匀性。

1.1.4 土的工程特性

土与其他连续介质的建筑材料相比，具有下列三个显著的工程特性：

1. 压缩性高

反映材料压缩性高低的指标为弹性模量 E（土称变形模量），弹性模量随着材料性质不同而有极大的差别，例如：

钢材 $E_1 = 2.1 \times 10^5 \text{MPa}$；

C20 混凝土 $E_2 = 2.6 \times 10^4 \text{MPa}$；

卵石 $E_3 = 40 \sim 50 \text{MPa}$；

饱和细砂 $E_4 = 8 \sim 16 \text{MPa}$。

由此可知： $E_1 \geqslant 4200 E_3$，$E_2 > 1600 E_4$。

当应力数值相同，材料厚度一样时，卵石的压缩性为钢材压缩性的数千倍；饱和细砂的压缩性为 C20 混凝土压缩性的数千倍，这足以证明土的压缩性极高。软塑或流塑状态的黏性土往往比饱和细砂的压缩性还要高很多。

2. 强度低

土的强度特指抗剪强度，而非抗压强度或抗拉强度。

无黏性土的强度来源于土粒表面滑动的摩擦和颗粒间的咬合摩擦；黏性土的强度除摩擦力外，还有黏聚力，无论摩擦力还是黏聚力，均远远小于建筑材料本身的强度。因此，土的强度比其他建筑材料（如钢材、混凝土等）都低得多。

3. 透水性大

材料的透水性可以用实验来说明：将一小杯水倒在木板上可以保留很长时间，说明木材透水性小，如将水倒在混凝土地板上，也可以保留一段时间。若将水倒在室外土地上，则发现水很快不见了，这是由于土体中固体矿物颗粒之间具有很多透水的孔隙。因此土的透水性比木材、混凝土都大，尤其是粗颗粒的卵石或砂土，其透水性更大。

上述土的三个工程特性（压缩性高、强度低、透水性大）与建筑工程设计和施工关系密切，需高度重视。

1.1.5　土的生成与工程特性间的关系

由于各类土的生成条件不同，它们的工程特性往往相差悬殊，下面分别加以说明。

1. 搬运、沉积条件

通常流水搬运沉积的土优于风力搬运沉积的土。

例如，北京西郊八宝山一带地基为卵石层，它是永定河的冲积层，工程性质非常好。该处卵石层范围很大，长宽各达数千米。当地设置很多砂石料场，开挖卵石，供首都基本建设作混凝土骨料之用。料场开挖深度一般为5～8m，安全开挖边坡为1∶0.3，很陡，而且经历多年暴雨冲刷和冻融作用，砂石料场边坡保持稳定状态而不发生坍塌。用一种特制工具——钩连枪掏挖砂石料场坡脚时，当坡脚被掏空后，上面卵石因失去支承而下滑，滑动后的新鲜剖面的边坡坡度仍为1∶0.3，卵石层很密实，为良好的天然地基。

又如陕北榆林、靖边县一带，地表普遍存在一层粉细砂，是由内蒙古毛乌素沙漠，经风力搬运沉积下来的风积层。这种风积层一踩一个脚印，很疏松，工程性质差，不能作为天然地基。

2. 沉积年代

通常土的沉积年代越久，土的工程性质越好。例如，第四纪晚更新世 Q3 及其以前沉积的黏性土，称为老黏性土，这种土密度大、强度高、压缩性低，为良好的天然地基。第四纪全新世 Q4 沉积的黏性土，它的工程性质需要通过试验与分析确定。至于沉积年代短的新近沉积黏性土，如湖、塘、沟、谷、河漫滩及三角洲的新近沉积土以及 5 年以内人工新填土，强度低、压缩性高、工程性质不良。

3. 沉积的自然地理环境

我国地域辽阔，全国各地的地形高低、气候冷热、雨量多少相差很悬殊，不同的自然地理环境所生成的土的工程性质差异也很大。例如，沿海地区天津塘沽、连云港、上海、温州等地存在的深厚的淤泥与淤泥质软弱土，西北地区陇西、陇东、陕北、关中及山西等地的大面积的湿陷性黄土，西南地区云南、贵州、广西一带的红黏土，湖北、云南、广西、贵州、四川等地的膨胀土以及高寒地区的多年冻土，都具有特殊的工程性质。

1.2　土的三相组成

土是由固体颗粒、水和气体三部分组成的三相体系。固体部分，一般由矿物质组成，有时也含有有机质（半腐烂和全腐烂的植物质和动物残骸等）。固体部分构成土的骨架，称为土骨架。土骨架间布满相互贯通的孔隙。这些孔隙有时完全被水充满，称为饱和土；如果只有一部分被水占据，另一部分被空气占据，称为非饱和土；也可能完全充满气体，那就是干土。水和溶解于水的物质构成土的液体部分。空气及其他气体构成土的气体部分。这三种组成部分本身的性质以及它们之间的比例关系和相互作用决定土的物理力学性质。因此，研究土的性质，必须首先研究土的三相组成。

1.2.1 土中的固体颗粒

1. 土的矿物成分

母岩的成分及其风化作用决定土的矿物成分，矿物成分影响土的性质。粗大土粒的矿物成分往往保持母岩未分化的原生矿物，细小土粒主要是次生矿物等无机物质以及土生成过程中混入的有机质，细粒土的矿物成分则更为复杂。

土的固体颗粒物质分为无机矿物颗粒和有机质。矿物颗粒的成分有两大类：

（1）原生物质。即岩浆在冷凝过程中形成的矿物质，如石英、长石、云母等。由它们构成的粗粒土，例如漂石、卵石、圆砾等，都是岩石风化后形成的碎屑，矿物成分与母岩相同，其颗粒大，比表面积（单位质量土颗粒所拥有的总表面积，m^2/g）小，与水的作用能力弱，工程性质比较稳定。若级配好，则土的密度大、强度高、压缩性低。

（2）次生矿物。指原生矿物经化学风化作用后形成的新矿物，其颗粒细小，呈片状，是黏性土固有的主要成分。由于其粒径非常小（小于 $2\mu m$），具有很大的比表面积，与水的作用能力很强，能发生一系列复杂的物理、化学变化。分析表明：由于土粒大小不同而造成比表面数值上的巨大变化，必然导致土的性质突变。另外，对土的工程性质影响较大的还有土粒间各种相互作用力，而土粒间的相互作用力又与矿物颗粒本身的结晶结构特征有关，也就是说，与组成矿物的原子和分子的排列有关，与原子间、分子间的键力有关。

下面以三种主要黏土矿物为例，介绍其结构特征和基本的工程特性。

黏土矿物是一种复合的铝—硅酸盐晶体（所谓晶体是指原子、离子在空间有规律的排列，不同的几何排列形式称为晶体，组成晶体结构的最小单元称为晶胞），颗粒呈片状，是由硅片和铝片构成的晶胞所组叠而成。硅片的基本单元是硅—氧四面体，它是由 1 个居中的硅离子和 4 个在角点的氧离子所构成，如图 1-8（a）所示。由 6 个硅—氧四面体组成一个硅片，如图 1-8（b）所示。硅片底面的氧离子被相邻两个硅离子所共有，简化图形如图 1-8（c）所示，梯形的底边表示氧原子面。铝片的基本单元则是铝—氢氧八面体，它是由 1 个铝离子和 6 个氢氧离子所构成，如图 1-9（a）所示。4 个八面体组成一个铝片，每个氢氧离子被相邻两个铝离子所共有，如图 1-9（b）所示，简化图形如图 1-9（c）所示。大多数黏土矿物是由硅片和铝片构成的晶胞所组叠而成的，依硅片和铝片的组叠形式的不同，可以分为高岭石、蒙脱石和伊利石三种主要类型。结晶结构的不同从本质上决定了不同黏土矿物的工程性质差异。

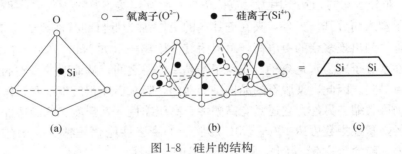

（a） （b） （c）

图 1-8 硅片的结构

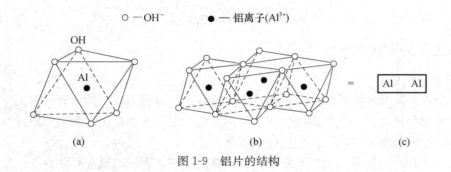

图 1-9 铝片的结构

① 高岭石

结晶格架示意图如图 1-10 (a) 所示，它是由一层硅氧晶片和一层铝氢氧晶片组成的晶胞，属 1：1 型结构单位层或两层型。高岭石矿物就是由若干重叠的晶胞组成的。这种晶胞一面露出氢氧基，另一面则露出氧原子。晶胞之间的联结是氧原子与氢氧基之间的联结，氢氧基中的氢与相邻晶胞中的氧形成氢键，具有较强的联结力，因此晶胞之间的距离不易改变。水分子不能进入，晶胞活动性较小。这使得高岭石的亲水性、膨胀性和收缩性较小。因此高岭石的稳定性好、可塑性低、压缩性低、亲水性差。水分子不能进入，晶胞活动性较小。

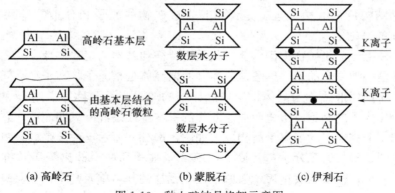

图 1-10 黏土矿结晶格架示意图

② 蒙脱石

蒙脱石的结晶格架示意图如图 1-10 (b) 所示，其晶胞是由两层硅氧晶片之间夹一层铝氢氧晶片所组成的，称为 2：1 型结构单位层或三层型晶胞。由于晶胞之间是 O^{2-} 对 O^{2-} 的连接，非分子间的相互作用力（范德华力）相互连接，其键力很弱，很容易被具有氢键的水分子楔入而分开。另外，夹在硅片内的 Al^{3+} 常为低价的其他离子（如 Mg^{2+}）所替换，在晶胞之间出现多余的负电荷，可吸附其他阳离子（如 Na^+、Ca^{2+} 等）。这种阳离子会吸引极性水分子成为水化离子，充填于结晶单位层之间，从而改变晶胞的距离，甚至完全分散到单晶胞。因此，蒙脱石的晶格是活动的，吸水后体积发生膨胀，体积可增大数倍，脱水后则可收缩。另外，它还具有高塑性、高压缩性、低强度、低渗透性，液限可达 150％～200％，塑性指数可达 100～650。膨胀土的膨胀性能就是黏粒中含有一定数量蒙脱石的缘故，一般含量在 5％以上，就会有明显的膨胀性。

③ 伊利石

伊利石的结晶格架示意图如图 1-10（c）所示，与蒙脱石一样，同属 2：1 型结构单位层，晶胞之间的键力也比较弱。但是，与蒙脱石不同之处是，约有 20% 的硅被铝、铁置换，由此产生的不平衡电荷由进入晶胞之间的钾、钠离子（主要是 K^+）来平衡，钾键增强了晶胞与晶胞之间的连接作用，水分子难以进入。所以其遇水膨胀、失水收缩能力低于蒙脱石，力学性质介于高岭石与蒙脱石之间。

2. 土的颗粒级配

固体颗粒构成土骨架，它对土的物理力学性质起决定性的作用。研究固体颗粒就要分析粒径的大小及不同尺寸颗粒在土中所占的百分比，称为土的粒径级配。另外，还要研究固体颗粒的矿物质成分以及颗粒的形状。这三者之间又是密切相关的。例如粗颗粒的成分都是原生矿物，形状多呈单粒状；而颗粒很细的土，其成分多是次生矿物，形状多为针片状。

由于颗粒大小不同，土具有不同的性质。例如粗颗粒的砾石具有很强的透水性，完全没有黏性和可塑性，而细颗粒的黏土则透水性很小，黏性和可塑性较大。颗粒的大小通常以粒径表示，由于土颗粒形状各异，所谓颗粒粒径，在筛分试验中用通过的最小孔的孔径表示；在水分法中用具有相同下沉速度的当量球体的直径表示。工程上按粒径大小分组，称为粒组，即某一级粒径的变化范围。表 1-1 为国内常用的粒组划分及各粒组的粒径范围。

表 1-1　粒组划分

粒组统称	粒组划分		粒径（d）范围（mm）
巨粒组	漂石（块石）组		$d>200$
	卵石（碎石）组		$200 \geqslant d>60$
粗粒组	砾粒（角砾）	粗砾	$60 \geqslant d>20$
		中砾	$20 \geqslant d>5$
		细砾	$5 \geqslant d>2$
	砂粒	粗砂	$2 \geqslant d>0.5$
		中砂	$0.5 \geqslant d>0.25$
		细砂	$0.25 \geqslant d>0.075$
细粒组	粉粒		$0.075 \geqslant d>0.005$
	黏粒		$d \leqslant 0.005$

注：摘自水利行业标准《土工试验规程》（SL 237）

实际上，土常是各种不同大小颗粒的混合物。较笼统地说，以砾石和砂粒为主的土称为粗粒土，也称为无黏性土。以粉粒和黏粒为主的土，称为细粒土，一般为黏性土。很显然，土的性质取决于土中不同粒组的相对含量。土中各粒组的相对含量就称为土的粒径级配。为了了解各粒组的相对含量，必须先将各粒组分离开，再分别称重。这就是粒径级配的分析方法。

3. 土的颗粒分析试验

工程中，实用的粒径级配分析方法有筛分法和沉降法两种。

筛分法适用于土颗粒大于 0.075mm 的部分。它是利用一套孔径大小不同的筛子，将事先称过重量的烘干土样过筛，分别称留在各筛上的土重，然后计算相应的百分数。

沉降法用于分析土中粒径小于 0.075mm 的部分。根据斯托克斯（Stokes）定理，球状的颗粒在水中的下沉速度与颗粒直径的平方成正比。因此可以利用粗颗粒下沉速度快、细颗粒下沉速度慢的原理，按下沉速度进行颗粒粗细分组。基于这种原理，实验室常用密度计进行颗粒分析。

（1）筛分法

用一套标准筛子（如孔径 60mm、40mm、20mm、10mm、5mm、2mm、1mm、0.5mm、0.25mm、0.1mm、0.075mm），将风干且分散了的有代表性的试样倒入标准筛内摇振，然后分别称出留在各筛子上的土重，并计算出各粒组的相对含量，即得土的粒径级配。

（2）沉降分析法

可用密度计法（也称比重计法）和移液管法（也称吸管法）测定。这两种方法的基础都是 Stokes 定律，即球状的细颗粒在水中的下沉速度与颗粒直径的平方成正比，用公式表示为：

$$d = 1.123\sqrt{v} \tag{1-1}$$

注：直径 d 以毫米计。实际上土粒并不是圆球形颗粒，因此用 Stokes 公式求得的颗粒并不是实际土粒的尺寸，而是与实际土粒有相同沉降速度的理想球体直径，称为水力直径。

具体的实验过程是：将过筛的风干试样 m_s（g）盛入 1000mL 的量筒中，注入蒸馏水搅拌制成一定体积的均匀浓度的悬浮液，如图 1-11 所示。停止搅拌静置一段时间 t 后，根据式（1-1），在液面以下深度 L_i 以上的溶液中就不会有直径大于 d_i 的颗粒（图 1-11），如在 L_i 处考虑一小区段 mn，则 mn 内的悬浮液中只有直径等于及小于 d_i 的颗粒，而且直径等于及小于 d_i 颗粒的浓度与开始时均匀悬浮液中直径等于及小于 d_i 颗粒的浓度相等。其效果与土样在孔径为 d_i 的筛子里筛分一样。这样，任一时刻在任一 L_i 处悬浮液中 d_i 颗粒的浓度可用密度计法或移液管法测定。

密度计的外形如图 1-12 所示，它的读数即表示浮泡中心处的悬液密度 ρ_i，又表示从悬浮液表面到浮泡中心处的沉降距离 L_i。速度 $v_i = L_i/t_i$；$d_i = 1.126\sqrt{L_i/t_i}$。则在 L_i 深度处等于及小于 d_i 粒径的土粒质量 m_{si} 为：

$$m_{si} = 1000\frac{\rho_i - \rho_w}{\rho_s - \rho_w}\rho_s \tag{1-2}$$

式中　ρ_s——土粒密度（g/cm³）；

　　　ρ_w——水的密度（g/cm³）。

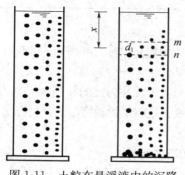

图 1-11　土粒在悬浮液中的沉降

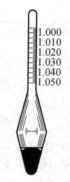

图 1-12　乙种密度计

那么，相应 d_i（mm）的土粒质量 m_{si} 占土粒总质量 m_s 的累计百分比 P_i（以%表示）为：

$$P_i = \frac{m_{si}}{m_s} \qquad (1\text{-}3)$$

移液管法是按规定时间把土样吸出（通常在 100mm 深度处吸出 10mL 左右），然后烘干土样，记录留下来的土粒质量。

（3）土的颗粒级配

绝大多数土都是由多种颗粒混合组成的。为了说明天然土颗粒的组成情况，要了解土颗粒的粗细和各种颗粒所占的比例。土中所含各粒组的相对含量，以土粒总重的百分数表示，称为土的颗粒级配。表 1-2 列举了某土样的颗粒级配。为了直观起见，通常以图 1-13 的颗粒级配曲线表示。曲线的纵坐标表示小于某土粒的累计重量百分比，横坐标则是用数值表示的土的粒径。这样就可以把粒径相差上千倍的粗、细粒含量都表示出来，尤其能把占总重量小，但对土的性质可能有重要影响的微小土粒清楚的表示出来。

表 1-2 某土样的颗粒大小分析试验结果

粒径（mm）	5.0	2.0	1.0	0.5	0.25	0.075	0.05	0.01	0.005
粒组含量（g）	10	16	18	24	22	46	12	25	7	20
小于某粒径土的累计含量（g）	—	190	174	156	132	110	64	52	27	20
小于某粒径土占总质量的百分比（%）	—	95.0	87.0	78.0	66.0	55.0	32.0	26.0	13.5	10.0

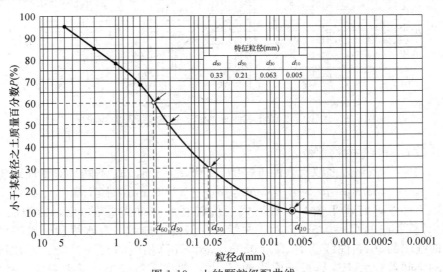

图 1-13 土的颗粒级配曲线

由曲线的形态可评定土颗粒大小的均匀程度。如曲线平缓表示粒径大小相差悬殊，颗粒不均匀，级配良好；反之，则颗粒均匀，级配不良。为了定量说明问题，工程中常用不均匀系数 C_u 和曲率系数 C_c 来反映土颗粒级配的不均匀程度。

$$C_u = \frac{d_{60}}{d_{10}} \qquad (1\text{-}4)$$

$$C_c = \frac{(d_{30})^2}{d_{10} \times d_{60}} \qquad (1\text{-}5)$$

式中 d_{60}——小于某粒径的土粒重量占土总重 60% 的粒径，称限定粒径；

d_{10}——小于某粒径的土粒重量占土总重 10% 的粒径，称有效粒径；

d_{30}——小于某粒径的土粒重量占土总重 30% 的粒径。

可见，不均匀系数 C_u 反映了大小不同粒组的分布情况，曲率系数 C_c 描述了级配曲线分布的整体形态，表示是否有某粒组缺失的情况。C_u 越大，表示土越不均匀，即粗颗粒和细颗粒的大小相差越悬殊。如果粒径级配曲线是连续的，C_u 越大，则曲线越平缓，表示土中含有许多粗细不同的粒组，粒组的变化范围宽。$C_u > 5$ 的土称为不均匀土，反之称为均匀土。如果粒径级配曲线不连续，曲线某位置会出现水平段。显然，水平段的范围内所包括的粒组含量为零，这种土称为缺少某种中间粒径的土。如果水平段的范围较大，则土中颗粒粗的很粗、细的很细，在相同压密条件下，工程性质较差。

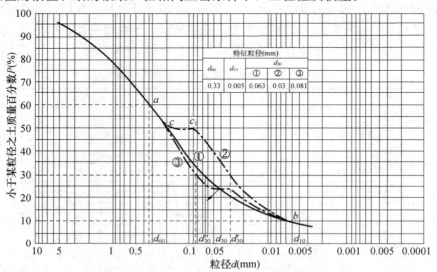

图 1-14　级配不连续土和级配连续土的颗粒级配曲线对比

下面比较 C_u 和 C_c 的物理概念。

图 1-14 中，三条级配曲线代表的土样的 d_{60} 和 d_{10} 相同，d_{30} 不同。对于曲线①，级配明显连续，$d_{60} = 0.33\text{mm}$，$d_{30} = 0.063\text{mm}$，$d_{10} = 0.005\text{mm}$，计算得 $C_c = 2.41$。对于曲线②，级配不连续，有水平段，水平段代表的粒径大于曲线①的 d_{30}，曲线②的 $d'_{30} = 0.03\text{mm}$，计算相应的 $C'_c = 0.545$。对于曲线③，级配不连续，有水平段，水平段代表的粒径小于曲线①的 d_{30}，曲线③的 $d''_{30} = 0.081\text{mm}$，计算相应的 $C''_c = 3.98$。对比可知，当土中缺少的中间粒径大于连续级配曲线的 d_{30} 时，曲率系数变小，反之变大。经验表明，级配曲线连续时，C_c 的范围为 1～3。工程上对土的级配是否良好可按如下规定判断：

① 对于级配连续的土，$C_u > 5$，级配良好；$C_u < 5$，级配不良。

② 对于级配不连续的土，级配曲线上呈台阶状，采用单一指标 C_u 难以全面有效地判断土的级配好坏，当同时满足 $C_u > 5$ 和 $C_c = 1～3$ 两个条件时，才为级配良好，反之则级配不良。

工程中，用级配良好的土作为路堤、堤坝的填土用料时，细颗粒充填于粗颗粒形成的空隙中，比较容易获得较高的密实度和较好的力学特性。级配不良的土空隙较大较多，渗透性强，有利排水。

1.2.2　土中的水

土中水可以处于液态、固态或气态。土中细粒越多，即土的分散度越大，土中水对土性影响也越大。一般液态土中水可视为中性、无色、无味、无臭的液体，其质量密度在4℃时为 $1g/cm^3$，重力密度为 $9.81kN/m^3$。存在于土粒矿物的晶体格架内部或是参与矿物构造中的水称为矿物内部结合水，它只有在比较高的温度（80～680℃，随土粒的矿物成分不同而异）下才能化为气态水而与土粒分离。从土的工程性质上分析，可以把矿物内部结合水当作矿物颗粒的一部分。存在于土中的液态水可分为结合水和自由水两大类（表1-3）。实际上，土中水是成分复杂的电解质水溶液，它与土粒有着复杂的相互作用，土中水在不同作用力之下而处于不同的状态。

表1-3 土中水的分类

水的类型		主要作用力
结合水		物理化学力
自由水	毛细水	表面张力及重力
	重力水	重力

1. 结合水（adsorbed water）

当土粒与水相互作用时，土粒会吸附一部分水分子，在土粒表面形成一定厚度的水膜，称为结合水。结合水是指受电分子吸引力吸附于土粒表面的土中水，或称束缚水、吸附水。这种电分子吸引力高达几千到几万个大气压，使水分子和土粒表面牢固地黏结在一起。

强结合水是指紧靠土粒表面的结合水膜，亦称吸着水。它的特征是没有溶解盐类的能力，不能传递静水压力，只有吸热变成蒸汽时才能移动。这种水极其牢固地结合在土粒表面，其性质接近于固体，密度约为 $1.2～2.4g/cm^3$，冰点可降至 $-78℃$，具有极大的黏滞度、弹性和抗剪强度。如果将干燥的土置于天然湿度的空气中，则土的质量将增加，直到土中吸着强结合水达到最大吸着度为止。土粒越细，土的比表面越大，则最大吸着度就越大。砂土的最大吸着度约占土粒质量的1%，而黏土则可达17%。强结合水的厚度很薄，有时只有几个水分子的厚度，但其中阳离子的浓度最大，水分子的定向排列特征最明显。黏性土中只含有强结合水时，呈固体状态，磨碎后则呈粉末状态。

弱结合水是紧靠于强结合水的外围而形成的结合水膜，亦称薄膜水（film water）。它仍然不能传递静水压力，但较厚的弱结合水能向邻近较薄的水膜缓慢转移。当土中含有较多的弱结合水时，土则具有一定的可塑性。砂土比表面较小，几乎不具可塑性，而黏性土的比表面较大，其可塑性范围就大。弱结合水离土粒表面越远，其受到的电分子吸引力越弱，并逐渐过渡到自由水。弱结合水的厚度，对黏性土的黏性特征和工程性质有很大影响。

2. 自由水（free water）

自由水是存在于土粒表面电场影响范围以外的水。它的性质和正常水一样，能传递静水压力，冰点为0℃，有溶解能力。自由水按其移动所受作用力不同，可以分为重力水和毛细水。

重力水（gravitational water）是存在于地下水位以下的透水土层中的地下水，它是在重力或水头压力作用下运动的自由水，对土粒有浮力作用。重力水的渗流特征是地下工程排水和防水工程的主要控制因素之一，对土中的应力状态和开挖基槽、基坑以及修筑地下构筑物有重要的影响。

　　毛细水（capillary water）是存在于地下水位以上，受到水与空气交界面处表面张力作用的自由水。毛细水按其与地下水面是否联系可分为毛细悬挂水（与地下水无直接联系）和毛细上升水（与地下水相连）。在毛细水带内，只有靠近地下水位的一部分土才被认为是饱和的，这一部分就称为毛细水饱和带（图 1-15）。毛细水的上升高度与土中孔隙的大小和形状、土粒矿物组成以及水的性质有关。在砂土中，毛细水上升高度取决于土粒粒度，一般不超过 2m，在粉土中，由于其粒度较小，毛细水上升高度最大，往往超过2m；黏性土的粒度虽然较粉土更小，但是由于黏土矿物颗粒与水作用，产生了具有黏滞性的结合水，阻碍了毛细通道，因此黏土中的毛细水上升高度反而较低。

　　毛细水除存在于毛细水上升带内，也存在于非饱和土的较大孔隙中。在水、气界面上，由于弯液面表面张力（surface tension）的存在，以及水与土粒表面浸润作用，孔隙水的压力亦将小于孔隙内的大气压力。于是，沿着毛细弯液面的切线方向，将产生迫使邻土粒挤紧的压力，这种压力称为毛细压力，如图 1-16 所示。毛细压力的存在，使水内的压力小于大气压力，即孔隙水压力为负值，增加了粒间错动的阻力，使得湿砂具有一定的可塑性，并称之为"似黏聚力"现象。毛细压力呈倒三角分布，在水气界面处最大，自由水位处为零。因此，在完全浸没或完全干燥条件下，弯液面消失，毛细压力变为零，湿砂也就不具有"似黏聚力"。

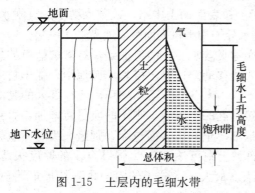

图 1-15　土层内的毛细水带

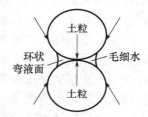

图 1-16　毛细压力示意图

　　在工程中，毛细水的上升高度和速度对于建筑物地下部分的防潮措施和地基土的浸湿、冻胀等有重要影响。此外，在干旱地区，地下水中的可溶盐随毛细水上升后不断蒸发，盐分便积聚于靠近地表处而形成盐渍土。

1.2.3　土中的气体

　　土中的气体存在于土孔隙中未被水所占据的部位。也有些气体溶解于孔隙水中，在粗颗粒沉积物中，常见到与大气相连通的气体。在外力作用下连通气体极易排出，它对土的性质影响不大。在细粒土中，则常存在于与大气隔绝的封闭气泡中。在外力作用下，土中封闭气体极易溶解于水，外力卸除后，溶解的气体又重新释放出来，使得土的弹性增加，透水性减小。

　　土中气体成分与大气成分比较，土中气含有更多的 CO_2，较少的 O_2，较多的 N_2。土中气与大气的交换越困难，两者差别越大。与大气连通不畅的地下工程施工中，尤其应注意氧气的补给，以保证施工人员的安全。

　　对于淤泥和泥炭等有机质土，由于微生物（嫌气细菌）的分解作用，在土中蓄积了某种可燃气体（如硫化氢、甲烷等），使土层在自重作用下长期得不到压密，而形成高压缩性土层。

1.3　土的物理性质指标

土的三相物质在体积和质量上的比例关系称为三相比例指标。三相比例指标反映了土的干燥与潮湿、疏松与紧密，是评价土的工程性质的最基本的物理性质指标，也是工程地质勘察报告中不可缺少的基本内容。

为了推导土的三相比例指标通常把土体中实际上处于分散状态的三相物质理想化地分别集中在一起，构成如图 1-17 所示的三相图，在图右边注明各相的体积，左边注明各相的质量。土样的体积 V 为土中空气的体积 V_a、水的体积 V_w 和土颗粒的体积 V_s 之和；土样的质量 m 为土中空气的质量 m_a、水的质量 m_w 和土粒的质量 m_s 之和；

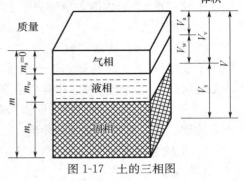

图 1-17　土的三相图

通常认为空气的质量可以忽略，则土样的质量就仅为水和土粒质量之和。

三相比例指标可分为两种：一种是试验指标；另一种是换算指标。

1.3.1　土的基本试验指标

以下三项土的基本物理性质指标，均由试验室直接测定。

1. 土的密度 ρ 和土的重度 γ

（1）物理意义

ρ 为单位体积土的质量，单位为 g/cm^3。

γ 为单位体积土所受的重力，即 $\gamma = \rho g = 9.8 \approx 10\rho$，单位为 kN/m^3。

（2）表达式

$$\rho = \frac{土的总质量}{土的总体积} = \frac{m}{V} \tag{1-6}$$

（3）常见值

$$\rho = 1.6 \sim 2.2 g/cm^3，\quad \gamma = 13 \sim 22 kN/m^3$$

（4）测定方法

① 环刀法：适用于黏性土和粉土。

用容积为 $100cm^3$ 或 $200cm^3$ 的环刀切土样，用天平秤其质量而得。

② 灌水法：适用于卵石、砾石与原状砂。

现场挖试坑，将挖出的试样装入容器，称其质量，再利用塑料薄膜袋平铺于试坑内，注入薄膜袋，直至袋内水面与坑口齐平，注入的水量即为试坑的体积。

2. 土粒相对密度 G_s（d_s）

（1）物理意义

土中固体矿物的质量与同体积 4℃时的纯水质量的比值。

（2）表达式

$$G_s = \frac{固体颗粒的密度}{纯水 4℃的密度} = \frac{\dfrac{m_s}{V_s}}{\rho_w(4℃)} \tag{1-7}$$

（3）常见值

砂土：$G_s = 2.65 \sim 2.69$；

粉土：$G_s = 2.70 \sim 2.71$；

黏性土：$G_s = 2.72 \sim 2.75$；

土粒比重 G_s 的数值大小取决于土的矿物成分。

（4）测定方法

① 比重瓶法：通常用容器为 100mL 玻璃制的比重瓶，将烘干试样 15g 装入比重瓶，用 1/1000 精度的天平称瓶加干土质量。注入半瓶纯水后煮沸 1 小时左右以排除土中气体，冷却后将纯水注满比重瓶，再称总质量并量测瓶内水温。

② 经验法：因各种土的比重值相差不大，仅小数后第 2 位不同。若当地已进行大量土粒比重试验，有时可采用经验值。

3. 土的含水率 w

（1）物理意义

土的含水率为土体中水的质量与固体矿物质量的比值，用百分数表示。

（2）表达式

$$w = \frac{水的质量}{固体颗粒质量} = \frac{m_w}{m_s} \times 100\% \tag{1-8}$$

（3）常见值

砂土：$w = 0\% \sim 40\%$；

黏性土：$w = 20\% \sim 60\%$。

当 $w \approx 0$ 时，黏性土呈坚硬状态。

（4）测定方法

土的含水率用烘箱法测定，适用于黏性土、粉土与砂土常规试验。取代表性试样，黏性土为 10～30g，砂性土与有机质土为 50g，装入称量盒内称其质量后，放入烘箱内，在 105～110℃ 的恒温下烘干（黏性土、粉土不得少于 8h，砂土不得少于 6h），取出烘干，土样冷却后再称质量，含水率由式（1-8）计算而得。

1.3.2 土的松密程度指标

1. 土的孔隙比 e

（1）物理意义

土的孔隙比为土中孔隙体积与固体颗粒的体积之比。

（2）表达式

$$e = \frac{孔隙体积}{固体颗粒体积} = \frac{V_v}{V_s} \tag{1-9}$$

（3）常见值

砂土：$e = 0.5 \sim 1.0$；

黏性土：$e = 0.5 \sim 1.2$。

（4）确定方法

根据 ρ、G_s 与 w 实测值计算而得，建筑工程应用很广。

2. 土的孔隙度（孔隙率）n

（1）物理意义

土的孔隙度是用以表示孔隙体积含量的概念，为土中孔隙占总体积的百分比。

（2）表达式

$$n = \frac{孔隙体积}{土体总体积} = \frac{V_v}{V} \times 100\% \tag{1-10}$$

（3）常见值

$$n = 30\% \sim 50\%$$

（4）确定方法

根据 ρ、G_s 与 w 实测值计算而得。

1.3.3　土的含水程度指标

1. 含水率 w

含水率 w 是表示土中含水程度的一个重要指标，其物理意义、表达式、常见值、测定方法见前文。

2. 土的饱和度 S_r

（1）物理意义

土的饱和度表示水在孔隙中充满的程度。

（2）表达式

$$S_r = \frac{水的体积}{孔隙体积} = \frac{V_w}{V_v} \tag{1-11}$$

（3）常见值

$$S_r = 0 \sim 1$$

（4）确定方法

根据 ρ、G_s 与 w 计算而得。

（5）工程应用

砂土与粉土以饱和度作为湿度划分的标准，分为稍湿的、很湿的与饱和的三种湿度状态，如图 1-18 所示。

图 1-18　砂土与粉土的湿度标准

1.3.4　土的单位体积质量或重度指标

1. 土的干密度 ρ_d

土单位体积中固体颗粒部分的质量，称为土的干密度，并以 ρ_d 表示：

$$\rho_d = \frac{m_s}{V} \tag{1-12}$$

土的干密度一般为 $1.3 \sim 1.8 \text{t/m}^3$。工程上常用土的干密度来评价土的密实程度，以控制填土、高等级公路路基和坝基的施工质量。

2. 土的饱和密度 ρ_{sat}

土孔隙中充满水时的单位体积质量，称为土的饱和密度 ρ_{sat}，即

$$\rho_{\text{sat}} = \frac{m_s + V_v \rho_w}{V} \tag{1-13}$$

式中　ρ_w——水的密度，近似取 $\rho_w = 1\text{g/cm}^3$。

3. 土的有效密度（或浮密度）

在地下水位以下，单位体积中土粒的质量扣除同体积水的质量后，即为单位土体积中土粒的有效质量，称为土的有效密度 ρ'，即

$$\rho' = \frac{m_s - V_v \rho_w}{V} \tag{1-14}$$

$$\rho' = \rho_{\text{sat}} - \rho_w \tag{1-15}$$

土的重力密度简称重度。土的湿重度 γ、干重度 γ_d、饱和重度 γ_{sat}、有效重度 γ' 分别按下列公式计算：$\gamma = \rho g$，$\gamma_d = \rho_d g$，$\gamma_{\text{sat}} = \rho_{\text{sat}} g$，$\gamma' = \rho' g$，式中 g 为重力加速度，各重度指标的单位为 kN/m^3。

综合比较，可知其大小关系：$\rho_{\text{sat}} \geq \rho \geq \rho_d \geq \rho'$ 或 $\gamma_{\text{sat}} \geq \gamma \geq \gamma_d \geq \gamma'$。

1.3.5　指标的换算

土的物理性质指标包括土的密度 ρ、土粒比重 G_s、土的含水率 w、土的孔隙比 e、土的孔隙度 n、土的饱和度 S_r、土的干密度 ρ_d 和土的饱和密度 ρ_{sat}，一共 8 个物理性指标，是否各自独立，互不相关呢？不是的。其中 ρ、G_s 和 w 由实验室测定后，其余 5 个物理性指标，可以通过三相草图换算求得。

三相草图计算物理性指标的方法：首先绘制三相草图，然后根据 3 个已知指标数值和各物理性指标的定义进行计算。把三相草图中左侧质量和右侧体积一共 8 个未知量，逐个计算出数值并填入草图，由此即可求得所需的各指标值。

在三相草图计算中，根据情况令 $V=1$ 或 $V_s=1$ 等，常可使计算简化，因土的三相之间是相对的比例关系。下面给出例题进一步说明其中的计算方法。

【例 1-1】 某原状土样，经试验测得天然密度 $\rho = 1.67\text{g/cm}^3$，含水量 $w = 12.9\%$，土粒比重 $G_s = 2.67$，求其孔隙比 e，孔隙率 n 和饱和度 S_r。

【解】 绘出三相草图，如图 1-19 所示。

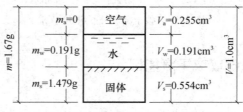

图 1-19　例题 1-1 三相草图

（1）取单位体积土体 $V = 1.0\text{cm}^3$，根据密度定义，由式（1-6）得

$$m = \rho V = 1.67 \text{（g）}$$

（2）根据含水量定义，由式（1-8）得

$$m_w = w m_s = 0.129 m_s$$

从三相草图有：

$$m_w + m_s = m$$

$$0.129 m_s + 0.129 m_s = 1.69 \ （g）$$

$$m_s = \frac{1.67}{1.129} \approx 1.479 \ （g）$$

$$m_w = 1.67 - 1.479 = 0.191 \ （g）$$

（3）根据土粒比重定义，由式（1-7）

土的密度

$$\rho_s = G_s \rho_w \ （4℃）= 2.67 \times 1.0 = 2.67 \ （g/cm^3）$$

$$V_s = \frac{m_s}{\rho_s} = \frac{1.479}{2.67} \approx 0.554 \ （cm^3）$$

（4）水的密度 $\rho_w = 1.0$

故水体积

$$V_w = \frac{m_w}{\rho_w} = \frac{0.191}{1.0} = 0.191 \ （cm^3）$$

（5）从三相草图知：

$$V = V_a + V_w + V_s = 1 \ （cm^3）$$

故

$$V_a = 1 - 0.554 - 0.191 = 0.255 \ （cm^3）$$

至此，三相组成的量，无论是体积或质量，均已算出，将计算结果填入三相草图中。

（6）根据孔隙比定义，按式（1-9）

$$e = \frac{V_v}{V_s} = \frac{V_a + V_w}{V_s} = \frac{0.255 + 0.191}{0.554} \approx 0.805$$

（7）根据孔隙率定义，由式（1-10）

$$n = \frac{V_v}{V} = \frac{0.255 + 0.191}{1} = 0.446 = 44.6\%$$

根据饱和度定义，由式（1-11）

$$S_r = \frac{V_w}{V_v} = \frac{V_w}{V_a + V_w} = \frac{0.191}{0.255 + 0.191} \approx 0.428$$

【例 1-2】某饱和黏性土（即 $S_r = 1.0$）的含水量 $w = 40\%$，比重 $G_s = 2.72$，求土的孔隙比 e 和干密度 ρ_d。

【解】绘三相草图，如图 1-20 所示。设土颗粒体积 $V_s = 1.0 cm^3$

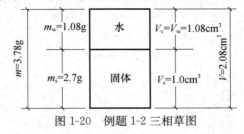

图 1-20 例题 1-2 三相草图

（1）按比重定义，由式（1-7）

$$\rho_s = G_s \rho_w = 2.70 \times 1.0 = 2.7 \ （g/cm^3）$$

土粒的质量

$$m_s = V_s \times \rho_s = 2.7 \ （g）$$

（2）按含水量定义，由式（1-8）

$$m_w = w \times m_s = 0.40 \times 2.70 = 1.08 \text{（g）}$$

又

$$V_w = \frac{m_w}{\rho_w} = 1.08 \text{（cm}^3\text{）} = V_v$$

把计算结果填入三相草图。

（3）按孔隙比定义，由式（1-9）

$$e = \frac{V_v}{V_s} = \frac{1.08}{1.0} = 1.08$$

（4）按干密度定义，由式（1-12）

$$\rho_d = \frac{m_s}{V} = \frac{2.7}{2.08} \approx 1.30 \text{（g/cm}^3\text{）}$$

应当注意，在以上两个例题中，例题 1-1 假设土的总体积 $V=1.0\text{cm}^3$，而例题 1-2 则假设土粒的实体体积 $V_s=1.0\text{cm}^3$，事实上，因为三相量的指标都是相对的比例关系，不是物理量的绝对值，因此取三相图中任意一个量等于任何数值进行计算都应得到相同的结果，假定为 1.0 的量选取合适，可以减少计算的工作量。

表 1-4 给出了土体基本物理指标的表达式、常见值及指标间的简单换算公式。这些公式很容易从三相草图推算得到。读者应掌握三相草图的应用而不提倡死记公式。此外，根据土体的三相草图，在给定土体三个基本指标的前提下，可以得到土体其他的任意物理性质指标，见表 1-5。

表 1-4　土的基本三相指标

名称	符号	表达式	单位	常见值	换算公式
密度 重度	ρ γ	$\rho = m/V$ $\gamma = 10\rho$	g/cm³ kN/m³	1.6～2.2 16～22	$\rho = \rho_d(1+w)$ $\gamma = \gamma_d(1+w)$
比重	G_s	$G_s = \dfrac{m_s}{V_s}$	—	砂土 2.65～2.69 粉土 2.70～2.71 黏性土 2.72～2.75	—
含水率	w	$w = \dfrac{m_w}{m_s} \times 100$	%	砂土 0%～40% 黏性土 20%～60%	$w = \left(\dfrac{\gamma}{\gamma_d}-1\right) \times 100\%$
孔隙比	e	$e = \dfrac{V_v}{V_s}$	—	砂土 0.5～1.0 黏性土 0.5～1.2	$e = \dfrac{n}{1-n}$
孔隙度	n	$n = \dfrac{V_v}{V} \times 100$	%	30%～50%	$n = \left(\dfrac{e}{1+e}\right) \times 100\%$
饱和度	S_r	$S_r = \dfrac{V_w}{V_v}$	—	0～1	
干密度 干重度	ρ_d γ_d	$\rho_d = \dfrac{m_s}{V}$，$\gamma_d = 10\rho_d$	g/cm³ kN/m³	1.3～2.0 13～20	$\rho_d = \dfrac{\rho}{1+w}$，$\gamma_d = \dfrac{\gamma}{1+w}$
饱和密度 饱和重度	ρ_{sat} γ_{sat}	$\rho_{sat} = \dfrac{m_w+m_s+V_a\rho_w}{V}$ $\gamma_{sat} = 10\rho_{sat}$	g/cm³ kN/m³	1.8～2.3 18～23	—
有效重度	γ'	$\gamma' = \gamma_{sat} - \gamma_w$	kN/m³	8～13	—

表 1-5 土体基本物理性质指标换算公式汇总

已知指标	所求指标					
	比重 G_s	密度 ρ	干密度 ρ_d	孔隙比 e	孔隙率 $n(\%)$	饱和度 $S_r(\%)$
$w,\,G_s,\,\rho$	—	—	$\dfrac{\rho}{1+0.01w}$	$\dfrac{G_s\rho_w(1+0.01w)}{\rho}-1$	$100-\dfrac{100\rho}{\rho_w(1+0.01w)}$	$\dfrac{wG_s\rho}{G_s\rho_w(1+0.01w)-\rho}$
$w,\,G_s,\,\rho_d$	—	$(1+0.01w)\rho_d$	—	$\dfrac{G_s\rho_w}{\rho_d}-1$	$100-\dfrac{100\rho_d}{G_s\rho_w}$	$\dfrac{G_s\rho_d}{G_s\rho_w-\rho_d}$
$w,\,G_s,\,e$	—	$\dfrac{G_s\rho_w(1+0.01w)}{1+e}$	$\dfrac{G_s\rho_w}{1+e}$	—	$\dfrac{100e}{1+e}$	$\dfrac{wG_s}{e}$
$w,\,G_s,\,n$	—	$(1+0.01w)(1-0.01n)G_s\rho_w$	$(1-0.01n)G_s\rho_w$	$\dfrac{n}{100-n}$	—	$\dfrac{(100-n)wG_s}{n}$
$w,\,G_s,\,S_r$	—	$\dfrac{S_rG_s\rho_w(1+0.01w)}{wG_s+S_r}$	$\dfrac{S_rG_s\rho_w}{wG_s+S_r}$	$\dfrac{wG_s}{S_r}$	$\dfrac{100wG_s}{wG_s+S_r}$	—
$w,\,\rho,\,e$	$\dfrac{(1+e)\rho}{(1+0.01w)\rho_w}$	—	$\dfrac{\rho}{1+0.01w}$	—	$\dfrac{100e}{1+e}$	$\dfrac{w(1+e)\rho}{(1+0.01w)e\rho_w}$
$w,\,\rho,\,n$	$\dfrac{100\rho}{(1+0.01w)(100-n)\rho_w}$	—	$\dfrac{\rho}{1+0.01w}$	$\dfrac{n}{100-n}$	—	$\dfrac{100w\rho}{n(1+0.01w)\rho_w}$
$w,\,\rho,\,S_r$	$\dfrac{S_r\rho}{S_r\rho_w(1+0.01w)-w\rho}$	—	$\dfrac{\rho}{1+0.01w}$	$\dfrac{w\rho}{S_r\rho_w(1+0.01w)-w\rho}$	$\dfrac{100w\rho}{S_r\rho_w(1+0.01w)}$	—
$w,\,\rho_d,\,e$	$\dfrac{(1+e)\rho_d}{\rho_w}$	$(1+0.01w)\rho_d$	—	—	$\dfrac{100e}{1+e}$	$\dfrac{w(1+e)\rho_d}{e\rho_w}$
$w,\,\rho_d,\,n$	$\dfrac{100\rho_d}{(100-n)\rho_w}$	$(1+0.01w)\rho_d$	—	$\dfrac{n}{100-n}$	—	$\dfrac{100w\rho_d}{n\rho_w}$
$w,\,\rho_d,\,S_r$	$\dfrac{S_r\rho_d}{S_r\rho_w-w\rho_d}$	$(1+0.01w)\rho_d$	—	$\dfrac{w\rho_d}{S_r\rho_w-w\rho_d}$	$\dfrac{100w\rho_d}{S_r\rho_w}$	—
$w,\,e,\,S_r$	$\dfrac{eS_r}{w}$	$\dfrac{eS_r(1+0.01w)\rho_w}{(1+e)w}$	$\dfrac{eS_r\rho_w}{(1+e)w}$	—	$\dfrac{100e}{1+e}$	—
$w,\,n,\,S_r$	$\dfrac{nS_r}{(100-n)w}$	$\dfrac{nS_r(1+0.01w)\rho_w}{100w}$	$\dfrac{nS_r\rho_w}{100w}$	$\dfrac{n}{100-n}$	—	—

续表

表 1-5　土体基本物理性质指标换算公式汇总

已知指标	所求指标						
	含水量 $w(\%)$	密度 ρ	干密度 ρ_d	比重 G_s	孔隙比 e	孔隙率 $n(\%)$	饱和度 $S_r(\%)$
G_s、ρ、ρ_d	$\dfrac{100\rho}{\rho_d}-100$	—	—	—	$\dfrac{G_s\rho_w}{\rho_d}-1$	$100-\dfrac{100\rho_d}{G_s\rho_w}$	$\dfrac{100(\rho-\rho_d)G_s}{G_s\rho_w-\rho_d}$
G_s、ρ、e	$\dfrac{100\rho(1+e)}{G_s\rho_w}-100$	—	$\dfrac{G_s\rho_w}{1+e}$	—	—	$\dfrac{100e}{1+e}$	$\dfrac{100\rho(1+e)-100G_s\rho_w}{e\rho_w}$
G_s、ρ、n	$\dfrac{100\rho}{G_s\rho_w(1-0.01n)}-100$	—	$(1-0.01n)G_s\rho_w$	—	$\dfrac{n}{100-n}$	—	$\dfrac{100\rho-(100-n)G_s\rho_w}{0.01n\rho_w}$
G_s、ρ、S_r	$\dfrac{S_r(G_s\rho_w-\rho)}{G_s(\rho-0.01S_r\rho_w)}$	—	$\dfrac{G_s(\rho-0.01S_r\rho_w)}{G_s-0.01S_r}$	—	$\dfrac{G_s\rho_w-\rho}{\rho-0.01S_r\rho_w}$	$\dfrac{100(G_s\rho_w-\rho)}{(G_s-0.01S_r)\rho_w}$	—
G_s、ρ_d、S_r	$\dfrac{S_r(G_s\rho_w-\rho_d)}{G_s\rho_d}$	$\dfrac{0.01S_r(G_s\rho_w-\rho_d)}{G_s}+\rho_d$	—	—	$\dfrac{G_s\rho_w}{\rho_d}-1$	$100-\dfrac{100\rho_d}{G_s\rho_w}$	—
G_s、e、S_r	$\dfrac{eS_r}{G_s}$	$\dfrac{(G_s+0.01S_re)\rho_w}{1+e}$	$\dfrac{G_s\rho_w}{1+e}$	—	—	$\dfrac{100e}{1+e}$	—
G_s、n、S_r	$\dfrac{nS_r}{(100-n)G_s}$	$\dfrac{0.01nS_r\rho_w+(100-n)G_s\rho_w}{100}$	$(1-0.01n)G_s\rho_w$	—	$\dfrac{n}{100-n}$	—	—
ρ、ρ_d、e	$\dfrac{100\rho}{\rho_d}-100$	—	—	$\dfrac{(1+e)\rho_d}{\rho_w}$	—	$\dfrac{100e}{1+e}$	$\dfrac{100(\rho-\rho_d)(1+e)}{e\rho_w}$
ρ、ρ_d、n	$\dfrac{100\rho}{\rho_d}-100$	—	—	$\dfrac{100\rho_d}{(100-n)\rho_w}$	$\dfrac{n}{100-n}$	—	$\dfrac{100(\rho-\rho_d)}{0.01n\rho_w}$
ρ、e、S_r	$\dfrac{eS_r\rho_w}{\rho(1+e)-0.01eS_r\rho_w}$	—	$\rho-\dfrac{0.01eS_r\rho_w}{1+e}$	$\dfrac{(1+e)\rho}{\rho_w}-0.01eS_r$	—	$\dfrac{100e}{1+e}$	—
ρ、n、S_r	$\dfrac{nS_r\rho_w}{100\rho-0.01nS_r\rho_w}$	—	$\rho-\dfrac{0.01nS_r\rho_w}{100}$	$\dfrac{100\rho-0.01nS_r\rho_w}{(100-n)\rho_w}$	$\dfrac{n}{100-n}$	—	—
ρ_d、e、S_r	$\dfrac{eS_r\rho_w}{(1+e)\rho_d}$	$\dfrac{0.01eS_r\rho_w}{1+e}+\rho_d$	—	$\dfrac{(1+e)\rho_d}{\rho_w}$	—	$\dfrac{100e}{1+e}$	—
ρ_d、n、S_r	$\dfrac{0.01nS_r\rho_w}{\rho_d}$	$\dfrac{0.01nS_r\rho_w}{100}+\rho_d$	—	$\dfrac{100\rho_d}{(100-n)\rho_w}$	$\dfrac{n}{100-n}$	—	—

1.4 土的物理状态指标

所谓土的物理状态，对于粗颗粒土是指土的密实程度，对于细颗粒土则是指土的软硬程度或称为黏性土的稠度。

1.4.1 无黏性土的物理状态指标

土的密实度通常指单位体积中固体颗粒的含量。土颗粒含量多，土就密实；土颗粒含量少，土就疏松。从这一角度分析，在上述三相比例指标中，干容重 ρ_d 和孔隙比 e（或孔隙度 n）都是表示土的密实度的指标。但是这种用固体含量或孔隙含量表示密实度的方法有其明显的缺点，主要是这种表示方法没有考虑到粒径级配这一重要因素的影响。为说明这个问题，取两种不同级配的砂土进行分析。假定第一种砂是理想的均匀圆球，不均匀系数 $C_u = 1.0$。这种砂最密实时的排列，如图 1-21（a）所示。可以算出这时的孔隙比 $e = 0.35$，如果砂粒的比重 $G_s = 2.65$，则最密时的干密度 $\rho_d = 1.96 \text{g/cm}^3$。第二种砂同样是理想的圆球。但其级配中除大的圆球外，还有小的圆球可以充填于孔隙中，即不均匀系数 $C_u > 1.0$，如图 1-21（b）。显然，这种砂最密时的孔隙比 $e < 0.35$。就是说这两种砂若都具有同样的孔隙比 $e = 0.35$，对于第一种砂，已处于最密实的状态，而对于第二种砂则不是最密实的状态。实践中，往往可以碰到不均匀系数很大的砂砾混合料，孔隙比 $e \leqslant 0.30$，干密度 $\rho_d \geqslant 2.05 \text{g/cm}^3$ 时，仍然只处于中等密实度，有时还需要采取工程措施再予以加密，而这种密度对于均匀砂则已经是十分密实了。

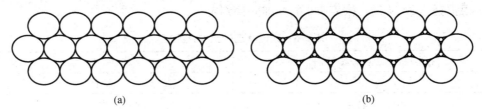

(a)　　　　　　　　　　　　　　　(b)

图 1-21 砂的密实排列

工程上为了更好地表明粗粒土（无黏性土）所处的密实状态，采用将现场土样的孔隙比 e 与该种土所能达到最密时的孔隙比 e_{max} 和最松时的孔隙比 e_{min} 相对比的办法，来表示孔隙比为 e 时土的密实度。这种度量密实度的指标称为相对密度 D_r，表示为

$$D_r = \frac{e_{max} - e}{e_{max} - e_{min}} \tag{1-16}$$

式中　e——现场粗粒土的孔隙比；

e_{max}——土的最大孔隙比，测定的方法是将松散的风干土样通过长颈漏斗轻轻地倒入容器，避免重力冲击，求得土的最小干密度再经换算得到；

e_{min}——土的最小孔隙比，测定的方法是将松散的风干土装在金属容器内，按规定方法振动和锤击，直至密度不再提高，求得最大干容重后经换算得到。

当 $D_r = 0$ 时，$e = e_{max}$，表示土处于最松状态。当 $D_r = 1.0$ 时，$e = e_{min}$，表示土处于最密状态。用相对密度 D_r 判定粗粒土的密实度标准是：

$$D_r \leqslant \frac{1}{3} \quad 疏松$$

$$\frac{1}{3} < D_r \leqslant \frac{2}{3} \quad 中密$$

$$D_r > \frac{2}{3} \quad 密实$$

将表 1-5 中孔隙比与干容重的关系式 $e = G_s \rho_w / \rho_d - 1$ 代入式（1-16），整理后，可以得到用于表示密实程度的相对密度表达式为

$$D_r = \frac{(\rho_d - \rho_{dmin})\rho_{dmax}}{(\rho_{dmax} - \rho_{dmin})\rho_d} \tag{1-17}$$

式中　ρ_d——相当于孔隙比 e 时土的干密度；

　　　ρ_{dmin}——相当于孔隙比 e_{max} 时土的干松度，即最松干密度；

　　　ρ_{dmax}——相当于孔隙比 e_{min} 时土的干松度，即最密干密度。

应当指出，目前虽然已有一套测定最大孔隙比和最小孔隙比的试验方法，但是要在实验室条件下测得各种土理论上的 e_{max} 和 e_{min} 却十分困难。在静水中缓慢沉积形成的土，孔隙比有时可能比实验室测得的 e_{max} 还大。同样，在漫长地质年代中，受各种自然力作用下堆积形成的土，其孔隙比有时可能比实验室测得的 e_{min} 还小。此外，埋藏在地下深处，特别是地下水位以下的粗粒土的天然孔隙比，很难准确测定。因此，相对密度这一指标理论上虽然能够更合理地用以确定土的密实状态，但由于上述原因，通常多用于填方的质量控制中，对于天然土尚难以应用。

因为 e、e_{max} 和 e_{min} 都难以准确测定，天然砂土的密实度只能在现场进行原位标准贯入试验，根据锤击数 $N_{63.5}$，按表 1-6 的标准间接判定。

表 1-6　天然状态砂土的密实度

标准贯入试验锤击数 $N_{63.5}$	密实度
$N_{63.5} \leqslant 10$	松散
$10 < N_{63.5} \leqslant 15$	稍密
$15 < N_{63.5} \leqslant 30$	中密
$N_{63.5} > 30$	密实

细粒土（黏性土）无法在实验室测定 e_{max} 和 e_{min}。实际上也不存在最大和最小孔隙比，因此只能根据其孔隙比 e 或干密度 ρ_d 来判断其密实度。

1.4.2　黏性土的物理状态指标

1. 黏性土的稠度状态

黏性土最主要的物理状态特征是它的稠度，稠度是指土的软硬程度或土对外力引起变形或破坏的抵抗能力。土中含水量很低时，水都被颗粒表面的电荷紧紧吸着于颗粒表面，成为强结合水。强结合水的性质接近于固态。因此，当土粒之间只有强结合水时，按水膜厚薄不同，土表现为固态或半固态，如图 1-22（a）所示。

当含水量增加，如图 1-22（b）所示，被吸附在颗粒周围的水膜加厚，土粒周围除强结合水外还有弱结合水，弱结合水呈黏滞状态，不能传递静水压力，不能自由流动，但受

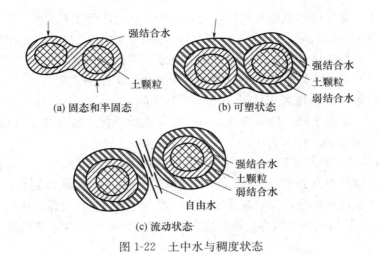

图 1-22 土中水与稠度状态

力时可以变形，能从水膜较厚处向邻近薄处移动。在这种含水表示量情况下，土体受外力作用可以被捏成任意形状而不破裂，外力取消后仍然保持改变后的形状。这种状态称为塑态。弱结合水的存在是土具有可塑状态的原因。土处在可塑状态的含水量变化范围，土体上相当于土粒所能够吸附的弱结合水的含量。这一含量的大小主要决定于土的比表面积和矿物成分。黏性大的土必定是比表面积大，矿物亲水能力强的土（例如蒙脱石），自然也是吸附较多的结合水的土，因此它的塑态含水量的变化范围也必定大。

当含水量继续增加，土中除结合水外，已有相当数量的水处于电场引力影响范围以外，成为自由水。如图 1-22（c），这时土粒之间被自由水所隔开，土体不能承受任何剪应力，而呈流动状态。可见，从物理概念分析，土的稠度实际上是反映土中水的形态。

2. 稠度界限

土从某种状态进入另外一种状态的分界含水量成为土的特征含水量，或称为稠度界限。工程上常用的稠度界限有液性界限 w_L 和塑性界限 w_P。

液性界限（w_L）简称液限，相当于土从塑性状态转变为液性状态时的含水量。这时，土中水的形态除结合水外，已有相当数量的自由水。

塑性界限（w_P）简称塑限，相当于土从半固态转变为塑性状态时的含水量。这时，土中水的形态大约是强结合水含量达到最大时。

在实验室中，液限 w_L 用液限仪测定，塑限 w_P 则用搓条法测定。目前也有联合测定仪一起测定液限和塑限的。但是，所有这些测定方法仍然是根据表观观察土在某种含水量下是否"流动"或者是否"可塑"，而不是真正根据土中水的形态来划分的。实际上，土中水的形态，定性区分比较容易，定量划分则颇为困难。目前尚不能够定量地以结合水膜的厚度来确定液限和塑限。从这个意义上说，液限和塑限与其说是一种理论标准，不如说是一种人为确定的标准。尽管如此，并不妨碍人们去认识细粒土随着含水量的增加，可以从固态或半固态变为塑态再变为液态，而实测的塑限和液限则是一种近似的定量分界含水量。

（1）液限测定方法

① 锥式液限仪：如图 1-23 所示。先将土样调制成土糊状，装入金属杯中，刮平表

面，放在底座上，置于水平桌面。用质量为76g的圆锥式液限仪来测试：手持液限仪顶部的小柄，将角度为30°的圆锥体的锥尖，置于土样表面的中心，松手，让液限仪在自重作用下沉入土中。此圆锥体距锥尖10mm处有一刻度。若液限仪沉入土中深度为10mm，即锥体的水平刻度恰好与土样表面齐平，则此土样的含水率即为液限含水率w_L。如液限仪沉入土样中以后锥体的刻度高于或低于土面，则表明土样的含水率低于或高于液限。此时，需从金属杯中取出土样，加入少量水或反复搅拌使土样中水分蒸发降低后，再测试，直到达到锥尖下沉10mm标准为止。

② 碟式液限仪：如图1-24所示。将制备好的试样铺于铜碟前半部，用调土刀将铜碟前沿刮成水平，试样厚度为10mm。用特制开槽器由上至下，将试样划开，形成V形槽，以每秒两转的速度转动摇柄，使铜碟反复起落，撞击底座。试样受振向中间流动。当击数为25次，铜碟中V形槽两边试样合拢长度为13mm时，试样的含水率即为w_L。

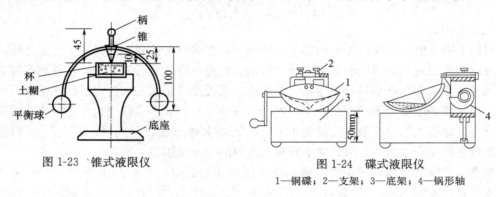

图 1-23　锥式液限仪　　　　　　　图 1-24　碟式液限仪
1—铜碟；2—支架；3—底架；4—锅形轴

（2）塑限测定方法

滚搓法：取略高于塑限含水率的试样约8～10g，用手搓成椭圆形土条，放在毛玻璃板上用手掌滚搓。要求手掌均匀加压在土条上，不得使土条在玻璃板上无力滚动。土条的水分被毛玻璃板吸去一部分而逐渐变干，同时土条的直径由粗逐渐搓细。当土条搓成直径为3mm时，产生裂缝并开始断裂，则此时土条的含水率即为塑限w_p，若土条$d<3$mm不断或$d>3$mm已断裂，说明土条含水率大于或小于塑限，将此土条丢弃，重新取土样滚搓。将搓好的合格土条3～5g测定含水率即为所求w_p。滚搓法测塑限，如果手掌滚搓用力不易均匀，则测得的塑限值偏高。

液、塑限联合测定法：此法可以减少反复测试液、塑限时间。制备三份不同稠度的试样，试样的含水率分别为接近液限、塑限和两者的中间状态。用76g质量的圆锥刺入试样，记录刺入量并测得各试样的含水量，然后以含水率为横坐标，圆锥下沉深度为纵坐标，绘于双对数坐标纸上，将测得的三点连成直线。

在由含水率与圆锥下沉深度关系曲线上查出下沉10mm对应的含水率即为w_L；查得下沉深度为2mm所对应的含水率即为w_p；取值至整数。

（3）缩限测定方法

用收缩皿法。

3. 液性指数和塑性指数

土的比表面积和矿物成分不同，吸附结合水的能力也不一样。因此，同样的含水量对于黏性高的土，水的形态可能全是结合水，而对于黏性低的土，则可能相当部分已经是自由水。换句话说，仅仅知道含水量的绝对值，并不能说明土处于什么状态，要说明细粒土的稠度状态，需要有一个表征土的天然含水量与分界含水量之间相对关系的指标，这就是液限指数 I_L。在图 1-25 中，以直线坐标表示含水量的变化，并把某种土的天然含水量 w、液限 w_L 和塑限 w_p 标在含水量的坐标上。显然，当 w 接近于 w_p 时，土则坚硬；而 w 接近于 w_L 时，土则软弱。定义液性指数 I_L 为：

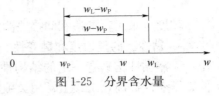

图 1-25　分界含水量

$$I_L = \frac{w - w_P}{w_L - w_P} \tag{1-18}$$

当 $I_L = 0$ 时，$w = w_P$，土从半固态进入可塑状态。而当 $I_L = 1$ 时，$w = w_L$，土从可塑状态进入液态。因此，根据 I_L 值可以直接判定土的软硬状态。工程上按液性指数 I_L 的大小，把细粒土分成表 1-7 中的 5 种状态。

表 1-7　黏性土（细粒土）的状态分类

液性指数 I_L	状态
$I_L \leqslant 0$	坚硬（半固态）
$0 < I_L \leqslant 0.25$	硬塑
$0.25 < I_L \leqslant 0.75$	可塑
$0.75 < I_L \leqslant 1$	软塑
$I_L > 1$	流塑

应该注意，液限试验和塑限试验都是先把试样调成土膏，然后进行试验。也就是说 w_L 和 w_p 都是在土的结构被彻底破坏后测得的。因此，用液性指数反映天然土的稠度就存在不可避免的缺点，因为含水量相同的同一种土，保持天然结构比结构被破坏具有更大的强度。也就是说，天然状态下土的液限 w_L 和塑限 w_p 要比实验室测得的值大，则同样的含水量，天然状态下的液性指数一般要比实验室测得的值小。由于这个缘故，液性指数 I_L 用以作为重塑土软硬状态的判别标准比较合适，而用于原状土则常常得到偏大的结果。

液性指数的分母 $w_L - w_p$ 常以指标 I_P 代替，即

$$I_P = w_L - w_P \tag{1-19}$$

I_P 称为塑性指数，习惯上用百分数的绝对值表示。就物理概念而言，它大体上表示土所能吸着的弱结合水质量与土粒质量之比。如前所述，吸着结合水的能力是土的黏性大小的标志；同时，弱结合水是使土具有可塑性的原因。黏性和可塑性是细粒土的一种重要属性，因此，塑性指数 I_P 常用以作为细粒土工程分类的依据。

w_L 与 w_p 都是由扰动土样确定的指标，土的天然结构已被破坏，所以用 I_L 来判断黏性土的软硬程度，没有考虑土原有结构的影响。在含水量（率）相同时，原状土要比扰动土坚硬。因此，用上述标准判断扰动土的软硬状态是合适的，但对原状土则偏于保守。通常当原状土的天然含水量（率）等于液限时，原状土并不处于流塑状态，但天然结构一经扰动，土即呈现出流动状态。

在公路建设中，有时还用稠度来区分黏性土的状态。土的液限与天然含水率之差和塑

性指数之比，称为土的天然稠度，用 w_c 来表示，即

$$w_c = \frac{w_L - w}{I_P} \tag{1-20}$$

稠度可采用直接法和间接法测定，详见《公路土工试验规程》（JTG E40）。

4. 黏性土的灵敏度和触变性

天然黏性土具有一定的结构性。若受到外力扰动作用，土体结构遭受破坏、强度降低、压缩性提高。工程上常用灵敏度 S_t 来衡量黏性土结构对强度的影响，即

$$S_t = \frac{q_u}{q'_u} \tag{1-21}$$

式中 q_u、q'_u——原状土和重塑土试样的无侧限抗压强度。

根据灵敏度可将饱和黏性土分为：低灵敏度（$1.0 < S_t \leqslant 2.0$）、中等灵敏（$2.0 < S_t \leqslant 4.0$）和高灵敏（$4.0 < S_t$）三类。土的灵敏度越高，其结构性越强，受扰动后土的强度降低就越明显。因此，施工时必须注意保护基槽，尽量减少对土结构的扰动。

黏性土结构破坏后强度降低，但随时间发展，土体中颗粒、离子和水分子体系逐渐趋于新的平衡状态，强度恢复，这种胶体化学性质称为土的触变性。打桩会扰动周围土体的结构，使黏性土的强度降低，所以打桩要"一气呵成"才能进展顺利。打桩停止后，土的强度会部分恢复，桩土间摩擦系数增大，有利于承受荷载。

【例 1-3】某砂层的天然密度 $\rho = 1.75\text{g/cm}^3$，含水量 $w = 10\%$，土粒比重 $G_s = 2.65$，最小孔隙比 $e_{min} = 0.10$，最大孔隙比 $e_{max} = 0.85$，问该土层处于什么状态。

【解】（1）求土层的孔隙比 e，绘三相草图，如图 1-26 所示。

设 $V_s = 1.0\text{cm}^3$，由公式（1-9）得孔隙体积 $V_v = e$。因为，$G_s = 2.65$，由公式（1-7）得 $m_s = G_s = 2.65\text{g}$，因为，$w = 10\%$，由式（1-8），$m_w = wm_s = 0.265\text{g}$。

因为，$\rho = 1.75\text{g/cm}^3$，由式（1-6），$\rho = \dfrac{m_s + m_w}{V} = \dfrac{2.65 + 0.265}{1 + e}$ 解得 $e = 0.667$。

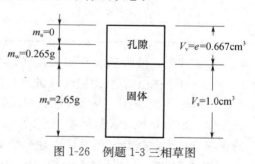

图 1-26　例题 1-3 三相草图

（2）求相对密度

由式（1-16）

$$D_r = \frac{e_{max} - e}{e_{max} - e_{min}} = \frac{0.85 - 0.667}{0.85 - 0.40} = 0.409$$

$$\frac{2}{3} > D_r > \frac{1}{3}$$

故该砂层处于中密状态。

【例 1-4】从某地取原状土样，测得土的液限 $w_L = 47\%$，塑限 $w_P = 18\%$，天然含水量 $w = 40\%$。问地基土处于什么状态。

【解】由式（1-18）求液性指数

$$I_L = \frac{w - w_P}{w_L - w_P} = \frac{40 - 18}{47 - 18} \approx 0.759$$

查表 1-7，$0.75 < I_L \leqslant 1$，土处于软塑状态，但实际上地基土是原状土，用式（1-18）计算的结果偏大，故该天然土体也可能处于可塑状态。

1.5 土的工程分类

1.5.1 土的工程分类依据

自然界中的各种土，从直观上显然可以分成两大类。一类是由肉眼可见的松散颗粒所堆成，颗粒通过接触点直接接触。粒间除重力，或者有时有些毛细压力外，其他的联结力十分微弱，可以忽略不计，这就是前面多次提到的粗粒土，也称为无黏性土。另一类是由肉眼难以辨别的微细颗粒所组成。由于微细颗粒，特别是黏土颗粒之间存在着重力以外的分子引力和静电力的作用，使颗粒之间相互联结，这就是土的黏性的由来。静电力引起结合水膜，颗粒之间常常不再是直接接触而是通过结合水膜相联结，使这类土具有可塑性。另外，黏土矿物具有吸水膨胀、失水收缩的能力，结合水膜也因土中水分的变化而增厚或变薄，使这类土具有胀缩性。这种具有黏性、可塑性、胀缩性的土就是前面多次提到的细粒土，或黏性土（有的规范细分为粉土与黏性土）。

但是在实际的工程应用中，仅有这种感性的粗糙的分类是很不够的，还必需更进一步用某种最能反映工程特性的指标来进行系统的分类。影响土的工程性质的三个主要因素是土的三相组成、土的物理状态和土的结构。在这三者中，起主要作用的无疑是三相组成，在三相组成中，关键的是土的固体颗粒，首先就是颗粒的粗细。按实践经验，工程上以土中颗粒直径大于 0.1mm（有的规范用 0.075mm）的质量占全部土粒质量的 50％作为第一个分类的界限。大于 50％的称为粗粒土，小于 50％的称为细粒土。

粗粒土的工程性质，如透水性、压缩性和强度等，很大程度上取决于土的粒径级配。因此，粗粒土按其粒径级配累积曲线再分成细类。

细粒土的工程性质不仅决定于粒径级配，还与土粒的矿物成分和形状有密切关系。可以认为，比表面积和矿物成分在很大程度上决定了这类土的性质。直接量测和鉴定土的表面积和矿物成分较困难，但是它们直接综合表现为土的吸附结合水的能力。因此，在目前国内外的各种规范中多用吸附结合水的能力作为细粒土的分类标准。

如前所述，反映土吸附结合水能力的特性指标有液限 w_L、塑限 w_P 和塑性指数 I_P。经过长期以来很多实验结果的统计分析所得的结论，在这 3 个指标中，液限 w_L 和塑性指数 I_P 与土的工程性质的关系更密切、规律性更强。因此国内外对细粒土的分类，多用塑性指数或者液限加塑性指数作为分类指标。

以下介绍国内最基本的两种土的工程分类法：一种是《建筑地基基础设计规范》（GB 50007）分类法，另一种是《公路土工试验规程》（JTG E40）的分类法。

1.5.2 《建筑地基基础设计规范》分类法

这种分类法的体系比较接近于苏联地基规范的分类法，但是有许多我国的特点。按这种分类法，土（包括岩石）分成六大类，即岩石、碎石土、砂土、粉土、黏性土和人工填土。从土力学的学科意义而言，整体岩石不属于土。人工填土主要是成因的区别。因此，天然土实际上是分成碎石土、砂土、粉土和黏性土四大类。碎石土和砂土属于粗粒土，粉土和黏性土属于细粒土。粗粒土按粒径级配分配，细粒土则按塑性指数 I_P 分类，具体标准如下。

1. 岩石

对岩石的命名，除需要根据工程地质的办法确定地质名称外，尚需要对岩石的坚硬程度及岩体的完整程度进行划分。

对岩石的坚硬程度应根据岩块的饱和单轴抗压强度 f_{rk} 分为坚硬岩、较硬岩、较软岩、软岩和极软岩，具体见表1-8。当缺乏饱和单轴抗压强度资料或不能进行该项试验时，可在现场通过观察定性划分，划分标准可参考《建筑地基基础设计规范》（GB 50007）附录 A.0.1。

表 1-8　岩石坚硬程度的划分

坚硬程度类别	坚硬岩	较硬岩	较软岩	软岩	极软岩
饱和单轴抗压强度标准值 f_{rk}（MPa）	$f_{rk}>60$	$60\geqslant f_{rk}>30$	$30\geqslant f_{rk}>15$	$15\geqslant f_{rk}>5$	$f_{rk}\leqslant5$

对岩体的完整程度按表1-9划分为完整、较完整、较破碎、破碎和极破碎。当缺乏试验数据时可按《建筑地基基础设计规范》（GB 50007）附录 A.0.2 确定。

表 1-9　岩体完整程度划分

完整程度等级	完整	较完整	较破碎	破碎	极破碎
完整性指数	>0.75	0.55~0.75	0.35~0.55	0.15~0.35	<0.15

注：完整性指数为岩体纵波波速与岩石纵波波速之比的平方。选定岩体、岩石测定波速时应有代表性。

2. 碎石土

指粒径大于 2mm 颗粒含量超过总土重 50% 的土，根据粒组含量及颗粒形状，按表1-10细分为漂石、块石、卵石、碎石、圆砾和角砾六类。

表 1-10　碎石土的分类

土的名称	颗粒形状	粒组含量
漂石	圆形及亚圆形为主	粒径大于 200mm 的颗粒超过全重 50%
块石	棱角形为主	
卵石	圆形及亚圆形为主	粒径大于 20mm 的颗粒超过全重 50%
碎石	棱角形为主	
圆砾	圆形及亚圆形为主	粒径大于 2mm 的颗粒超过全重 50%
角砾	棱角形为主	

注：分类时应根据细粒组含量由大到小以最先符合者确定。

3. 砂土

指粒径大于 2mm 的颗粒含量不超过全重的 50%，而粒径大于 0.075mm 的颗粒含量超过全重的 50% 的土，砂土根据粒组含量不同又细分为砾砂、粗砂、中砂、细砂和粉砂五类，见表1-11。

表 1-11　砂土的分类

土的名称	粒组含量
砾砂	粒径大于 2mm 的颗粒占全重 25%～30%
粗砂	粒径大于 0.5mm 的颗粒超过全重 50%
中砂	粒径大于 0.25mm 的颗粒超过全重 30%
细砂	粒径大于 0.075mm 的颗粒超过全重 85%
粉砂	粒径大于 0.075mm 的颗粒超过全重 30%

4. 粉土

指粒径大于 0.075mm 的颗粒含量小于 50% 而塑性指数 $I_P \leqslant 10$ 的土。这类土按老的地基基础设计规范的分类法属于黏性土类，称轻亚黏土或少黏性土。它既不具有砂土透水性大、容易排水固结、抗剪强度较高的优点，又不具有黏性土防水性能好、不容易被水冲蚀流失、具有较大黏聚力的优点。在许多工程问题上，表现出较差的性质，如受振动容易液化、冻胀性大等。因此，在新的规范中，将其单列一类，以利于进一步研究。

5. 黏性土

指塑性指数 $I_P > 10$ 的土：其中 $10 < I_P \leqslant 17$，常称为粉质黏土；$I_P > 17$，称为黏土。此外自然界中还分布有许多具有一般土所没有的特殊性质的土，如黄土、红土、冻土、胀缩性土（或称膨胀土）、分散性土等。它们的分类都有各自的规范。读者在实际工作中碰到具体工程问题时，可选择相应的规范查用。

6. 人工填土

由人类活动堆填形成的各类土称为人工填土。人工填土与上述五大类由大自然生成的土性质不同。

人工填土按其组成物质和堆积年代进行分类定名。人工填土按其组成和成因，分为下列四种：

（1）素填土

由碎石土、砂土、粉土、黏性土等组成的填土。例如，各城镇所弃填的土，这种人工填土不含杂物。

（2）压实填土

经分层压实或夯实的素填土，统称为压实填土。

（3）杂填土

凡含有建筑垃圾、工业废料、生活垃圾等杂物的填土，称为杂填土。通常大中小城市地表都有一层杂填土。

（4）冲填土

由水力冲填泥沙形成的填土，称为冲填土。例如，抽排至低洼地区沉积而成冲填土。

按人工填土堆积年代，分为以下两种：老填土——黏性土填筑时间超过 10 年，粉土超过 5 年；新填土——黏性土填筑时间少于 10 年，粉土填筑时间少于 5 年。

通常人工填土的工程性质不良、强度低、压缩性大且不均匀，其中压实填土相对较好。杂填土因成分复杂，平面与立面分布很不均匀、无规律，工程性质最差。

7. 特殊性土

上面所述的六大类岩土，在土木工程中经常会遇到。此外，还有一些特殊性质的土与上述六大类岩土不同，需要特别加以注意，如淤泥和淤泥质土，红黏土和次生红黏土等。

如前所述，由于土的生成条件不同，土的工程特性会相差很大。对于某些具有一定分布区域或工程意义，或具有特殊的成分、状态和结构特征的土称为特殊土。它分为湿陷性土、红黏土、软土（包括淤泥和淤泥质土）、冻土、膨胀土、盐渍土、污染土等。下面简单介绍一下其中几种常见的特殊性土。

（1）淤泥和淤泥质土

① 生成条件　在静水或缓慢的流水环境中沉积，并经生物化学作用形成黏性土或粉土。

② 物理性质　淤泥——天然含水率 $w > w_L$；天然孔隙比 $1.0 \leqslant e < 1.5$。

③ 工程性质　压缩性高、强度低、透水性低，为不良地基。

（2）泥炭和泥炭质土

① 含有大量未分解的腐殖质，有机质含量大于 60% 的土为泥炭。

② 有机质含量大于等于 10% 且小于等于 60% 的土为泥炭质土。

（3）红黏土和次生红黏土

① 生成条件　在北纬33°以南亚热带温湿气候条件下，碳酸盐岩系出露区的岩石，经红土化作用，形成棕红、褐黄等色的高塑性黏土，称为红性黏土或次生红黏土。

② 物理性质　红黏土——塑性指数 $I_p = 30 \sim 50$，$w_L > 50\%$，$e = 1.1 \sim 1.7$，饱和度 $S_r > 0.85$。次生红黏土——红黏土经再搬运后，仍保留红黏土基本特征，$w_L > 45\%$，为次生红黏土。

③ 工程性质　红黏土和次生红黏土通常强度高、压缩性低。因受基岩起伏影响，厚度不均匀，上硬下软。

1.5.3　《公路土工试验规程》分类法

这种土的工程分类适用于公路工程用土的鉴别、定名和描述。分类依据主要有：（1）土颗粒组成特征；（2）土的塑性指标；（3）土中有机质存在情况。

土的颗粒应根据表 1-12 所列粒组范围划分粒组。

表 1-12　粒组划分图

200	60	20	5	2	0.5	0.25	0.075	0.002 (mm)
巨粒组		粗粒组						细粒组
漂石（块石）	卵石（小块石）	砾（角砾）			砂			粉粒	黏粒
		粗	中	细	粗	中	细		

土的名称可以采用一个基本代号表示。可以参考表 1-13 查找不同土体的代号。

表 1-13　土类的名称和代号

名称	代号	名称	代号	名称	代号
漂石	B	级配良好砂	SW	含砾低液限黏土	CLG
块石	B_a	级配不良砂	SP	含砂高液限黏土	CHS
卵石	Cb	粉土质砂	SM	含砂低液限黏土	CLS
小块石	Cb_a	黏土质砂	SC	有机质高液限黏土	CHO
漂石夹土	BSl	高液限粉土	MH	有机质低液限黏土	CLO
卵石夹土	CbSl	低液限粉土	ML	有机质高液限粉土	MHO

名称	代号	名称	代号	名称	代号
漂石质土	S1B	含砾高液限粉土	MHG	有机质低液限粉土	MLO
卵石质土	S1Cb	含砾低液限粉土	MLG	黄土（低液限黏土）	CLY
级配良好砾	GW	含砂高液限粉土	MHS	膨胀土（高液限黏土）	CHE
级配不良砾	GP	含砂低液限粉土	MLS	红土（高液限粉土）	MHR
细粒质砾	GF	高液限黏土	CH	红黏土	R
粉土质砾	GM	低液限黏土	CL	盐渍土	St
黏土质砾	GC	含砾高液限黏土	CHG	冻土	Ft

1. 巨粒土

(1) 巨粒组质量多于总质量 75% 的土称漂（卵）石。

(2) 巨粒组质量为总质量的 50%～75%（含 75%）的土称为漂（卵）石夹土。

(3) 巨粒组质量为总质量的 15%～50%（含 50%）的土称为漂（卵）石质土。

(4) 巨粒组质量少于或等于总质量 15% 的土，可扣除巨粒，按粗粒土或细粒土的相应规定分类定名。

具体如图 1-27 所示。

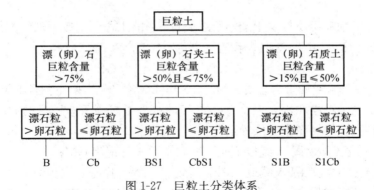

图 1-27　巨粒土分类体系

注：1. 巨粒土分类体系中的漂石换成块石，B 换成 B_a，即构成相应的块石分类体系。

2. 巨粒土分类体系中的卵石换成小块石，Cb 换成 Cb_a，即构成相应的小块石分类体系。

(1) 漂（卵）石按下列规定定名：

① 漂石粒组质量多于卵石粒组质量的土称为漂石，记为 B；

② 漂石粒组质量少于或等于卵石粒组质量的土称为卵石，记为 Cb。

(2) 漂（卵）石夹土按下列规定定名：

① 漂石粒组质量多于卵石粒组质量的土称为漂石夹土，记为 BS1；

② 漂石粒组质量少于或等于卵石粒组质量的土称为卵石夹土，记为 CbS1。

(3) 漂（卵）石质土应按下列规定定名：

① 漂石粒组质量多于卵石粒组质量的土称为漂石质土，记为 S1B；

② 漂石粒组质量少于或等于卵石粒组质量的土称为卵石质土，记为 S1Cb；

③ 如有必要，可按漂（卵）石质土中的砾、砂、细粒土含量定名。

2. 粗粒土

试样中巨粒组土粒质量少于或等于总质量 15%，且巨粒组土粒与粗粒组土粒质量之和多于总土质量 50% 的土称粗粒土。

粗粒土中砾粒组质量多于砂粒组质量的土称砾类土。砾类土应根据其中细粒含量和类别以及粗粒组的级配进行分类。分类体系如图 1-28 所示。

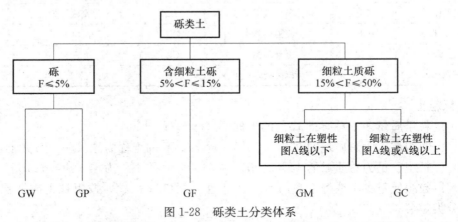

图 1-28　砾类土分类体系

注：砾类土分类体系中砾石换成角砾，G 换成 G_a，即构成相应的角砾土分类体系。

（1）砾类土中细粒组质量少于或等于总质量 5% 的土称砾，按下列级配指标定名：

① 当 $C_u \geqslant 5$，且 $C_c = 1 \sim 3$ 时，称级配良好砾，记为 GW。

② 不同时满足 GW 的条件时，称级配不良砾，记为 GP。

（2）砾类土中细粒组质量为总质量的 5%～15%（含 15%）的土称含细粒土砾记为 GF。

（3）砾类土中细粒组质量大于总质量的 15% 并小于或等于总质量的 50% 的土称细粒土质砾，按细粒土在塑性图中的位置定名：

① 当细粒土位于塑性图 A 线以下时，称粉土质砾，记为 GM；

② 当细粒土位于塑性图 A 线或 A 线以上时，称黏土质砾，记为 GC。

粗粒土中砾粒组质量少于或等于砂粒组质量的土称砂类土。砂类土应根据其中细粒含量和类别以及组粒的级配进行分类。具体体系如图 1-29 所示。

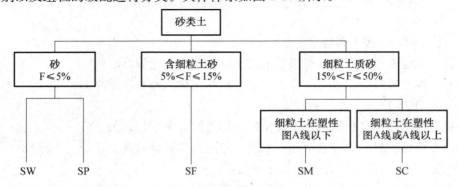

图 1-29　砂类土分类体系

注：需要时，砂可进一步细分为粗砂、中砂和细砂。粗砂——粒径大于 0.5mm，颗粒多于总质量 50%；
中砂——粒径大于 0.25mm，颗粒多于总质量 50%；细砂——粒径大于 0.075mm，颗粒多于总质量 75%。

根据粒径分组由大到小，以首先符合者命名。

（1）砂类土中细粒组质量少于或等于总质量 5% 的土称为砂，按下列级配指标定名：

① 当 $C_u \geqslant 5$，且 $C_c = 1 \sim 3$ 时，SW 的称级配良好砂，记为 SW；

② 不同时满足 SW 的条件时，称级配不良砂，记为 SP。

（2）砂类土中细粒组质量为总质量的 5%～15%（含 15%）的土称细粒土砂，记为 SF。

（3）砂类土中细粒组质量大于总质量的 15%，并小于或等于总质量的 50% 的土称细粒土质砂，按细粒土在塑性图中的位置定名：

① 当细粒土位于塑性图 A 线以下时，称粉土质砂，记为 SM；

② 当细粒土位于塑性图 A 线或 A 线以上时，称黏土质砂，记为 SC。

3. 细粒土

试样中细粒组土粒质量多于或等于总质量 50% 的土称为细粒土。分类体系如图 1-30 所示。

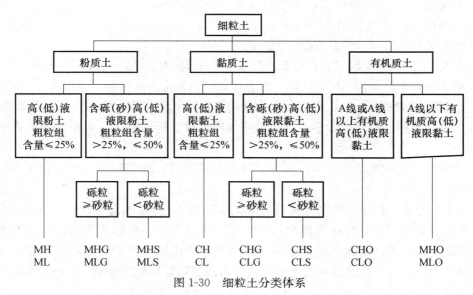

图 1-30　细粒土分类体系

（1）细粒土应按下列规定划分：

① 细粒土中粗粒组质量少于或等于总质量 25% 的土称粉质土或黏质土；

② 细粒土中粗粒组质量为总质量 25%～50%（含 50%）的土称含粗粒的粉质土或含粗粒的黏质土；

③ 试样中有机质含量多于或等于总质量的 5%，且少于总质量的 10% 的土称为有机质土；

④ 试样中有机质含量多于或等于 10% 的土称为有机土。

（2）细粒土按塑性图分类。本"分类"的塑性图（图 1-31）采用下列液限分区：

低液限 $w_L < 50\%$；高液限 $w_L \geqslant 50\%$。

（3）细粒土应按其在图 1-31 中的位置确定土的名称：

① 当细粒土位于塑性图 A 线或 A 线以上时，按下列规定定名：

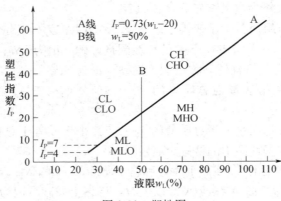

图 1-31 塑性图

在 B 线或 B 线以右，称高液限黏土，记为 CH；

在 B 线以左，$I_P=7$ 线以上，称低液限黏土，记为 CL。

② 当细粒土位于 A 线以下时，按下列规定定名：

在 B 线或 B 线以右，称高液限粉土，记为 MH；

在 B 线以左，$I_P=4$ 线以下，称低液限黏土，记为 ML。

③ 黏土～粉土过渡区（CL～ML）的土可以按相邻土层的类别考虑细分。

（4）含粗粒的细粒土应按（3）的规定确定细粒土部分名称，再按以下规定最终定名：

① 当粗粒组中砂砾组质量多于砂粒组质量时，称含砾细粒土，应在细粒土代号后缀以代号"G"；

② 当粗粒组中砂粒组质量多于或等于砂粒组质量时，称含砂细粒土，应在细粒土代号后缀以代号"S"。

（5）土中有机质包括未完全分解的动植物残骸和完全分解的无定形物质。后者多呈黑色、青黑色或暗色；有臭味；有弹性和海绵感。借目测、手摸即嗅感判别。当不能判定时，可采用下列方法：将试样在 105～110℃ 的烘箱中烘烤。若烘烤 24h 后试样的液限小于烘烤前的四分之三，则该试样为有机质土。当需要测定有机质含量时，按有机质含量试验（T0151）进行。

（6）有机质土应根据图 1-31 按下列规定定名：

① 位于塑性图 A 线或 A 线以上时：

在 B 线或 B 线以右，称有机质高液限黏土，记为 CHO；

在 B 线以左，$I_P=7$ 线以上，称为有机质低液限黏土，记为 CLO。

② 位于塑性图 A 线以下：

在 B 线或 B 线以右，称有机质高液限粉土，记为 MHO；

在 B 线以左，$I_P=4$ 线以下，称有机质低液限粉土，记为 MLO。

③ 黏土～粉土过渡区（CL～ML）的土可以按相邻土层的类别考虑细分。

4. 特殊性土

公路桥涵工程中特殊性土主要有黄土、膨胀土、红黏土、盐渍土及冻土，具体分类方法如下：

（1）黄土：低液限黏土（CLY）

分布范围：大部分在 A 线以上，$w_L < 40\%$。

（2）膨胀土：高液限黏土（CHE）

分布范围：大部分在 A 线以上，$w_L > 50\%$。

（3）红黏土：高液限粉土（MHR）

分布范围：大部分在 A 线以下，$w_L > 55\%$。

（4）盐渍土：盐渍土的分类可参考表 1-14。

表 1-14 盐渍土工程分类

土层中平均总盐量（质量%） 名称	Cl^-/SO_4^{2-} 比值 氯盐渍土 >2.0	亚氯盐渍土 1.0~2.0	亚硫酸盐渍土 0.3~1.0	硫酸盐渍土 <0.3
弱盐渍土	0.3~1.5	0.3~1.0	0.3~0.8	0.3~0.5
中盐渍土	1.5~5.0	1.0~4.0	0.8~2.0	0.5~1.5
强盐渍土	5.0~8.0	4.0~7.0	2.0~5.0	1.5~4.0
过盐渍土	>8.0	>7.0	>5.0	>4.0

（5）冻土：根据冻土冻结状态持续时间的长短，我国冻土可分为多年冻土、隔年冻土和季节冻土三种类型，见表 1-15。

表 1-15 冻土按冻结状态持续时间分类

类型	持续时间 t（年）	地面温度（℃）特征	冻融特征
多年冻土	$t \geq 2$	年平均地面温度≤0	季节融化
隔年冻土	$2 > t \geq 1$	最低月平均地面温度≤0	季节冻结
季节冻土	$t < 1$	最低月平均地面温度≤0	季节冻结

1.5.4 细粒土的活性指数

如前所述，细砂土按液限 w_L 和塑性指数 I_P 分类，实际上是根据全部土颗粒吸附结合水的能力分类。按塑性图，虽然可以把细砂土分成黏质土和粉质土，但是仍然不能充分反映土中所包含的黏性土矿物吸附结合水的能力，或者说不能充分反映黏土矿物的表面活性的高低。同样的结合水含量，可能是由于大量的吸水能力不强的矿物（例如高岭石）所引起，也可能是由含量较少但吸水能力很强的矿物（例如蒙脱石）所引起。区别这一点对于鉴定某些土的工程性质也是很重要的。当然，实验室可以通过矿物分析试验来进行鉴定。但是，这类试验比较复杂，一般土工实验室不具备。斯开普顿（A. W. Skempton）建议用土的活性指数 A 以衡量土中黏性土矿物吸附结合水的能力，其定义为

$$A = \frac{I_P}{p_{0.002}} \tag{1-22}$$

式中　I_P——土的塑性指数；

$p_{0.002}$——粒径 <0.002mm 颗粒的质量占土总质量的百分比。

根据活性指数 A 的大小，黏性土可以分成三类：非活性黏土 $A < 0.75$；正常黏土 $A = 0.75 \sim 1.25$；活性黏土 $A > 1.25$。

非活性黏土中的矿物成分以高岭石等吸水能力较差的矿物为主，而活性黏土的矿物成分则以吸水能力很强的蒙脱石等矿物为主。

1.6　土的压实性

填土用在很多工程建设中，例如用在地基、路基、土堤和土坝中。特别是高土石坝，往往是方量达数百万方甚至千百万方以上，是质量要求很高的人工填土。进行填土时，经常都要采用夯打、振动或碾压等方法，使土得到压实，以提高土的强度，减小压缩性和渗透性，从而保证地基和土工建筑物的稳定。压实就是指土体在压实能量作用下，土颗粒克服粒间阻力，产生位移，使土中的孔隙减小，密度增加。

实践经验表明，压实颗粒土宜用夯击机具或压强较大的碾压机具，同时必须控制土的含水量。含水量太高或太低都得不到好的压密效果。压实粗粒土时，则宜采用振动机具，同时充分洒水。两种不同的做法说明细粒土和粗粒土具有不同的压密性质。

1.6.1　土的压实性基本理论

黏性土在外力作用下的压实原理，可以用结合水膜润滑理论及电化学性质来解释。以图 1-29 为例，一般认为，在黏性土中含水量（率）较低。土较干（图 1-32 中 A、E）时，由于土粒表面的结合水膜较薄，水处于强结合水状态，土粒间距较小，粒间电作用力以引力占优势，土粒之间的摩擦力、黏结力都很大，所以土粒产生相对位移时阻力大，尽管有击实功（能）作用，但也还较难以克服这种阻力，因而压实效果差。随着土中含水量（率）的增加，结合水膜增厚，土粒间距也逐渐增加，这时斥力增加而使土块变软，引力相对减小，压实功（能）比较容易克服粒间引力而使产生土粒相互位移，趋于密实，压实效果较好，表现为干密度增大，至最优含水量（率）时，干密度达最大值（图中 B）。当土中含水量（率）继续增大时，虽然也能使粒间引力减少，但土中出现自由水，而且水占据的体积越大，颗粒能够占据的相对体积就越小，击实时孔隙中过多的水分不易排出，也不排出气体，以封闭气泡的形式存在于土内，阻止了土粒的移动，击实仅能导致土粒更高

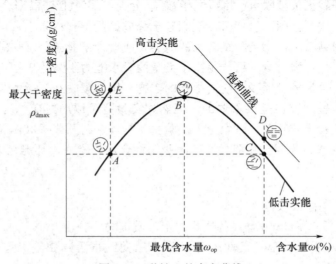

图 1-32　黏性土的击实曲线

程度地定向排列（图中 C、D）。土粒几乎不发生体积变化，所以干密度逐渐变小，击实效果反而下降。含水量（率）改变了土中颗粒间的作用力、土的结构与状态，在一定击实功（能）下改变击实效果。

砂和砂砾等粗粒土的压实特性也与含水量（率）有关，不过一般不进行室内击实试验，也不存在最优含水量（率）的问题。一般在完全干燥或者充分含水饱和的情况下容易压实到较大的干密度。潮湿状态下，由于毛细压力增加了粒间阻力，压实干密度显著降低。粗砂在含水量（率）为 4%～5%，中砂在含水量（率）为 7% 左右时，压实干密度最小，如图 1-33 所示。在压实砂砾时要充分洒水使土料饱和。

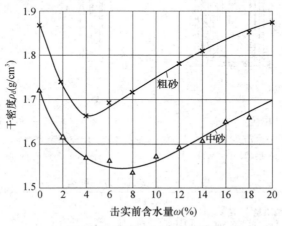

图 1-33　粗粒土的击实曲线

粗粒土的压实标准，一般用相对密度 D_r 控制。对于饱和的粗粒土，在静力或动力的作用下，相对密度大于 0.70 时，土的强度明显增加，变形显著减小，可以认为相对密度 0.7～0.75 是力学性质的一个转折点。我国现行的水工建筑物抗震规范要求浸润线以上的粗粒土的相对密度达到 0.7 以上，浸润线以下的饱和土的相对密度达到 0.75～0.85。

1.6.2　击实试验

进行室内击实试验时研究土压实性的基本方法，分为轻型和重型两种（表 1-16）。所用的主要设备是击实仪，包括击实筒（图 1-34）、击实锤及导筒（图 1-35）等。击实筒用来盛装制备土样，击实锤用来对土样施以夯实功。试验时，按表 1-16 的规定将某含水量（率）的扰动土样分层装入击实筒，每铺一层后均用击实锤按规定的落距和击数锤击土样，直至被击实的土样充满击实筒，再由击实筒的容积和筒体内被压实土的总重计算出湿密度，同时测出含水量（率），并算出干密度。通常由一组几个（通常为 5 个）不同含水量（率）的同一种土样分别按上叙方法进行试验，得出几组试验数据，从而绘制一条曲线，如图 1-32 所示，称为击实曲线。详细试验方法和试验仪器可参见《公路土工试验规程》。试验表明，在单位体积击实功相同的情况下，同类土用轻型和重型击实试验的结果相同。

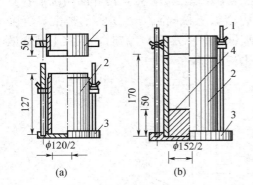

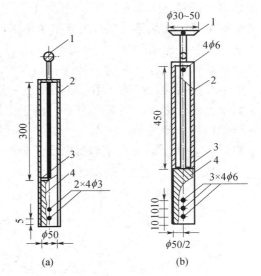

图 1-34　击实筒（单位：mm）

（a）小击实筒；（b）大击实筒

1—套筒；2—击实筒；3—底板；4—垫块

图 1-35　击锤和导杆（单位：mm）

（a）2.5kg 击锤（落高 30cm）；（b）4.5kg 击锤（落高 45cm）

1—提手；2—导筒；3—硬橡皮垫；4—击锤

表 1-16　击实试验方法种类

试验方法	类别	锤底直径(cm)	锤质量(kg)	落高(cm)	试筒尺寸		试样尺寸		层数	每层击数	击实功(kJ/m³)	最大粒径(mm)
					内径(cm)	高(cm)	高(cm)	体积(cm³)				
轻型	Ⅰ-1	5	2.5	30	10	12.7	12.7	997	3	27	598.2	20
	Ⅰ-2	5	2.5	30	15.2	17	12	2177	3	59	598.2	40
重型	Ⅱ-1	5	4.5	45	10	12.7	12.7	997	5	27	2687.0	20
	Ⅱ-2	5	4.5	45	15.2	17	12	2177	3	98	2677.2	40

黏性土击实曲线具有如下特点：

1. 峰值。土的干密度随含水量（率）的变化而变化，并在击实曲线上出现一个干密度峰值（即最大干密度）。

2. 击实曲线（图 1-32）位于理论饱和曲线（图 1-37）左边。因为理论饱和曲线假定土中空气全部被排出，孔隙完全被水占据，而实际上不可能做到。这是因为当含水量（率）大于最优含水量（率）后，土孔隙的气体越来越处于与大气不连通的状态，击实作用已不能将其排出土体之外。

3. 击实曲线的形体。击实曲线在最优含水量（率）两侧左陡右缓，且大致与饱和曲线平行，这表明，土在偏干状态时，含水量（率）对土的密实度影响更为显著。

1.6.3　击实试验影响因素

影响击实效果的因素很多，但最重要的是含水量（率）、击实功（能）和土的性质三个因素。

1. 含水量（率）的影响

如图 1-32 所示，夯实或碾压较干和较湿的土，常压实不充分，在压实较湿土时土体还会出现软弹现象，俗称这样的土为"橡皮土"。在含水量（率）小于最优含水量（率）时，土的抗剪强度和模量均比最优含水量（率）时高，但浸水饱和后强度损失很大。当含水量（率）控制为最优含水量（率）时，土才能得到最大干密度，此时强度并非最大，但浸水饱和后的强度损失最小，压实土的稳定性最好。最优含水量（率）大约为 $W_p \pm 2\%$。

2. 击实功（能）的影响

夯击的击实功（能）与夯锤的质量、落高、夯击次数以及被夯击土的厚度等有关，碾压的击实功（能）则与碾压机具的性质、接触面积、碾压遍数以及土层的厚度等有关。

如图 1-32 所示，对于某土料，加大击实功（能）能克服较大的粒间阻力，会使土的最大干密度增加，最优含水量（率）减小。当含水量（率）较低时击数（能量）的影响较为显著；当含水量（率）较高时，含水量（率）与干密度的关系曲线趋近于饱和曲线，也就是说，这时靠加大击实功（能）来提高土的密实度是无效的。

3. 土类及级配的影响

土颗粒的粗细、级配、矿物成分和添加的材料等因素对压实效果有影响。如图 1-36 所示，颗粒越粗，就越能在低含水量（率）时获得最大干密度。含粗粒越多的土样其最大干密度越大，而最优含水量（率）越小，即随着粗粒土增多，曲线形态不变但朝左上方移动。

在相同的击实功（能）下，黏性土的黏粒含量越高或塑性指数越大，压实越困难，最大干密度越小，最优含水量（率）越大。这是由于在相同含水量（率）下，黏粒含量越高，吸附水层就越薄，击实过程中土粒错动就越困难。

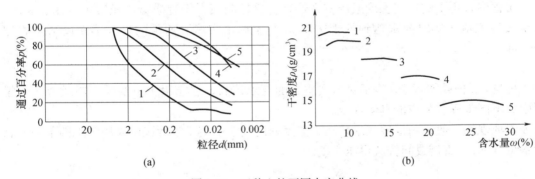

图 1-36 五种土的不同击实曲线

（a）级配累计曲线；（b）击实曲线

土的级配对其压实性的影响也很大。级配良好的土，压实时细颗粒能填充到粗颗粒形成的孔隙中去，因而可以获得较高的干密度。反之，级配差的土料，颗粒级配越均匀，压实效果越差。

砂性土也可以用类似黏性土的方法进行试验。干砂在压实与振动作用下，容易密实；稍湿的砂土，因有毛细压力作用使砂土互相靠紧，阻止颗粒移动，击实效果不好。饱和砂土，毛细压力消失，击实效果良好。

土的压实特性是从室内击实试验中得到的，而现场碾压或夯实的情况与室内击实试验有差别。例如，现场填筑时的碾压机械和击实试验的自由落锤的工作情况就不一样，前者大都是碾压而后者则是冲击。土在填方中的变形条件与击实试验时土在刚性击实筒中的也不一样，前者可产生一定的侧向变形，后者则完全受侧限。目前还未能从理论上找出两者的普遍规律。但为了把室内击实试验的结果用于设计与施工，曾经有人研究过室内击实试验和现场碾压的关系。图 1-37 是羊足碾不同碾压遍数的工地试验结果与室内击实试验结果的比较。该图的大致比较说明，用室内击实试验来模拟工地压实是可靠的。

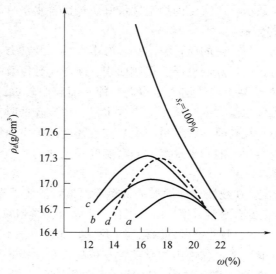

图 1-37　工地试验与室内击实试验的比较

工程中，用土的压实密度或压实系数来直接控制填方工程质量。压实系数用 λ 表示，它定义为工地压实时要求达到的干密度 ρ_d 与室内击实试验所得的最大干密度 ρ_{dmax} 之比值，即

$$\lambda = \rho_d / \rho_{dmax} \tag{1-23}$$

可见，λ 值越接近 1，表示对压实质量的要求越高，这应用于主要受力层或者重要工程中。不同工程有相应的具体规定。

工地现场一般采用灌砂（水）法、湿度密度仪法或核子密度仪法来测定土的干密度和含水量（率），直接或间接获得压实度。

习　　题

1-1　某土样颗粒分析结果见表 1-17，试绘制颗粒级配曲线，并确定该土的 C_u 和 C_c，并评价该土颗粒的级配情况。

表 1-17　某土样颗粒分析实验结果

粒径（mm）	>2	2～0.5	0.5～0.25	0.25～0.1	0.1～0.05	<0.05
粒组含量（%）	12	25	21	22	12	8

1-2　某土样天然含水量为 25.2%，比重为 2.68，密度为 1.92g/cm³，则该土样的干密度、孔隙比、孔隙率、饱和度分别为多少？

1-3　某工程勘察中对一饱和土样进行室内土工试验，环刀容积为 21.7cm³，环刀加湿土重 73g，干土加环刀重 62.35g，环刀质量为 32.5g，土粒比重为 2.70，则该土样的天然重度、含水量、干密度、孔隙比和孔隙率分别为多少?

　　1-4　某饱和砂土含水量为 25%,土粒比重为 2.65,该砂土的天然重度、孔隙比及干密度应为多少?

　　1-5　两种土的土工试验结果见表 1-18,试判断下面说法哪些是正确的? 并给出理由。

表 1-18　土样参数表

土样	w_L (%)	w_P (%)	w (%)	G_s	S_r (%)
甲	38	26	29	2.75	100
乙	25	15	21	2.68	100

　　(1) 甲土样比乙土样的黏粒含量多;

　　(2) 甲土样的天然密度大于乙土样;

　　(3) 甲土样的干密度大于乙土样;

　　(4) 甲土样比乙土样的天然孔隙比大。

　　1-6　某工程中需填筑土坝,最优含水量为 23%,土体天然含水量为 12%,汽车载重量 10t,若把土体配置成最优含水量,每车土体需要增加水量为多少?

　　1-7　某粉土试样的室内试验指标如下:$w=26\%$,$\rho=19.4\text{kN/m}^3$,$G_s=2.65$。该土样的密实度和湿度如何?

　　1-8　某砂土天然孔隙比为 0.72,最大孔隙比为 0.93,最小孔隙比为 0.64,从累计曲线上查得界限粒径为 2.53mm,中间粒径为 0.36mm,有效粒径为 0.2mm,平均粒径为 1.47mm,该砂土的相对密度、不均匀系数及曲率系数分别为多少?

第2章　土的渗透性及渗流问题

2.1　概　　述

土是一种三相组成的多孔介质，其孔隙在空间互相连通。在饱和土中，水充满整个孔隙。当土中不同位置存在水位差时，土中水就会在水位能量作用下，从水位高（即能量高）的位置向水位低（即能量低）的位置流动。液体（如土中水）从物质微孔（如土中孔隙）中通过的现象称为渗透。土体具有被液体（如土中水）透过的性质称为土的渗透性或透水性。液体（如地下水、地下石油）在土孔隙或其他透水性介质（如水工建筑物）中的流动问题称为渗流。非饱和土的渗透性较复杂，工程实用性较小，将不做介绍。

土的渗透性同土的强度、变形特性一起，是土力学中的几个主要课题。强度、变形、渗流是相互关联、相互影响的，土木工程领域内的许多工程实践都与土的渗透性密切相关。归纳起来土的渗透性研究主要包括下述三个方面：

（1）渗流量问题：如基坑开挖或施工围堰时的渗水量及排水量计算［图 2-1（a）］，土堤坝身、坝基土中渗水量［图 2-1（b）］，水井的供水量或排水量［图 2-1（c）］等。

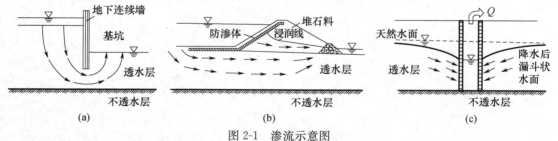

图 2-1　渗流示意图

（a）板桩维护下的基坑渗流；（b）坝身及坝基中的渗流；（c）水井渗流

（2）渗透破坏问题：土中的渗流会对土颗粒施加作用力即渗流力，当渗流力过大时就会引起土颗粒或土体的移动，产生渗透变形，甚至渗透破坏，如边坡破坏、地面隆起、堤坝失稳等现象。近年来高层建筑基坑失稳事故有不少就是由渗透破坏引起的。

（3）渗流控制问题：当渗流量或渗透变形不满足设计要求时，就要研究工程措施进行渗流控制。

显然，水在土体中的渗流，一方面会引起水头损失或基坑积水，影响工程效益和进度；另一方面将引起土体变形，改变构筑物或地基的稳定条件，直接影响工程安全。因此研究土的渗透性规律及其工程的关系具有重要意义。本章主要介绍土的渗透性及渗流规律、二维渗流及流网简介、渗透破坏与渗流控制。

2.2 土的渗透性理论

2.2.1 土的渗透性与渗流分类

土是多孔介质，土中孔隙是连通的。土孔隙中的流体（包括水和气体）在各种势能的作用下，将产生流动，这种现象称为渗流。在非饱和土中，气体渗流的作用不容忽视，但这部分内容已超出本书范围。本章所研究的渗流或渗透，就是水透过土体孔隙流动的现象。土被水透过的性能称为土的渗透性。

土的渗透性、土的强度和变形特性，是土的三个主要力学性质。古典土力学将土的强度、变形和渗透性通过有效应力原理有机地联系在一起，形成一个理论体系。

在地下水渗流过程中，如果水中质点形成的流线互相平行，上下左右互不相交；下部的泥土翻不上来，漂在水面上的树叶或其他漂浮物始终漂浮而不被翻滚到下部；经过空间某点的流速均匀，水流平稳，在经过水断面上中间流速大，两侧流速小。这时的渗流称为层流。层流流速较慢，坡度不大，流动平稳。地下水在孔隙或岩石细小裂隙中的渗流属于层流。

在地下水渗流过程中，如果水中质点形成的流线互相混交，呈曲折、混杂、不规则的运动，存在跌水和漩涡，这时的水流称为湍流，也称紊流。紊流流速较大，所受阻力也较大，渗流经过空间某处的瞬时速度（大小和方向）随时间而变，瞬时动水压力也随时间而变。在岩石构造破碎带的大裂隙或洞穴中的水流大多都是紊流。

若孔隙流体所具有的水力梯度为一常数，不随时间变化，这样的渗流称为稳定渗流。

若孔隙流体的水力梯度在渗流过程中随时间的增长而逐渐减小，即土体中的孔隙压力随时间的增长不断减小，此渗流称为非稳定渗流，土体固结过程中的渗流就是非稳定渗流。

2.2.2 渗流模型

实际土体中的渗流仅是流经土粒间的间隙，由于土体孔隙的形状、大小及分布极为复杂，导致渗流水质点的运动轨迹很不规则，如图2-2（a）所示。如果我们只着眼于这种真实渗流情况的研究，不仅使理论分析复杂化，有时也使试验观测变得异常困难。考虑到实际工程中并不需要了解具体孔隙中的渗流情况，因而可以对渗流作出如下两方面的简化。一是不考虑渗流路径的迂回曲折，只分析它的主要流向；二是不考虑土体中颗粒的影响，认为孔隙和土粒所占的空间之和均为渗流所充满。作了这种简化后的渗流其实只是一种假想的土体渗流，称之为渗流模型，如图2-2（b）所示。为了使渗流模型在渗流特性上与真实的渗流相一致，它还应该符合以下要求：

（1）在同一过水断面，渗流模型的流量等于真实渗流的流量；

（2）在任一截面上，渗流模型的压力与真实渗流的压力相等；

（3）在相同体积内，渗流模型所受到的阻力与真实渗流所受到的阻力相等。

有了渗流模型，就可以采用液体运动有关的概念和理论对土体渗流问题进行分析

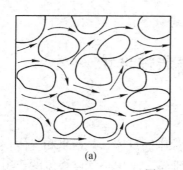
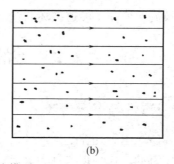

(a) (b)

图 2-2　渗流模型

(a) 水在土孔隙中的运动轨迹；(b) 理想化的渗流模型

计算。

再分析一下渗流模型与真实渗流中的流速 v（单位时间内流过单位土截面的水量，m/s）之间的关系。在渗流模型中，设过水断面面积为 A（m^2），通过的渗流流量为 q（单位时间内流过截面积 A 的水量，m^2/s），则渗流模型的平均流速 v 为

$$v = \frac{q}{A} \tag{2-1}$$

真实渗流仅发生在相应于断面 A 中所包含的孔隙面积 ΔA 内，因此真实流速 v_0 为

$$v_0 = \frac{q}{\Delta A} \tag{2-2}$$

于是

$$v/v_0 = \frac{\Delta A}{A} = n \tag{2-3}$$

式中　n——土体的孔隙率。

因为孔隙率 $n < 1.0$，所以 $v < v_0$，即模型的平均流速要小于真实流速，由于真实流速 v_0 很难测定，因此工程上还是采用模型的平均流速 v 较方便，在本章以后的内容中所说的流速均指模型的平均流速。

2.2.3　达西定律

由于土体中孔隙一般非常微小且曲折，水在土体流动过程中黏滞阻力很大，流速十分缓慢，因此多数情况下其流动状态属于层流，即相邻两个水分子运动的轨迹相互平行而不混流。

法国工程师达西（H. Darcy，1855）利用图 2-3 所示的试验装置对均匀砂进行了大量渗透试验，得出了层流条件下，土中水渗透速度与能量（水头）损失之间关系的渗流规律，即达西定律。

达西试验装置的主要部分是一个上端开口的直立圆筒，下部放碎石，碎石上放一块多孔滤板 c，滤板上面放置颗粒均匀的土样，其断面积为 A，长度为 L。筒的侧壁装有两支测压管，分别设置在土样上下两端的过水断面处 1、2。水由上端进水管 a 注入圆筒，并以溢水管 b 保持筒内为恒定水位。透过土样的水从装有控制阀门 d 的弯管流入容器 V 中。

当筒的上部水面保持恒定以后，通过砂土的渗流是恒定流，测定管中的水面将恒定不变。图 2-3 中的 0—0 面为基准面，h_1、h_2 分别为 1、2 断面处的测压管水头；$\Delta h = h_1 - h_2$ 即为经过砂样渗流长度 L 后的水头损失即常水头差。

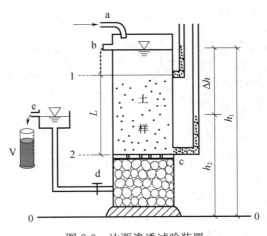

图 2-3　达西渗透试验装置

达西根据对不同尺寸的圆筒和不同类型及长度的土样所进行的试验发现，单位时间内的渗出水量 q 与水力梯度 i 和圆筒断面积 A 成正比，且与土的透水性质有关，即

$$q \propto \frac{\Delta h}{L} \times A \tag{2-4}$$

写成等式则为

$$q = kiA \tag{2-5}$$

或

$$v = \frac{q}{A} = ki \tag{2-6}$$

式中　q——单位渗水量（cm^3/s）；

　　　v——截面平均渗透速度（cm^3/s）；

　　　i——水力梯度，表示单位渗流长度上的水头损失（$\Delta h/L$），或称为水力坡降；

　　　k——反映土的透水性的比例系数，称为土的渗透系数，它相当于水力梯度 $i=1$ 时的渗透速度，故其量纲与渗透速度相同（cm/s）。

式（2-5）或式（2-6）即为达西定律表达式，达西定律表明在层流状态的渗透中，渗透速度 v 与水力梯度 i 的一次方成正比［图 2-4（a）］。但是，对于密实的黏土，由于吸着水具有较大的黏滞阻力，因此，只有当水力梯度达到某一数值，克服了吸着水的黏滞阻力以后，才能发生渗透，将这一开始发生渗透时的水力梯度称为黏性土的起始水力梯度。一些试验资料表明，当水力梯度超过起始水力梯度后，渗透速度与水力梯度的规律还会偏离达西定律而呈非线性关系，如图 2-4（b）中的实线所示，为了实用方便，常用图中的虚直线来描述密实黏土的渗透速度与水力梯度的关系，并以下式表示：

$$v = k(i - i_b)$$

式中　i_b——密实黏土的起始水力梯度；其余符号意义同前。

另外，实验也表明，在砾类土和巨粒土中，只有在小的水力梯度下，渗透速度与水力梯度才呈线性关系，而在较大的水力梯度下，水在土中的流动即进入紊流状态，则呈非线性关系，此时达西定律不能适用，如图 2-4（c）所示。

需要注意的是，式（2-6）中的渗透速度 v 并不是土孔隙中水的实际流速。因为公式推导中采用的是土样的整个断面积，其中包括了土粒骨架所占的部分面积在内。显然，土

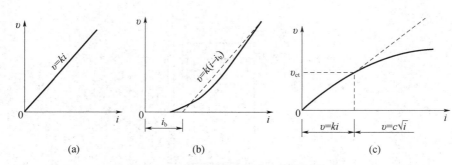

图 2-4　土的渗透速度与水力梯度的关系
（a）砂土；（b）密实黏土；（3）砾土

粒本身是不能透水的，故真实的过水断面积 A_r 应小于整个断面积 A，从而实际平均流速 v_r 应大于 v。v 与 v_r 的关系可通过水流连续原理建立如下：

$$q = vA = v_r A_r \tag{2-7}$$

若均质砂土中的孔隙率为 n，则 $A_r = nA$，即得

$$v_r = \frac{vA}{nA} = \frac{v}{n} \tag{2-8}$$

由于水在土中沿孔隙流动的实际路径十分复杂，v_r 也并非渗透的真实流速。要想真正确定某一具体位置的真实流速，无论理论分析或试验方法都很难做到。下面所提的渗透速度均指这种假想平均流速。

2.2.4　渗透系数及测定方法

渗透系数 k 是综合反映土体渗透能力的一个指标，其数值的正确确定对渗透计算有着非常重要的意义。影响渗透系数大小的因素有很多，主要取决于土体颗粒的形状、大小、不均匀系数和水的黏滞性等。要建立计算渗透系数 k 精确理论公式比较困难，通常可通过试验方法或经验估算法来确定 k 值。

1. 实验室测定法

实验室测定渗透系数 k 值的方法称为室内渗透试验，根据所用试验装置的差异又分为常水头试验和变水头试验。

（1）常水头试验

常水头试验的实验装置如图 2-5 所示。试验时将高度为 L，横截面积为 A 的试样装入垂直放置的圆筒中，从土样的上端注入与现场温度完全相同的水，并用溢水口使水头保持不变。土样在不变的水头差 Δh 作用下产生渗流，当渗流达到稳定后，量得 t 时间内流经试样的水量 Q，而土样渗透流量 $q = Q/t$，根据式（2-5）可求得

$$k = \frac{q \cdot L}{A \cdot \Delta h \cdot t} = \frac{Q \cdot L}{A \cdot \Delta h \cdot t} \tag{2-9}$$

常水头试验适用于渗水性较大（$k > 10^{-3}\,\text{cm/s}$）的土，应用粒组范围大致为细砂到中等卵石。

（2）变水头试验

当土样的透水性较差时，由于流量太小，加上水的蒸发，使量测非常困难，此时应用

变水头试验测定 k 值。

变水头试验的试验装置如图 2-6 所示。试验时试样（截面面积为 A）置于圆筒内，圆筒上端与一根细玻璃量管连接，量管的过水断面积为 A'。水在压力差作用下经试样渗流，玻璃量管中的水位慢慢下降，即让水柱高度 h 随时间 t 逐渐减小，然后读取两个时间 t_1 和 t_2 对应的水头高度 h_1 和 h_2。

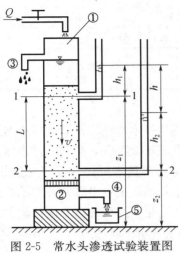

图 2-5　常水头渗透试验装置图

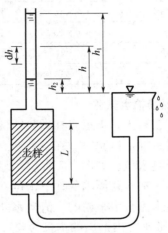

图 2-6　变水头渗透试验装置图

流经土样的渗流水量取决于玻璃量管中的水位下降，设经过 dt 时间，量管的水位下降 dh，渗流速率为 $-dh/dt$，单位时间内流经土样的渗流水量为

$$q = -A'\frac{dh}{dt} \tag{2-10}$$

式中负号表示渗流方向与水头高度 h 增大的方向相反。

根据达西定律，流经土样的渗流量又可表示为 $q = Akh/L$，于是可得

$$dt = -\frac{A'L}{Akh} \cdot dh \tag{2-11}$$

将上式两边积分得

$$t = -\frac{A'L}{Ak}\ln\left(\frac{h}{h_0}\right) \tag{2-12}$$

式中　h_0——起始水头高度。

把时间 t_1 和 t_2 对应的水头高度 h_1 和 h_2 分别代入式（2-12），并取两个方程之差，可得渗流系数为

$$k = -\frac{A'L}{A(t_2 - t_1)}\ln\left(\frac{h_1}{h_2}\right) \tag{2-13}$$

变水头试验适用于渗水性较小（$10 cm/s < k < 10^{-3} cm/s$）的黏性土等。

为使实验室测定法的成果能适用于较大的范围，试验时应取几个不同的水力梯度，使水头差在一定的范围内变化，室内试验所得的 k 值对于被试验土样是可靠的，但由于试验采用的试样只是现场土层中的一小块，其结构还可能受到不同程度的破坏，为了正确反映整个渗流区的实际情况，应选取足够数量的未扰动土样进行多次试验。

（3）常见岩土渗透系数

土的渗透系数的变化范围很大，各类常见土的渗透系数见表 2-1。

表 2-1　常见的渗透系数

土的类别	渗透系数（cm/s）	土的类别	渗透系数（cm/s）
黏土	$\leqslant 1.2 \times 10^{-6}$	中砂	$6.0 \times 10^{-3} \sim 2.4 \times 10^{-2}$
粉质黏土	$1.2 \times 10^{-6} \sim 6.0 \times 10^{-5}$	粗砂	$2.4 \times 10^{-2} \sim 6.0 \times 10^{-2}$
粉土	$6.0 \times 10^{-5} \sim 6.0 \times 10^{-4}$	砾砂、砾石	$6.0 \times 10^{-2} \sim 1.8 \times 10^{-1}$
粉砂	$6.0 \times 10^{-4} \sim 1.2 \times 10^{-3}$	卵石	$1.8 \times 10^{-1} \sim 6.0 \times 10^{-1}$
细砂	$1.2 \times 10^{-3} \sim 6.0 \times 10^{-3}$	漂石	$6.0 \times 10^{-1} \sim 1.2 \times 10^{0}$

2. 现场抽水试验

对于粗粒土，不适宜在试验室试验，需要通过现场抽水或注水试验确定渗透系数。

在进行抽水试验时，在设计井点布置一抽水井及若干观测孔，自抽水井连续抽水，自观测孔观测水位。如图 2-7 所示，假设抽水井下端进入不透水层，形成"完整井"。在抽水过程中，抽水井周围的地下水位逐渐下降，地下水位面形成一个以井孔为轴心的降落漏斗。假定水流是水平向的，流向水井的渗流过水断面应是一系列的同心圆柱面。测得在时间 t 内从抽水井内抽出的水量为 Q，观察孔 1（与抽水井水平距离为 r_1）、孔 2（与抽水井水平距离为 r_2）的水头分别为 h_1 和 h_2。再假定土中任意半径处的水力梯度为常数，即 $i = \mathrm{d}h/\mathrm{d}r$，则单位时间内的渗流量 q 为

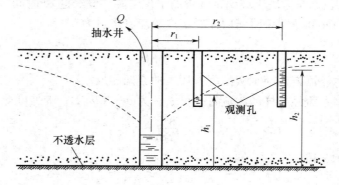

图 2-7　现场抽水试验

$$q = \frac{Q}{t} = kiA = k\frac{\mathrm{d}h}{\mathrm{d}r} \cdot (2\pi rh) \tag{2-14}$$

$$\frac{\mathrm{d}r}{r} = \frac{2\pi k}{q} h\,\mathrm{d}h \tag{2-15}$$

积分后得

$$\ln\frac{r_2}{r_1} = \frac{\pi k}{q}(h_2^2 - h_1^2) \tag{2-16}$$

求得渗透系数为

$$k = \frac{q\ln(r_2/r_1)}{\pi(h_2^2 - h_1^2)} = 0.732q\frac{\lg(r_2/r_1)}{h_2^2 - h_1^2} \tag{2-17}$$

对于"非完整井"的情况，以及注水试验测定渗透系数等方法，请读者参阅其他相关文献。

3. 成层土的渗透系数

天然地基土大多是由渗透性不同的土层组成的，在工程设计计算中常常需要计算成层土等效渗透系数。对于土层层面平行或垂直的简单渗流情况，若各层土的渗透系数和厚度已知，我们可以求出整个土层与平面平行或垂直的等效渗透系数，作为渗流计算的依据。

在水平渗流时（图 2-8），各层土水头差相同，渗径相同，水力梯度也相同；单位时间总流量为 q_x 为各土层单位时间流量之和，土层总厚为各土层厚度之和，即

$$
\begin{cases}
i = i_m \\
q_x = \sum q_{xm} \\
H = \sum H_m
\end{cases}
\tag{2-18}
$$

根据达西定律，有

$$
q_x = \sum q_{xm} = v_x H = k_x i H = \sum k_{xm} i_m \cdot \sum H_m
\tag{2-19}
$$

即得水平渗流等效渗透系数

$$
k_x = \frac{1}{H} \sum k_m H_m
\tag{2-20}
$$

在垂直渗流时（图 2-9），各土层过水断面相同，渗流速度相同，单位时间总流量与各层土单位时间流量相同，总水头差为各层土水头差之和，总渗径（即土层总厚）为各层土渗径（各层土厚度）之和，即

$$
\begin{cases}
v = v_m \\
h = \sum h_m \\
H = \sum H_m
\end{cases}
\tag{2-21}
$$

根据达西定律，有

$$
\frac{vH}{k_z} = \sum \frac{v_m H_m}{k_{zm}}
\tag{2-22}
$$

即得垂直渗流等效渗流系数

$$
k_z = \frac{H}{\sum (H_m / k_m)}
\tag{2-23}
$$

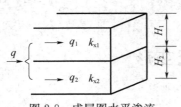

图 2-8 成层图水平渗流

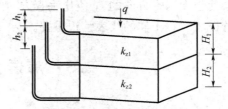

图 2-9 成层土垂直渗流

【例 2-1】 做黏土的变水渗透试验，试样厚 4cm，横截面积 30cm²，玻璃测压管内径 0.4cm，经 10min，水头差由 180cm 变为 160cm，求该黏土的渗透系数。

【解】 已知 $L = 4\text{cm}$，$A = 30\text{cm}$，$t_1 = 0\text{s}$，$t_2 = 600\text{s}$，$h_1 = 180\text{cm}$，$h_2 = 160\text{cm}$

则渗透系数

$$k=\frac{2.3aL}{A(t_2-t_1)}\lg\frac{h_1}{h_2}=\frac{2.3\times\pi\times0.2^2\times4}{30\times600}\times\lg\frac{180}{160}=8.2\times10^{-7}(\text{cm/s})$$

2.2.5 影响渗透系数的主要因素

影响土的渗透系数的主要因素有：

1. 土的粒度成分

一般土粒越粗、大小越均匀、形状越圆滑，k 值也就越大。粗粒土中含有细粒土时，随细粒含量的增加，k 值急剧下降。对于纯净的、不含细粒土的砂砾土，可按下列经验公式估计 k（cm/s）值：

$$k=(100\sim150)(d_{10})^2 \tag{2-24}$$

式中 d_{10}——土的有效粒径（mm），亦即土中小于此粒径的土重占全部土重的 10%。

2. 土的密实度

土越密实，k 值越小。试验资料表明，对于砂土，k 值大致上与土的孔隙比 e 的二次方成正比。对于黏性土，孔隙比 e 对 k 的影响更大，但由于涉及到结合水膜厚薄而难以建立二者之间的关系。

3. 土的饱和度

一般情况下饱和度越低，k 值越小。这是因为低饱和土的孔隙中存在较多气泡会减小过水断面积，甚至堵塞细小孔道。同时由于气体因孔隙水压力的变化而胀缩，因而饱和度的影响成为一个不定因素。为此，要求试样必须充分饱和，以保持试验的精度。

4. 土的结构

细粒土在天然状态下具有复杂结构，结构一旦扰动，原有的过水通道的形状、大小及其分布就会全部改变，因而 k 值也就不同。扰动土样与击实土样的 k 值通常均比同一密度原状土样的 k 值小。

5. 水的温度

试验表明，渗透系数 k 与渗流液体（水）的重度 r_w 以及黏滞度 η（Pa·s）有关。水温不同时，r_w 相差不多，但 η 变化较大。水温越高，η 越低；k 与 η 基本上呈线性关系。

6. 土的构造

土的构造因素对 k 值的影响也很大。例如，在黏性土层有很薄的砂土夹层的层理构造，会使土在水平方向的 k_h 值比垂直方向的 k_v 值大很多倍，甚至几十倍。因此，在室内做渗透试验时，土样的代表性很重要。

2.3   渗透力与渗透变形

2.3.1   渗透力与临界水力坡降

1. 渗透力

图 2-10 为一个定水头试验装置，土样长度为 L，横断面积为 $A=1$。土样上下两端各安装一测压管，其测管水头相对 0—0 基准面分别为 h_1 与 h_2。当 $h_1=h_2$ 时，土体中的孔

隙水处于静止状态，无渗流发生。

若将左侧的联通储水器向上提升，使 $h_1 > h_2$，则由于存在水头差，土样中将产生向上的渗流。水头差 Δh 是渗流穿过 L 长的土样时所损失的能量。具有能量损失，说明水渗过土样的孔隙时，土颗粒对渗流给予了阻力；反之，土体颗粒必然会受到渗流的反作用力，渗流会对每个土颗粒给予推动和摩擦等作用力。为了计算方便，称每单位体积土体内土颗粒所受到的渗流作用力为渗透力，用 j 表示。

为了进一步研究渗透力的大小和性质，下面对图 2-11 中所示承受稳定渗流的土样进行受力分析。受力分析可以采用两种不同的隔离体取法，下面分别进行介绍。

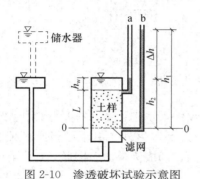

图 2-10　渗透破坏试验示意图

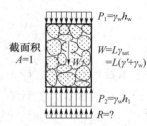

图 2-11　土—水整体受力分析

（1）土—水整体受力分析

在土—水整体受力分析中，取土样的土体骨架和孔隙水整体作为隔离体，则作用在土样上的力如图 2-11 所示，即有

① 土—水总重量：$W = \gamma_{sat} L = (\gamma' + \gamma_w)L$；

② 土样两端边界水压力：$P_1 = \gamma_w h_w$ 和 $P_2 = \gamma_w h_1$；

③ 土样下部滤网的支承反力 R。

在此种条件下，土粒与水之间的作用力为内力，在土样的受力分析中不出现，土样下部滤网的支承反力 R 是未知量，可以通过土样总体在竖向的平衡条件下求得

$$P_1 + W = P_2 + R \tag{2-25}$$

因此有

$$\gamma_w h_w + (\gamma + \gamma_w)L = \gamma_w h_1 + R \tag{2-26}$$

整理可得

$$R = \gamma' L - \gamma_w \Delta h \tag{2-27}$$

由（2-27）可见，在静水条件下，亦即 $\Delta h = 0$ 时，土样下部滤网的支承反力 $R = \gamma L$；而当存在向上渗流时，也即 $\Delta h > 0$ 时，滤网支撑力会相应减少 $\gamma_w \Delta h$。实际上，这个减少的部分就是由作用在土体骨架整体上的渗透力 J 所承担的，也即作用在土样上的总渗透力 J 为

$$J = \gamma_w \Delta h \tag{2-28}$$

因此，每单位体积土体内土颗粒所受到的渗流作用力，即渗透力 j 为：

$$j = \frac{J}{V} = \frac{\gamma_w \Delta h}{1 \cdot L} = \gamma_w i \tag{2-29}$$

上式表明，在渗流场中土体骨架所受到的渗透力的大小与水力坡降成正比，且其作用

方向同水力坡降的方向一致。渗透力是一种体积力，其量刚与 γ_w 相同。

（2）土—水隔离受力分析

在土—水隔离受力分析中，分别把土样的颗粒骨架和空隙水分开来取隔离体进行受力分析，如图 2-12 所示。

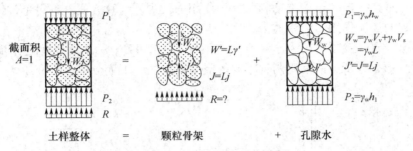

图 2-12　土—水隔离受力分析

先看土体颗粒骨架隔离体。这时，由于土骨架浸没于水中，土颗粒受浮力作用，其值等于排开同体积的水重，故计算重力时应采用浮重力 γ'。另外，由于已将土骨架与水体分开考虑，则土颗粒上受到的水流作用力——渗透力，即成为外力。因此，作用在土样内土体颗粒骨架上的作用力有：

① 土颗粒的有效重度 $W'=L\gamma'$；

② 总渗透力 $J=Lj$，方向竖直向上；

③ 下部滤网的支撑反力 γ_w。

下面再看土样中的空隙水隔离体。作用在其上的力有：

① 孔隙水自重和土颗粒浮力的反力之和，后者应等于与土颗粒同体积的水重，故

$$W_w=\gamma_w V_v+\gamma_w V_s=\gamma_w V=\gamma_w L \tag{2-30}$$

可以看出，W_w 即为 L 长度的水柱重量。

② 水柱上下两个端面的边界水压力，$P_1=\gamma_w h_w$ 和 $P_2=\gamma_w h_1$。

③ 土样内土颗粒对水流的阻力，其大小应和渗透力相等，方向相反。设单位土体内土颗粒给水流的阻力为 j'，则总阻力的数值 $J'=j'L=J$，方向竖直向下。

考虑空隙水的竖向受力平衡，可得

$$P_1+W_w+J'=P_2 \tag{2-31}$$

亦即

$$\gamma_w h_w+L\gamma_w+Lj=\gamma_w h_1 \tag{2-32}$$

考虑到 $h_1=L+h_w+\Delta h$，整理可得 $J=\gamma_w \Delta h$，亦即

$$j=\frac{J}{V}=\frac{\gamma_w \Delta h}{1 \cdot L}=\gamma_w i \tag{2-33}$$

考虑到颗粒骨架的竖向受力平衡，可得

$$W'=J+R \tag{2-34}$$

亦即

$$L\gamma'=Lj+R \tag{2-35}$$

整理可得

$$R = L\gamma' - \gamma_w \Delta h \tag{2-36}$$

显然，由图 2-11 和图 2-12 以及前面的分析结果可以看出，取土—水整体为隔离体或者分别取其颗粒骨架和空隙水为隔离体进行受力分析，最终得到的结果是完全相同的。

通过上述分析可见，在考虑渗流作用，分析土体的受力平衡或者稳定性时，可以有两种取隔离体的方法：一是考虑土—水整体作为隔离体，此时应用土体饱和重度 γ_{sat} 与作用与土体周边边界上的土压力相组合；二是把土骨架当作隔离体，用土体的浮重度 γ' 与渗透力 j 相组合。以上证明，两种不同分析方法得出的结果完全一样，但使用时应注意其作用力的不同组合，搭配要正确。上述两种分析方法都是土力学中经常使用的方法。

2. 临界水力坡降

由式（2-36）可见，在静水条件下，即 $\Delta h = 0$ 时，土样下部滤网的支承反力 $R = \gamma' L$，而当存在向上渗流时，亦即 $\Delta h > 0$ 时，滤网支持力会相应减少 $\gamma_w \Delta h$。若将图 2-10 中左端的储水器不断上提，则 Δh 逐渐增大，从而作用在土体中的渗透力也逐渐增大。当 Δh 增大到某一数值后，向上的渗透力克服了土颗粒向下的重力时，土体就要发生悬浮或者隆起，俗称流土。下面研究土体处于流土的临界状态时的水力坡降 i_{cr} 值。

从图 2-11 和图 2-12 可知，当发生流土时，土样压在滤网上的压力 $R = 0$，根据式（2-36）可得

$$R = L\gamma' - \gamma_w \Delta h = 0 \tag{2-37}$$

所以

$$\gamma' = j = \gamma_w i_{cr} \tag{2-38}$$

从而

$$i_{cr} = \frac{\gamma'}{\gamma_w} \tag{2-39}$$

式（2-39）中的 i_{cr} 称为临界水力坡降，它是土体开始发生流土破坏时的水力坡降，已知土的浮重度 γ' 为

$$\gamma' = \frac{(G_s - 1)\gamma_w}{1+e} \tag{2-40}$$

将其代入式（2-39）后可得

$$i_{cr} = \frac{(G_s - 1)}{1+e} \tag{2-41}$$

式中　G_s、e——土粒比重及土的孔隙比。

由此可知，流土的临界水力坡降取决于土的物理性质。表 2-2 给出了当 $G_s = 2.68$ 时，对应松、中密和密实状态 e 值的临界水力坡降 i_{cr} 值，当对实际工程问题进行估算时，i_{cr} 常取值为 1.0。

表 2-2　$G_s = 2.68$ 时 e 与 i_{cr} 的关系

e	密度状态	i_{cr}
0.5	密	1.12
0.75	中密	0.96
1.0	松	0.84

2.3.2 渗透变形

1. 渗透变形类型

土体渗透稳定性是指在渗透水流作用下，土体抵抗渗透变形的能力。一般地，土的渗透变形特征应根据土的颗粒组成、密度和结构状态等因素综合分析确定。土的渗透变形分为流土、管涌、接触冲刷和接触流失四种类型，黏性土的渗透变形主要是流土和接触流失两种类型。对于重要工程或不易判别渗透变形类型的土，应通过渗透变形试验确定。

（1）流土（流砂）

土体在渗透力的作用下，土体整体被渗透水流带走的现象称为流土。

土中发生了向上的渗流，渗流力的方向与土重力的方向相反，渗流应力使土体的有效应力减少，土中任意一点 z 深度处的有效应力为（关于土中应力及有效应力将在第 3 章介绍）。

$$\sigma' = (\gamma' - j)z \tag{2-42}$$

若 $\gamma' > j$，此时土中的有效应力 $\sigma' > 0$，土体仍处于稳定状态；若 $\gamma' = j$，土中有效应力 $\sigma' = 0$，土体处于将要产生流土的临界状态。若水力梯度再增大，则有 $\gamma' < j$，土中的渗流应力大于土体的有效自重应力，土体将在渗流力的作用下被冲出、带走，发生流土现象。可见产生流土的条件为

$$j > \gamma' \tag{2-43a}$$

或

$$\gamma_w i > \gamma' \tag{2-43b}$$

土体处于将要发生流土的临界状态时的水力梯度，称为临界水力梯度 i_{cr}，可用下式表示：

$$i_{cr} = \frac{\gamma'}{\gamma_w} = \frac{d_s - 1}{1 + e} = (d_s - 1)(1 - n) \tag{2-44}$$

流土一般发生在渗流的逸出处，逸出处的水力梯度用 i 表示。设计时，为保证建筑物的安全，应使逸出处的水力梯度与允许水力梯度 $[i]$ 之间满足下式要求：

$$i_c \leqslant [i] = \frac{i_{cr}}{F_s} \tag{2-45}$$

式中 F_s——安全系数，一般取 2～2.5。

（2）管涌

在渗流力的作用下，岩土体的矿物、化学成分发生溶蚀，溶滤后被水流带走，或者水流将细小颗粒从较大颗粒间的孔隙直接带走，这种作用称为潜蚀，前者称为化学潜蚀，后者称为机械潜蚀。潜蚀是岩土体内部的水土流失，在渗流出口处表现为管状涌水并带出细小颗粒，所以，潜蚀也称为管涌。

管涌多发生于无黏性土中。管涌又分为两种亚类：发展型（管涌型）和非发展型（过渡型）。发展型管涌土一旦发生渗透变形，细颗粒即连续不断地被带出，土体不再能承受更大的水力梯度。过渡型土出现渗透变形不久，细粒土便停止流失，土体尚能承受更大的水力梯度；继续增大水力梯度后，直至式样表面出现许多泉眼，渗流量不断增大，或者最后以流土的形式破坏。

管涌不但会发生在竖直方向，也可能发生在水平方向；土中细小颗粒与周围较大的颗粒之间还可能存在有摩擦力和其他作用力，这些因素都难以计算确定。所以发生管涌的临界水力梯度通常是通过试验或经验来确定的。

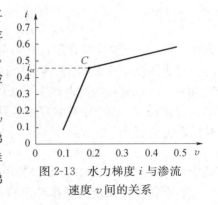

图 2-13 水力梯度 i 与渗流速度 v 间的关系

在渗透变形试验时，绘制水力梯度 i 与渗流流速 v 间的关系曲线，如图 2-13 所示，从 C 点开始，水力梯度 i 稍有增加，渗流速度 v 就会急剧加大。说明式样中已经发生了管涌。因此，可认为 C 点对应的水力梯度就是发生管涌的临界水力梯度 i_{cr}。

根据经验，管涌临界水力梯度与土的孔隙特性、渗透性、土的强度及土的颗粒大小有关，《水利水电工程地质勘察规范》（GB 50487）建议，管涌的临界水力梯度 i_{cr} 可按下式进行计算：

$$i_{cr} = Cd_3\sqrt{n^3/k} \tag{2-46}$$

一般认为：式（2-46）适于自下而上渗流的情况，而侧向渗流时

$$i_{cr} = Cd_3\tan\varphi \cdot \sqrt{n^3/k} \tag{2-47}$$

式中 d_3——土中小于某粒径的颗粒含量占总土重的 3% 的颗粒粒径（mm）；

φ——土的内摩擦角（°）；

n——土的孔隙率；

k——土的渗透系数（cm/s）；

c——经验系数（$c=42$）。

对于管涌型或过渡型渗透变形，临界水力梯度 i_{cr} 可按下式计算：

$$i_{cr} = 2.2(d_s - 1)(1 - n)2d_5/d_{20} \tag{2-48}$$

式中 d_5、d_{20}——土中小于该粒径的颗粒含量占总土重的 5% 和 20% 的颗粒粒径（mm）。

（3）接触冲刷

当渗流沿着两种渗透系数不同的土层接触面，或建筑物与地基的接触面流动时，沿接触面带走细颗粒的现象，称为接触冲刷。

（4）接触流失

在层次分明、渗透系数相差悬殊的两土层中，当渗透垂直于层面将渗透系数小的一层土中的细颗粒带到渗透系数大的一层中的现象，称为接触流失。

2. 渗透变形的判定

黏性土的渗透变形主要是流土和接触流失两种类型。无黏性土的渗透变形类型可按下述方法判别：

（1）不均匀系数小于等于 5 的土可判别为流土。

（2）对于不均匀系数大于 5 的土，可采用下列方法进行判别：

① 流土

$$P \geqslant 35\% \tag{2-49}$$

② 过渡型取决于土的密度、粒径和形状

$$25\% \leqslant P < 35\% \tag{2-50}$$

③ 管涌

$$P < 25\% \tag{2-51}$$

式中　P——土中细粒含量，其确定方法如下：

对于级配不连续的土（颗粒级配曲线上至少有一个以上粒组的颗粒含量小于或等于3%的土），以颗粒级配曲线上平缓段的最大、最小粒径平均值或最小粒径作为粗、细颗粒的区分粒径 d，相应于该粒径的颗粒含量为细颗粒含量 P。对于级配连续的土，粗、细颗粒的区分粒径为

$$d = \sqrt{d_{70} \cdot d_{10}} \tag{2-52}$$

式中　d_{70}、d_{10}——土中小于该粒径的颗粒含量占总土重的 70% 和 10% 的颗粒粒径（mm）。

粗颗粒空隙完全被细粒料充满时的细料颗粒含量为最优细粒含量，相应的级配称为最优级配。最优细粒含量 P_{op} 由下式确定：

$$P_{op} = \frac{0.30 + 3n^2 - n}{1 - n} \tag{2-53}$$

（1）接触冲刷宜采用下列判别方法：

对双层结构地基，当两层土的不均匀系数等于或小于 10，且符合下式规定的条件时，不会发生接触冲刷。

$$D_{10}/d_{10} \leqslant 10 \tag{2-54}$$

式中　D_{10}、d_{10}——较粗和较细一层土的颗粒粒径（mm），小于该粒径颗粒含量占总土重的 10%。

（2）接触流失宜采用下列方法判别：

对于向上渗流的情况，符合下列条件将不会发生接触流失。

① 不均匀系数等于或小于 5 的土层：

$$D_{15}/d_{85} \leqslant 5 \tag{2-55}$$

式中　D_{15}——较粗一层土的颗粒粒径（mm）小于该粒径颗粒含量占总土重的 15%；

d_{85}——较细一层土的颗粒粒径（mm）小于该粒径颗粒含量占总土重的 85%。

② 不均匀系数等于或小于 10 的土层：

$$D_{20}/d_{70} \leqslant 7 \tag{2-56}$$

式中　D_{20}——较粗一层土的颗粒粒径（mm）小于该粒径颗粒含量占总土重的 20%；

d_{70}——较细的一层土的颗粒粒径（mm）小于该粒径颗粒含量占总土重的 70%。

3. 无黏性土允许水力梯度

将无黏性土的临界水力梯度除以 1.5～2.0 的安全系数，即得允许水力梯度。当渗透稳定性对建筑物的危害较大时，安全系数取 2.0；对于特别重要的工程，安全系数也可取 2.5。

无试验资料时，可根据表 2-3 经验值选用允许水力梯度。

表 2-3　无黏性土允许水力梯度

土质情况	渗透变形类型					
	流土型			过渡型	管涌型	
	$C_u \leqslant 3$	$3 < C_u \leqslant 5$	$C_u > 5$		级配连续	级配不连续
允许水力梯度 $[i]$	0.25～0.35	0.35～0.50	0.50～0.80	0.25～0.40	0.15～0.25	0.10～0.20

4. 防治措施

防治流土的关键在于控制逸出处的水力坡降，为了保证实际的逸出坡降不超过允许坡降，水利工程上常采取下列工程措施。

（1）上游做垂直防渗帷幕，如混凝土防渗墙、水泥土截水墙、板桩或灌浆帷幕等。根据实际需要，帷幕可完全切断基地的透水层，彻底解决地基土的渗透变形问题。也可不完全切断透水层，做成悬挂式，起延长渗流途径、降低下游逸出坡降的作用。

（2）上游做水平防渗铺盖，以延长渗流途径、降低下游的逸出坡降。

（3）在下游水流逸出处挖减压沟或打减压井，贯穿渗透性小的黏性土层，以降低作用在黏性土层底面的渗透压力。

（4）在下游水流逸出处填筑一定厚度的透水盖重，以防止土体被渗透压力所推起。

这几种工程措施往往是联合使用的，具体的设计方法可参阅水工建筑专业的有关书籍。防止管涌一般可从下列两方面采取措施：

① 改变水力条件，降低土层内部和渗流逸出的渗透坡降，如在上游做防渗铺盖或竖直防渗结构等。

② 改变几何条件，在渗流逸出部位铺设反滤保护层，是防止管涌破坏的有效措施。反滤保护层一般是 1～3 层级配较为均匀的砂土和砾石层，用以保护基土不让其中的细颗粒被带出；同时应具有较大的透水性，使渗流可以畅通，具体设计方法可参阅相关的专业教材。

2.4 平面渗流及流网

简单边界条件下的一维渗流，可用达西定律进行渗流计算。但在实际工程中，如土坡、坝（路）基、闸基等的渗流问题，很少是一维渗流，而多为二维或三维的渗流。这时法西定律需用微分形式表达，然后根据边界调节进行求解。本节简要介绍二维渗流方程及流网。

2.4.1 平面渗流基本理论

当渗流场中水头及流速等渗流要素不随时间改变时，这种渗流称为稳定渗流。现从稳定渗流场中任一点 A 处取一微单元体，面积为 $\mathrm{d}x\mathrm{d}z$，厚度为 $\mathrm{d}y=1$，在 x 和 z 方向各有流速 v_x、v_y，如图 2-14 所示。

单位时间流入这个微单元体的水量为 $\mathrm{d}q_c$，则

$$\mathrm{d}q_c = v_x\mathrm{d}z \cdot 1 + v_z\mathrm{d}x \cdot 1 \tag{2-57}$$

单位时间内流出这个单元体的水量为 $\mathrm{d}q_0$，则

$$\mathrm{d}q_0 = \left(v_x + \frac{\partial v_x}{\partial x}\mathrm{d}x\right)\mathrm{d}z \cdot 1 + \left(v_z + \frac{\partial v_z}{\partial z}\mathrm{d}z\right)\mathrm{d}x \cdot 1 \tag{2-58}$$

假定水体不可压缩，则根据水流连续原理，单位时间内流入和流出微单元体的水量应相等，即

$$\mathrm{d}q_c = \mathrm{d}q_0 \tag{2-59}$$

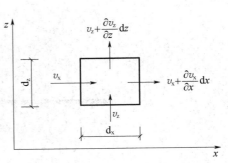

图 2-14 二维渗流的连续条件

从而得出

$$\frac{\partial v_x}{\partial x} + \frac{\partial v_z}{\partial z} = 0 \tag{2-60}$$

式（2-60）即为二维渗流连续方程。

再根据达西定律，对于各向异性土

$$v_x = k_x i_x = k_x \frac{\partial h}{\partial x} \tag{2-61}$$

$$v_z = k_z i_z = k_z \frac{\partial h}{\partial z} \tag{2-62}$$

式中 k_x、k_z——x 和 z 方向的渗透系数；

   h——测管水头。

将式（2-61）和式（2-62）代入式（2-60）可得

$$k_x \frac{\partial^2 h}{\partial x^2} + k_z \frac{\partial^2 h}{\partial z^2} = 0 \tag{2-63}$$

对于各向同性的均质土，$k_x = k_z$，则式（2-63）可表达为：

$$\frac{\partial^2 h}{\partial x^2} + \frac{\partial^2 h}{\partial z^2} = 0 \tag{2-64}$$

式（2-64）即为著名的拉普拉斯方程（Laplace），也是平面稳定渗流的基本方程式。通过求解一定边界条件下的拉普拉斯方程，即可求得该条件下的渗流场。

2.4.2 流网的特征及绘制

上述拉普拉斯方程表明，渗流场内任一点水头是其坐标的函数，知道了水头分布，即可确定渗流场的其他特征。求解拉式方程一般有四类方法，即数学解析法、数值解法、点模拟法、图解法。其中尤以图解法简便、快速，在工程中应用广泛。因此，这里简要介绍图解法。

1. 流网的特征

流网是由流线和等势线所组成的曲线正交网格。在稳定渗流场中，流线表示水质点的流动路线，流线上任一点的切线方向就是流速矢量的方向。图 2-15 为板桩墙围堰的流网图，图中实线为流线，虚线为等势线。

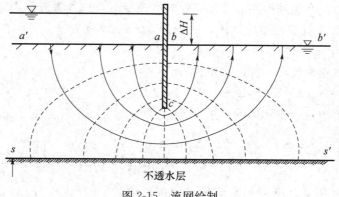

图 2-15 流网绘制

对于各向同性渗流介质，由水力学知识，流网具有下列特征：

（1）流线与等势线互相正交。

（2）流线与等势线构成的各个网格的长宽比为常数。当长宽比为1时，网格为曲线正方形，这也是最常见的一种流网。

（3）相邻等势线之间的水头损失相等。

（4）各个流槽的渗流量相等。

由这些特征可进一步知道，流网中等势线越密的部位，水力梯度越大，流线越密的部位流速越大。

2．流网的绘制

如图 2-15 所示，流网绘制步骤如下：

（1）按一定比例绘制结构物和土层的剖面图。

（2）判定边界条件：图中 aa' 和 bb' 为等势线；acb 和 ss' 为流线。

（3）先试绘若干条流线（应相互平行，不交叉且是缓和曲线）；流线应与进水面、出水面正交，并与不透水面接近平行，不交叉。

（4）加绘等势线。须与流线正交，且每个渗流区的形状接近"方形"。

上述过程不能一次就合适，经反复修改调整，直到满足上述条件为止。

流线绘出后，即可直观地获得渗流特性的整体轮廓，还可求得渗流场中各点的测管水头、水力梯度、渗透速度和渗流量。

2.4.3 流网的工程应用

以图 2-16 为例，来说明流网的应用。

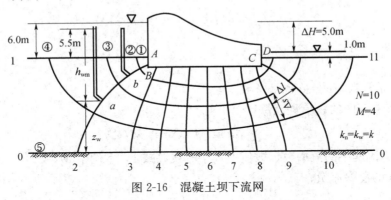

图 2-16 混凝土坝下流网

1．测管水头

根据流网特征可知，任意两相邻等势线间的势能相等，即水头损失相等，从而算出相邻两条等势线之间的水头损失 Δh，即

$$\Delta h = \frac{\Delta H}{N} = \frac{\Delta H}{n-1}(N = n-1) \tag{2-65}$$

式中 ΔH——上、下游水位差，也就是水从上游渗到下游的总水头损失；

   N——等势线间隔数；

   n——等势线数。

本例中，$n = 11-1$，$N = 10$，$\Delta H = 5.0$m，故每一个等势线间隔所消耗的水头为

0.5m。有了 Δh 就可求出任意点的测管水头。例如求 a 点的测管水头 h_a，以 $0-0$ 为基准面，$h_a = h_{ua} + z_a$，z_a 为 a 点的位置高度，为已知值，关键是求 h_{ua} 值的大小。由于 a 点位于第 2 条等势线上，所以测管水位应在上游降低一个 Δh，故其测管水位应在上游地表面以上的 $(6.0-0.5)m = 5.5m$ 处。压力水头 h_{ua} 的高度可自图中按比例直接量出。

2. 孔隙水压力

如前所述，渗流场中各点的孔隙水压力等于该点以上测压管中的水柱高度 h_{ua} 乘以水的重度 γ_w，故 a 点的孔隙水压力为

$$u_a = h_{ua} \times \gamma_w \tag{2-66}$$

应当注意，图中所示 a、b 两点位于同一等势线上，其测管水头虽然相同，即 $h_a = h_b$，但其孔隙水压力却不同即 $u_a \neq u_b$。

3. 水力坡降

流网中任意网格的平均水力坡降 $i = \Delta h/\Delta l$，Δl 为该网格处流线的平均长度，可自图中量出。由此可知，流网中网格越密处，其水力坡降越大。故图 2-16 中，下游坝趾水流流出地面处（图中 CD 段）的水力坡降最大。该处的坡称为逸出坡降。

4. 渗透流速

各点的水力坡降已知后，渗透流速的大小可根据达西定律求出，即 $v = ki$，其方向为流线的切线方向。

5. 渗流量

流网中任意两组相邻流线间的单宽流量 Δq 是相等的，因为

$$\Delta q = v\Delta A = ki \cdot \Delta s \cdot 1.0 = k\frac{\Delta h}{\Delta l}\Delta s \tag{2-67}$$

当取 $\Delta l = \Delta s$ 时，

$$\Delta q = k\Delta h \tag{2-68}$$

由于 Δh 是常数，故 Δq 也是常数。

通过坝下渗流区的总单宽流量

$$q = \sum \Delta q = M \cdot \Delta q = Mk\Delta h \tag{2-69}$$

式中 M 为流网中的流槽数，数值上等于流线数减 1，本例中 $M=4$。

通过坝底的总渗流量

$$Q = qL \tag{2-70}$$

式中　L——坝基长度。

此外，还可以通过流网上的等势线求解作用于坝底上的渗透压力，可参考水工建筑物教材，此略。

【例 2-2】 图 2-17 为一板桩打入透水土层后形成的流网。已知透水土层深 18.0m，渗透系数 $k = 5 \times 10^{-4}$ mm/s，板桩打入土层表面以下 9.0m，板桩前后水深如图中所示。试求：（1）图中所示 a、b、c、d、e 各点的孔隙水压力；（2）地基的单宽渗流量。

【解】（1）根据图 2-17 的流网可知，每一等势线间间隔的水头降落 $\Delta h = (9-1)/8m = 1.0m$。列表计算 a、b、c、d、e 各点的孔隙水压力见表 2-4（$\gamma_w = 9.8$ kN/m³）。

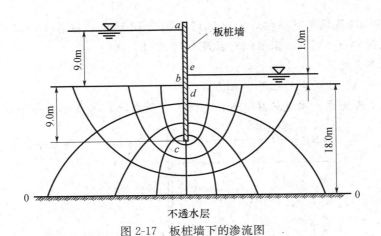

图 2-17　板桩墙下的渗流图

表 2-4　计算表

位置	位置水头 z（m）	测管水头 h（m）	压力水头 h_w（m）	孔隙水压力 u（kN/m²）
a	27.0	27.0	0.0	0.0
b	18.0	27.0	9.0	88.2
c	9.0	23.0	14.0	137.2
d	18.0	19.0	1.0	9.8
e	19.0	19.0	0.0	0.0

（2）地基的单宽渗流量

$$q = \sum \Delta q = M\Delta q = M\Delta hk$$

现

$$M=4, \Delta h=1.0(\text{m})$$

$$K=5\times10^{-4}(\text{mm/s})=5\times10^{-7}(\text{m/s})$$

代入得

$$q=4\times1\times5\times10^{-7}(\text{m}^2/\text{s})=20\times10^{-7}(\text{m}^2/\text{s})$$

习　　题

2-1　已知砂土样高10cm，其断面面积为80cm²，在常温下进行渗透试验。水位差为8cm时，经过 $t=2$min，渗透水量为400cm³，求砂土的渗透系数。

2-2　某土样断面面积 $A=30$cm²，长度为4cm，测压管内断面面积为0.4cm²，经过10min后，测压管水位由 $h_1=140$cm 变为 $h_2=100$cm，求土的渗透系数。

2-3　某土样颗粒分析数据见表2-5，试判断该土的渗透变形类型。若该土的孔隙率为34%，相对密度为2.68，则该土的临界水力梯度为多大？

表 2-5　土样颗粒分析试验成果（土样总质量30g）

粒径 d（mm）	0.075	0.05	0.02	0.01	0.005	0.002	0.001	0.0005
小于该粒径的质量（g）	30	28.7	24.9	22.7	14.8	6.3	3.4	0.7
小于该粒经的质量占总质量的百分比（%）	100.0	95.7	83.0	75.7	49.3	21.0	11.3	2.3

2-4 某板桩墙基坑围护结构，渗流流网如图 2-18 所示。地基土的渗透系数 $k=3\times$
10^{-4} cm/s，孔隙比 $n=35\%$，土粒相对密度 $G_s=2.68$，求：

（1）单宽渗透量。

（2）土样中 A、B 两点的孔隙水压力。

（3）基坑是否会发生渗透破坏？如果不发生渗透破坏，渗透稳定安全系数是多少？

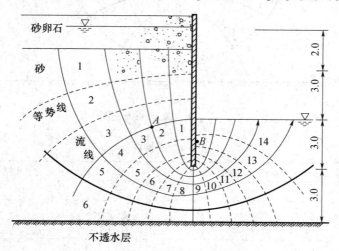

图 2-18　习题 2-4 示意图

第 3 章 土中的应力计算

3.1 概　　述

　　土体在自身重力、建筑物荷载、交通荷载或其他因素（如地下水渗流、地震等）的作用下，均可产生土中应力。土中应力将引起土体或地基的变形，使土工建筑物（如路堤、土坝等）或建筑物（如房屋、桥梁、涵洞等）发生沉降、倾斜以及水平位移。土体或地基的变形过大时，往往会影响路堤、房屋和桥梁等的正常使用。土中应力过大时，又会导致土体的强度破坏，使土工建筑物发生土坡失稳或使建筑物地基的承载力不足而发生失稳。因此在研究土的变形、强度及稳定性问题时，必须掌握土中应力状态，土中应力的计算和分布规律是土力学的基本内容之一。

　　土中应力按其起因可分为自重应力和附加应力两种。土中自重应力是指土体受到自身重力作用而产生的应力，可分为两种情况：一种是成土年代长久，土体在自重作用下已经完成压缩固结，这种自重应力不再引起土体或地基的变形；另一种是成土年代不久，例如新近沉积土（第四纪全新世近期沉积的土）、近期人工填土（包括路堤、土坝、填土垫层等），土体在自身重力作用下尚未完成固结，因而它将引起土体或地基的变形。此外，地下水的升级，将会引起土中自重应力大小的变化，使土体发生变形（如压缩、膨胀或湿陷等）。土中附加应力是指土体受外荷载（包括建筑物荷载、交通荷载、堤坝荷载）以及地下水渗流、地震等作用附加产生的应力增量，它是引起土体变形或地基变形的主要原因，也是导致土体强度破坏和失稳的重要原因。土中自重应力和附加应力的产生原因不同，因而两者计算方法不同，分布规律及对工程的影响也不同。土中竖向自重应力和竖向附加应力也称为土中自重压力和附加压力。土中某点的自重应力与附加应力之和为土体受外荷载作用时总的应力。

　　土中应力按其作用原理或传递方式可分为有效应力和孔隙应力两种。土中有效应力是指土粒所传递的粒间应力，它是控制土的体积（或变形）和强度两者变化的土中应力。土中孔隙应力是指土中水和土中气所传递的应力，土中水传递的孔隙水应力，即孔隙水压力；土中气传递的孔隙气应力，即孔隙气压力。在研究土体或地基变形以及土的抗剪强度问题时，在理论计算地基沉降（地基表面或基础底面的竖向变形）和承载力时，都必须掌握反映土中应力传递方式的有效应力原理。

　　研究土体或地基的应力和变形，必须从土的应力与应变的基本关系出发，根据土样的单轴压缩试验资料，当应力很小时，土的应力－应变关系曲线就不是一根直线（图 3-1），亦即土的变形具有明显的非线性特征。然而，考虑到一般建筑物荷载作用下地基中应力的变化范围（应力增量 $d\sigma$）不是很大，可以用一条割线来近似地代替相应的曲线段，就可以把土看成是一个线性变形体，从而简化计算。

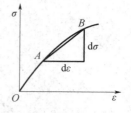

图 3-1　土的应力—应变
关系曲线

天然地基往往是由成层土所组成的非均质或各向异性体，但当土层性质变化不大时，视土体为均质各向同性的假设对竖向应力分布引起的误差，通常也在允许范围之内。

土体的变形和强度不仅与受力大小有关，更重要的还与土的应力历史和应力路径有关，土中某点的应力变化过程在应力坐标图上的轨迹，称为应力路径，有关应力历史和应力路径在地基沉降计算和土的抗剪强度指标中的应用，将分别在第 4、第 5 章中介绍。此外，渗流引起的渗流力也是土中的一种应力，已在第 2 章中介绍。

本章将介绍土的自重应力、基底应力（接触应力）、基底附加应力和地基附加应力。

3.2　地基土的自重应力

3.2.1　自重应力的计算

1. 竖向自重应力

由自身的有效重力产生的应力，称为土的自重应力，用 σ_{cz} 表示，单位为 kPa。自重应力计算，通常假定基础土为均质连续的半无限空间线性弹性体，土体表面为无限大的水平面，土体在自重的作用下压缩已趋于稳定，任一竖向平面为对称面且竖向土粒间无相等位移的趋势。可见，任一竖向平面上的剪应力为零，根据剪应力互等定理，任一水平面上的剪应力也等于零。因此，半无限空间线性弹性体中任一竖直面和水平面上只有正应力 σ_{cz}、σ_{cx} 和 σ_{cy}，即为主应力平面。

自重应力 σ_{cz}，由土柱竖向静力平衡条件得

$$W - \sigma_{cz}A = 0 \tag{3-1}$$

将土柱重量代入，整理得

$$\sigma_{cz} = \gamma z \tag{3-2}$$

式中　W——土体所受重力（kN）；

　　　A——计算面积（m²）；

　　　γ——土的重度（kN/m³）；

　　　z——计算点到地面的距离（m）。

可见，在均质土层中，土的自重应力是深度 z 的线性函数，随深度线性增加，呈三角形分布，如图 3-2 所示。

2. 水平向自重应力

在半无限体中，土体不发生侧向变形，任意水平侧向应力相等，即 $\sigma_{cx} = \sigma_{cy}$，由广义胡克定律知

$$\sigma_{cx} = \sigma_{cy} = K_0\sigma_{cz} = K_0\gamma z \tag{3-3}$$

$$K_0 = \frac{\mu}{1-\mu} \tag{3-4}$$

式中　μ——土的泊松比。

　　K_0——土的侧压力系数，又称静止土压力系数。它是侧限条件下土中水平有效自重应力与竖向有效自重应力之比，一般由试验确定。

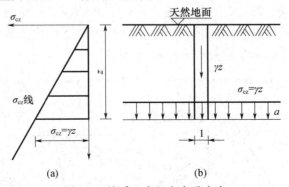

图 3-2　均质土中竖向自重应力

（a）沿深度的分布；（b）任意水平面上的分布

3. 成层土中的自重应力

（1）一般情况

地基土往往是成层的。设各土层厚度及天然重度分别为 h_i 和 γ_i（$i=1,2,\cdots,n$），这时土柱体总重量为 n 段小土柱体之和，则在第 n 层土的底面，自重应力计算公式为

$$\sigma_{cz} = \gamma_1 h_1 + \gamma_2 h_2 + \cdots + \gamma_n h_n = \sum_{i=1}^{n} \gamma_i h_i \tag{3-5}$$

图 3-3 给出两层土的情况。各土层的重度不同，自重应力的分布呈折线形状，只要算出土中分层顶底两个特征点的自重应力值，就能画出自重应力分布图。

（2）土层中有地下水的情况

当成层土中存在地下水时，地下水位以下的土受到水的浮力作用，减轻了土的有限自重应力，计算时应该取土的有效重度 γ' 代替天然重度。其计算方法如同成层土的情况。

在地下水位以下，如埋藏有不透水层（例如岩层或含结合水的坚硬黏土层），由于不透水层中不存在水的浮力，所以层面及层面以下的自重应力应按上覆土层的土水总和计算。如图 3-4 虚线所示。

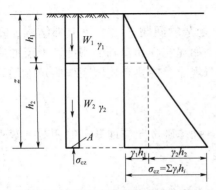

图 3-3　成层土的自重应力分布

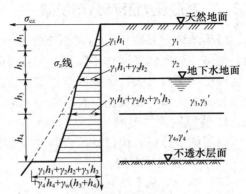

图 3-4　成层土中水下土的自重应力分布

3.2.2 地下水对自重应力的影响

土层中的地下水位常会发生变化，从而引起自重应力变化，图 3-5 给出地下水位升降对土中自重应力的影响。图 3-5（a）为地下水位下降的情况，使地基中有效自重应力增加，引起地面大面积沉降的严重后果。图 3-5（b）为地下水位上升的情况，会引起地基承载力的减小、湿陷性土的塌陷等现象，必须引起注意。

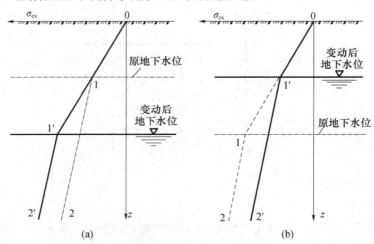

图 3-5　地下水位升降对土中自重应力的影响
（a）地下水位下降的情况；（b）地下水位上升的情况
0—1—2 线为原来自重应力的分布；0—1'—2'线为地下水位变动后自重应力的分布

3.3　地基土的基底压力

建筑物荷载通过基础传递给地基，在基础底面与地基的接触面处产生接触应力（contact pressure），又称基底压力。它既是基础作用于地基的基底压力，同时又是地基反作用于基础的基底反力（reaction pressure）。因此，在计算地基中的附加应力以及对基础进行结构计算时，应首先研究基底压力的大小和分布情况。

3.3.1 基底压力及其分布规律

精确地确定基底压力的大小与分布形式是一个很复杂的问题，它涉及上部结构、基础、地基三者间的共同作用问题，与三者的变形特性（如建筑物和基础的刚度，上层的应力应变关系等）有关，影响因素很多，这里仅对其分布规律及主要影响因素作些定性的讨论与分析。为将问题简化，暂不考虑上部结构的影响。

1. 基础刚度的影响

为了便于分析，假设基础直接放在地面上，并把各种基础按照与地基土的相对抗弯刚度（EI）分成三种类型。

（1）弹性地基上的完全柔性基础（$EI=0$）

当完全柔性基础上作用着如图 3-6（a）所示的均布条形荷载时，由于该基础不能承受任何弯矩，所以基础上下的外力分布必须完全一致，如果上部荷载是均匀的，经过基础传至基底的压力也是均布的。由于基础完全柔性，抗弯刚度是 $EI=0$，像个放在地上的柔软橡皮板，可以完全适应地基的变形，如图 3-6（b）所示。这种均布荷载在半无限弹性地基表面上引起沉降为中间大、两端小的锅底形凹曲线，如图 3-6（c）所示。

当然，实际上没有 $EI=0$ 的完全柔性基础，工程中，常把土坝（堤）及以钢板做成的储油罐底板等视为柔性基础，因此在计算土坝底部由土坝自重引起的接触压力分布时，可认为底部压力与土坝的外形轮廓相同，其大小等于各点以上的土柱重量，如图 3-7 所示。

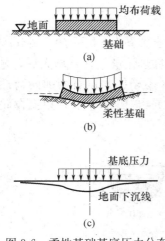

图 3-6　柔性基础基底压力分布

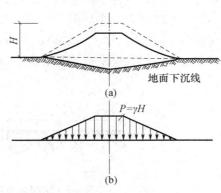

图 3-7　土坝（堤）的接触压力分布

（2）弹性地基上的绝对刚性基础（$EI=\infty$）

由于基础刚度与土相比通常很大，可假设为绝对刚性，在均匀荷载作用下，基础只能保持平面下沉而不能弯曲。这时如果假设地基上基底压力也是均匀的，地基将产生不均匀沉降，如图 3-8（a）中的虚线所示，其结果为基础变形与地基变形不相协调，基底中部将会与地面脱开，出现架桥作用。为使基础与地基的变形保持协调相容［图 3-8（c）］，必然要重新调整基底压力的分布形式，使两端应力加大，中间应力减小，从而使地面保持均匀下沉，以适应绝对刚性基础的变形而不致二者脱离。如果地基是完全弹性体，根据弹性理论解得的基底压力分布如图 3-8（b）中实线所示，基础边缘处的压力趋于无穷大。

通过以上分析可以看出，对于刚性基础，基底压力的分布形式与作用在它上面的荷载分布形式不一致。

（3）弹塑性地基上有限刚性的基础

这是工程实践中最常见的情况。由于绝对刚性基础只是一种理想情况，地基也不是完全弹性体，因此上述弹性理论解的基底压力分布图形实际上是不可能出现的。因为当基底两端的压力足够大，超过土的强度后，土体就会达到塑性状态，这时基底两端处地基土所承受的压力不能再增大，多余的应力自行调整向中间转移；又因基础并不是绝对刚性，可以稍微弯曲，基底压力分布可以成为各种更加复杂的形式，例如可以成为马鞍形分布，这时基底两端应力不会是无穷大，而中间部分应力将比理论值大些，如图 3-8（b）中虚线所示。具体的压力分布形状与地基、基础的材料特性以及基础尺寸、荷载分布形状、大小等因素有关。

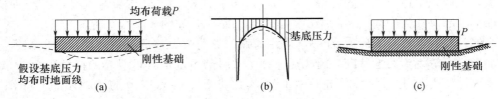

图 3-8　刚性基础的基底压力分布

2. 荷载及土性的影响

实测资料表明，刚性基础底面上的压力分布形状大致有如图 3-9 所示的几种情况。当荷载较小时，基底压力分布如图 3-9（a）所示，接近于弹性理论解；荷载增大后，基底压力可呈马鞍形［图 3-9（b）］；荷载再增大时，边缘塑性区逐渐扩大，所增加的荷载必须靠基底中部应力的增大来平衡，基底压力图形可变为倒钟形［图 3-9（c）］以至抛物线形［图 3-9（d）］分布。

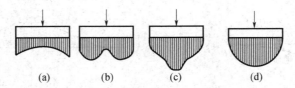

图 3-9　实测刚性基础底面上的压力分布

实测资料还表明，当刚性基础放在砂土地基表面时，由于砂颗粒之间无黏结力，浅埋基础边缘处砂土的强度很低，其基底压力分布更易发展成如图 3-9（d）所示的抛物线形；而在黏性土地基表面上的刚性基础，其基底压力分布易成为图 3-9（b）所示的马鞍形。

3.3.2　基底压力的计算

1. 中心荷载下的基底压力

中心荷载下的基础，其所受荷载的合力通过基底形心。如图 3-10 所示，基底压力假定为均匀分布，此时基底平均压力 p（kPa），按下式计算。

$$p=\frac{F+G}{A}\tag{3-6}$$

式中　F——作用在基础上的竖向力（kN）；

　　　G——基础自重及其上回填土重（kN）；$G=\gamma_G Ad$，其中，γ_G 为基础及回填土的平均重度，一般取 20kN/m³，但地下水位以下部分应扣除浮力 10kN/m³；d 为基础埋深，必须从设计地面或室内外平均设计地面算起（图 3-10）；

　　　A——基底面积（m²）；对矩形基础，$A=lb$，l 和 b 分别为矩形基地的长度和宽度。

对于荷载沿长度方向均匀分布的条形基础，则沿长度方向截取一单位长度的截条进行基底平均压力 p 的计算，此时式（3-6）中 A 改为 b，而 F 及 G 则为基础截条内的相应值（kN/m）。

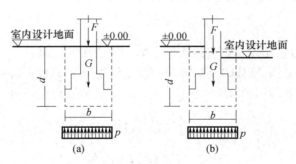

图 3-10 中心荷载下的基底压力分布

（a）内墙或内柱基础；（b）外墙或外柱基础

2. 偏心荷载下的基底压力

对于单向偏心荷载下的矩形基础如图 3-11 所示，设计时，通常基底长边方向取与偏心方向一致，基底两边缘最大、最小压力 p_{max}、p_{min}（此荷载效应组合值同上）按材料力学短柱偏心受压公式计算：

$$\left.\begin{array}{c}p_{max}\\p_{min}\end{array}\right\}=\frac{F+G}{lb}\pm\frac{M}{W} \tag{3-7}$$

式中　M——作用在矩形基础底面的力矩；

　　　W——基础底面的抵抗矩，$W=bl^2/6$。

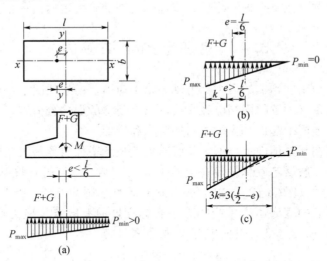

图 3-11 单向偏心荷载下的矩形基底压力分布图

由式 3-7 可见，当 $e<l/6$ 时，基底压力分布图呈梯形 [图 3-11（a）]；当 $e=l/6$ 时，则呈三角形 [图 3-11（b）]；当 $e>l/6$ 时，呈部分三角形分布，距偏心荷载较远的基底边缘反力为负值，即 $p_{min}<0$，如图 3-11（c）中虚线所示，由于基底与地基之间不能承受拉力，此时基底与地基局部脱开，而使基底压力重新分布。因此，根据偏心荷载应与基底反力相平衡的条件，荷载合力 $F+G$ 应通过三角形反力分布图的形心，如图 3-11（c）中实

线所示分布图形，由此可得基底边缘的最大压力 p_{max} 为：

$$p_{max} = \frac{2(F+G)}{3bk}$$ (3-8)

式中 k——单向偏心作用点至具有最大压力的基底边缘的距离。

如图 3-11 所示，当矩形基础在双向偏心荷载作用下，如基底最小压力 $p_{min} \geqslant 0$，则矩形基底边缘四个角点处的压力 p_{max}、p_{min}、p_1、p_2（kPa），可按下列公式计算：

$$\left.\begin{array}{r}p_{max}\\p_{min}\end{array}\right\} = \frac{F+G}{lb} \pm \frac{M_x}{W_x} \pm \frac{M_y}{W_y}$$ (3-9)

$$\left.\begin{array}{r}p_1\\p_2\end{array}\right\} = \frac{F+G}{lb} \mp \frac{M_x}{W_x} \pm \frac{M_y}{W_y}$$ (3-10)

式中 M_x、M_y——荷载合力分别对矩形基底 x、y 对称轴的力矩；

W_x、W_y——基础底面分别对 x、y 轴的抵抗矩。

3.3.3 基底净反力及取值

基础计算中，不考虑基础及其上面土的重力（因为由这些重力产生的地基反力将与重力相抵消），仅由基础顶面的荷载产生的地基反力，称为地基净反力。在浅基础设计时，地基净反力可以采用以下方法确定：

（1）在中心荷载作用下，地基净反力直接取扣除基础自重及其土重后，相应于作用的基本组合时地基土单位面积净反力。

（2）在偏心荷载作用下，地基净反力取基础边缘处最大地基土单位面积净反力。

3.4 地基土的附加应力

建筑物荷载在地基中增加的压力称为基底附加应力。一般情况下，可认为建筑物建造前，天然土层在自重作用下的固结已经完成，只有新增的那部分荷载，即作用于地基表面的基底附加应力，才能引起地基土中的附加应力和变形。

如果基础设置在天然地面上，那么基底压力就是新增加与地基表面的基底附加应力。

通常情况下，一般浅基础总是建在天然地面以下某一深度处，设基础埋直深度为 d，该处原有的自重应力如图 3-12（a）所示，由于开挖基坑而卸除，如图 3-12（b）所示。因此，建筑物建造后的基底压力中应扣除基底标高处原有的自重应力后才是基底附加应力，如图 3-12（c）所示。基底附加应力 p_0 按下式计算：

$$p_0 = p - \sigma_c = p - \gamma_m d$$ (3-11)

式中 p——基底平均压力（kPa）；

σ_c——基底处土中自重应力（kPa）；

γ_m——基础底面标高以上天然土层的加权平均重度，$\gamma_m = (\gamma_1 h_1 + \gamma_2 h_2 + \cdots)/(h_1 + h_2 + \cdots)$（kN/m³），其中地下水位下的重度取有效重度。

d——从天然地面算起的基础埋深，$d = h_1 + h_2 + \cdots$（m）。

有了基底附加应力，即可把它作为作用在弹性半空间上的局部荷载，根据弹性力学公式计算地基土中的附加应力。

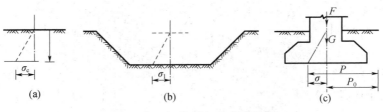

图 3-12　基底附加应力计算

3.4.1　集中荷载作用下附加应力计算

地基土中的附加应力是指建筑物荷载在土体中引起的附加于自重应力基础上的应力增量。地基中附加应力计算比较复杂。目前，采用弹性力学的相关理论知识求解土体中的附加应力。假定地基土是连续、各向同性和均质的弹性变形体，且在深度和水平方向都是无限延伸的，视地基变形体为弹性变形半无限体。它的表面就是基础底面所在平面，基底附加应力为作用于半无限弹性体表面的荷载。

地基附加应力计算分为空间问题和平面问题两类，先介绍属于空间问题的集中力和矩形荷载作用下的计算，然后介绍属于平面问题的条形荷载作用下的计算。

1. 竖向集中力作用下的地基附加应力

当在弹性半空间表面上作用一个竖向集中力时，半空间内任意点处所引起的应力和位移的弹性力学解答是由法国布辛奈斯克（J. Boussinesq，1885）提出的。如图 3-13 所示，在半空间（相当于地基）中任意点 $M(x, y, z)$ 处的六个应力分量和三个位移分量的解答如下。

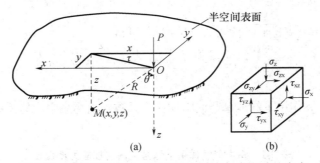

图 3-13　单个竖向集中力作用下地基中任意点处的应力

（a）半空间中任意点 M；（b）M 点处的单元体

法向应力：

$$\sigma_z = \frac{3P}{2\pi} \cdot \frac{z^3}{R^5} = \frac{3P}{2\pi R^2} \cdot \cos^3\theta \tag{3-12}$$

$$\sigma_x = \frac{3P}{2\pi} \left\{ \frac{x^2 z}{R^5} + \frac{1-2\mu}{3} \left[\frac{R^2 - Rz - z^2}{R^3(R+z)} - \frac{x^2(2R+z)}{R^3(R+z)^2} \right] \right\} \tag{3-13}$$

$$\sigma_y = \frac{3P}{2\pi} \left\{ \frac{y^2 z}{R^5} + \frac{1-2\mu}{3} \left[\frac{R^2 - Rz - z^2}{R^3(R+z)} - \frac{y^2(2R+z)}{R^3(R+z)^2} \right] \right\} \tag{3-14}$$

剪应力：

$$\tau_{xy} = \tau_{yx} = -\frac{3P}{2\pi} \left[\frac{xyz}{R^5} - \frac{1-2\mu}{3} \cdot \frac{xy(2R+z)}{R^3(R+z)^2} \right] \tag{3-15}$$

$$\tau_{yz}=\tau_{zy}=-\frac{3p}{2\pi}\cdot\frac{yz^2}{R^5}=-\frac{3Px}{2\pi R^3}\cos^2\theta \tag{3-16}$$

$$\tau_{zx}=\tau_{xz}=\frac{3P}{2\pi}\cdot\frac{xz^2}{R^5}=-\frac{3Px}{2\pi R^3}\cos^2\theta \tag{3-17}$$

x、y 和 z 的位移：

$$u=\frac{P(1+\mu)}{2\pi E}\left[\frac{xz}{R^3}-(1-2\mu)\frac{x}{R(R+z)}\right] \tag{3-18}$$

$$v=\frac{P(1+\mu)}{2\pi E}\left[\frac{yz}{R^3}-(1-2\mu)\frac{y}{R(R+z)}\right] \tag{3-19}$$

$$w=\frac{P(1+\mu)}{2\pi E}\left[\frac{z^2}{R^3}+2(1-\mu)\frac{1}{R}\right] \tag{3-20}$$

式中 σ_x、σ_y、σ_z——M 点平行于 x、y、z 轴的正应力；

τ_{xy}、τ_{yz}、τ_{zx}、τ_{yx}、τ_{zy}、τ_{xz}——剪应力；

u、v、w——M 点沿 x、y、z 轴方向的位移；

R——集中力作用点至 M 点的距离，$R=\sqrt{x^2+y^2+z^2}=\sqrt{r^2+z^2}=z/\cos\theta$；

θ——R 线与 z 坐标轴的夹角；

r——集中力作用点与 M 点的水平距离；

E——土的弹性模量；

μ——土的泊松比。

以上应力、位移计算公式中，对工程应用意义最大的是竖向应力 σ_z，以下主要讨论 σ_z 的计算及其分布规律。

利用几何关系 $R=\sqrt{r^2+z^2}$ 代入式（3-12），可得

$$\sigma_z=\frac{3P}{2\pi}\cdot\frac{z^3}{R^5}=\frac{3}{2\pi}\cdot\frac{1}{\left[1+\left(\frac{r}{z}\right)^2\right]^{\frac{5}{2}}}\cdot\frac{P}{z^2}=\alpha\frac{P}{z^2} \tag{3-21}$$

式中 α——集中力 p 作用下的地基竖向附加应力系数，简称集中应力系数，是 r/z 的函数，可查表 3-1。

表 3-1　集中荷载作用下地基竖向附加应力系数 α

r/z	α	r/z	α	r/z	α	r/z	α	r/z	α
0.00	0.4775	0.050	0.2733	1.00	0.0844	1.50	0.0251	2.00	0.0085
0.05	0.4745	0.55	0.2466	1.05	0.0744	1.55	0.0224	2.05	0.0058
0.10	0.4657	0.60	0.2214	1.10	0.0658	1.60	0.0200	2.10	0.0040
0.15	0.4516	0.65	0.1978	1.15	0.0581	1.65	0.0179	2.15	0.0029
0.20	0.4329	0.70	0.1762	1.20	0.0513	1.70	0.0160	2.20	0.0021
0.25	0.4103	0.75	0.1565	1.25	0.0454	1.75	0.0144	2.25	0.0015
0.30	0.3849	0.80	0.1386	1.30	0.0402	1.80	0.0129	2.30	0.0007
0.35	0.3577	0.85	0.1226	1.35	0.0357	1.85	0.0116	2.35	0.0004
0.40	0.3294	0.90	0.1083	1.40	0.0317	1.90	0.0105	2.40	0.0002
0.45	0.3011	0.95	0.0956	1.45	0.0282	1.95	0.0095	2.45	0.0001

2. 等代荷载法

当有若干个竖向集中力 F_i（$i=1, 2, \cdots, n$）作用在基础表面时，按叠加原理，地表下 z 深度某处点 M 的附加应力 σ_z 为

$$\sigma_z = \sum_{i=1}^{n} K_i \frac{F_i}{z^2} = \frac{1}{z^2} \sum_{i=1}^{n} K_i F_i \tag{3-22}$$

式中 K_i——第 i 个集中荷载下的竖向附加应力系数，按 r_i/z 由表 3-2 查得，其中 r_i 为第 i 个集中荷载作用点到 M 点的水平距离。

建筑物的荷载是通过基础作用于地基之上的，而基础总是具有一定面积，因此，理论上的集中荷载实际上是没有的。等代荷载法是将荷载面（或基础面）划分为若干个形状规则（如矩形）的面积单元（A_i），每个单元上的分布荷载（p_iA_i）近似以作用在该单元面积形心上的集中力（$F_i = p_iA_i$）来代替（图 3-14），这样就可以利用式（3-22）来计算地基某一点 M 处的附加应力。由于集中力作用附近的 σ_i 为无穷大，故这种方式不适用于靠近荷载面的计算点，其计算精确度的高低取决于单元面积的大小，单元划分越细，计算精度越高。

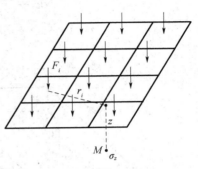

图 3-14 等代荷载法计算附加应力

表 3-2 集中荷载作用下的地基竖向附加应力系数 k

r/z	k	r/z	k	r/z	k	r/z	k	r/z	k
0	0.4775	0.50	0.2732	1.00	0.0848	1.50	0.0251	2.00	0.0085
0.05	0.4745	0.55	0.2466	1.05	0.0744	1.55	0.0224	2.20	0.0058
0.10	0.4657	0.60	0.2214	1.10	0.0658	1.60	0.0200	2.40	0.0040
0.15	0.4516	0.65	0.1978	1.15	0.0581	1.65	0.0179	2.60	0.0029
0.20	0.4329	0.70	0.1762	1.20	0.0513	1.70	0.0160	2.80	0.0021
0.25	0.4103	0.75	0.1565	1.25	0.0454	1.75	0.0144	3.00	0.0015
0.30	0.3849	0.80	0.1386	1.30	0.0402	1.80	0.0129	3.50	0.0007
0.35	0.3577	0.85	0.1226	1.35	0.0357	1.85	0.0116	4.00	0.0004
0.40	0.3294	0.90	0.1083	1.40	0.0317	1.90	0.0105	4.50	0.0002
0.45	0.3011	0.95	0.0956	1.45	0.0282	1.95	0.0095	5.00	0.0001

3.4.2 矩形基础下附加应力计算

1. 竖向均布荷载作用

地基表面有一矩形面积，宽度为 b，长度为 l，其上作用着竖向均布荷载，荷载强度为 p，求地基内各点的附加应力 σ_z。现先求出矩形面积角点法的应力，再利用"角点法"求出任意点下的应力。

（1）角点下的应力

角点下的应力是指图 3-15 中 O、A、C、D 四个角点下任意深度处的应力，由于平面上的对称性，只要深度 z 一样，则四个角点下的应力 σ_z 都相同。将坐标的原点取在角点 O 上，在荷载面积内任取微分面积 $dA=dxdy$，并将其上作用的荷载以集中力 dP 代替，则 $dP=pdA=pdxdy$。利用式（3-12）可求出该集中力在角点 O 以下深度 z 处 M 点所引起的竖直向附加应力 $d\sigma_z$：

$$d\sigma_z=\frac{3dP}{2\pi}\frac{z^3}{R^5}=\frac{3p}{2\pi}\frac{z^3}{(x^2+y^2+z^2)^{5/2}}dxdy \tag{3-23}$$

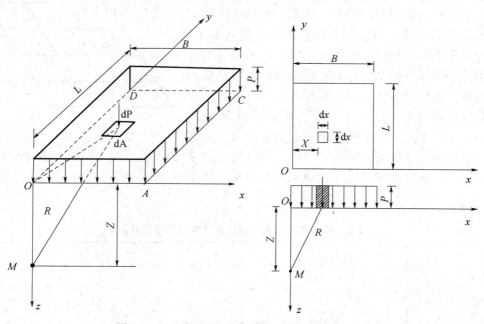

图 3-15 矩形面积均布荷载作用时角点下的应力

将式（3-23）沿整个矩形面积 $OACD$ 积分，即可得出矩形面积上均布荷载 P 在角点下 M 点引起的附加应力 σ_z：

$$\sigma_z=\int_0^l\int_0^b\frac{3p}{2\pi}\frac{z^3}{(x^2+y^2+z^2)^{5/2}}dxdy$$

$$=\frac{p}{2\pi}\left[\arctan\frac{m}{n\sqrt{1+m^2+n^2}}+\frac{m\cdot n}{\sqrt{1+m^2+n^2}}\left(\frac{1}{m^2+n^2}+\frac{1}{1+n^2}\right)\right] \tag{3-24}$$

式中 m、n——$m=l/b$，$n=z/b$；

　　　　l——矩形的长边；

　　　　b——矩形的短边。

为计算方便，可将式（3-24）简写成

$$\sigma_z=K_s p \tag{3-25}$$

式中 K_s——为矩形竖向均布荷载角点下的应力分布系数，$K_s=f(m,n)$，可从表 3-3 查得。

表3-3 矩形面积受竖直均布荷载作用时角点下的应力系数 K_s 值

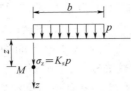

$$\sigma_z = K_s p$$

n \ m	1.0	1.2	1.4	1.6	1.8	2.0	3.0	4.0	5.0	6.0	10.0
0.0	0.2500	0.2500	0.2500	0.2500	0.2500	0.2500	0.2500	0.2500	0.2500	0.2500	0.2500
0.2	0.2486	0.2489	0.2490	0.2491	0.2491	0.2491	0.2492	0.2492	0.2492	0.2492	0.2492
0.4	0.2401	0.2420	0.2429	0.2434	0.2437	0.2439	0.2442	0.2443	0.2443	0.2443	0.2443
0.6	0.2229	0.2275	0.2300	0.2315	0.2324	0.2329	0.2339	0.2341	0.2342	0.2342	0.2342
0.8	0.1999	0.2075	0.2120	0.2147	0.2165	0.2176	0.2196	0.2200	0.2202	0.2202	0.2202
1.0	0.1752	0.1851	0.1911	0.1955	0.1981	0.1999	0.2034	0.2042	0.2044	0.2045	0.2045
1.2	0.1516	0.1626	0.1705	0.1758	0.1793	0.1818	0.187	0.1882	0.1885	0.1887	0.1888
1.4	0.1308	0.1423	0.1508	0.1569	0.1613	0.1644	0.1712	0.173	0.1735	0.1738	0.174
1.6	0.1123	0.1241	0.1329	0.1436	0.1445	0.1482	0.1567	0.159	0.1598	0.1601	0.1604
1.8	0.0969	0.1083	0.1172	0.1241	0.1294	0.1334	0.1434	0.1463	0.1474	0.1478	0.1482
2.0	0.084	0.0947	0.1034	0.1103	0.1158	0.1202	0.1314	0.135	0.1363	0.1368	0.1374
2.2	0.0732	0.0832	0.0917	0.0984	0.1039	0.1084	0.1205	0.1248	0.1264	0.1271	0.1277
2.4	0.0642	0.0734	0.0812	0.0879	0.0934	0.0979	0.1108	0.1156	0.1175	0.1184	0.1192
2.6	0.0566	0.0651	0.0725	0.0788	0.0842	0.0887	0.102	0.1073	0.1095	0.1106	0.1116
2.8	0.052	0.058	0.0649	0.0709	0.0761	0.0805	0.0942	0.0999	0.1024	0.1036	0.1048
3.0	0.0447	0.0519	0.0583	0.064	0.069	0.0732	0.087	0.0931	0.0959	0.0973	0.0987
3.2	0.0401	0.0467	0.0526	0.058	0.0627	0.0668	0.0806	0.087	0.09	0.0916	0.0933
3.4	0.0361	0.0421	0.0477	0.0527	0.0571	0.0611	0.0747	0.0814	0.0847	0.0864	0.0882
3.6	0.0326	0.0382	0.0433	0.048	0.0523	0.0561	0.0694	0.0763	0.0799	0.0816	0.0837
3.8	0.0296	0.0348	0.0395	0.0439	0.0479	0.0516	0.0645	0.0717	0.0753	0.0773	0.0796
4.0	0.027	0.0318	0.0362	0.0403	0.0441	0.0474	0.0603	0.0674	0.0712	0.0733	0.0758
4.2	0.0247	0.0291	0.0333	0.0371	0.0407	0.0439	0.0563	0.0634	0.0674	0.0696	0.0724
4.4	0.0227	0.0268	0.0306	0.0343	0.0376	0.0407	0.0527	0.0597	0.0639	0.0662	0.0692
4.6	0.0209	0.0247	0.0283	0.0317	0.0348	0.0378	0.0493	0.0564	0.0606	0.063	0.0663
4.8	0.0193	0.0229	0.0262	0.0294	0.0324	0.0352	0.0463	0.0533	0.0576	0.0601	0.0635
5.0	0.0179	0.0212	0.0243	0.0274	0.0302	0.0328	0.0435	0.0504	0.0547	0.0573	0.061
6.0	0.0127	0.0151	0.0174	0.0196	0.0218	0.0238	0.0325	0.0388	0.0431	0.046	0.0506
7.0	0.0094	0.0112	0.013	0.0147	0.0164	0.018	0.0251	0.0306	0.0346	0.0376	0.0428
8.0	0.0073	0.0087	0.0101	0.0114	0.0127	0.014	0.0198	0.0246	0.0283	0.0311	0.0367
9.0	0.0058	0.0069	0.008	0.0091	0.0102	0.0112	0.0161	0.0202	0.0235	0.0262	0.0319
10.0	0.0047	0.0056	0.0065	0.0074	0.0083	0.0092	0.0132	0.0167	0.0198	0.0222	0.028

（2）任意点的应力——角点法

利用角点下的应力计算公式（3-25）和应力叠加原理，推求地基中任意点的附加应力的方法称为角点法。角点法的应用可分为下列两种情况：

第一种情况：计算受竖向均布荷载 p 作用矩形面积内任一点 M' 下深度为 z 的附加应力 [图 3-16（a）]。过 M' 将矩形荷载面积 $abcd$ 分成 Ⅰ、Ⅱ、Ⅲ、Ⅳ 4 个小矩形，M' 点为 4 个小矩形的公共角点，则 M' 点下任意 z 深度处的附加应力 $\sigma_{zM'}$ 为：

$$\sigma_{zM'} = (K_{sⅠ} + K_{sⅡ} + K_{sⅢ} + K_{sⅣ})p \tag{3-26}$$

第二种情况：计算受竖向均布荷载 p 作用的矩形面积外任意点 M' 下深度为 z 的附加应力。仍然设法使 M' 点成为几个小矩形面积的公共角点，如图 3-16（b）所示。然后将其应力进行代数叠加。

$$\sigma_{zM'} = (K_{sⅠ} + K_{sⅡ} - K_{sⅢ} - K_{sⅣ})p \tag{3-27}$$

以上两式中 $K_{sⅠ}$、$K_{sⅡ}$、$K_{sⅢ}$、$K_{sⅣ}$ 分别为矩形 $M'hbe$、$M'fce$、$M'hag$、$M'fdg$ 的角点应力分布系数，p 为荷载强度。必须注意，在应用角点法计算每一块矩形面积的 K_s 值时，b 恒为短边，l 恒为长边。

对于更复杂、不规则面积上的均布荷载下的附加应力，可近似分成若干个矩形叠加。如无法分成矩形时。可参见相关资料进行计算。

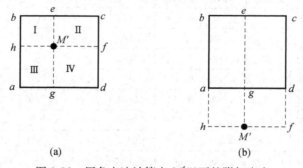

(a)　　　　　　　　　(b)

图 3-16　用角点法计算点 M' 以下的附加应力

【例 3-1】今有均布荷载 $p = 100\text{kPa}$，荷载面积为 $2\text{m} \times 1\text{m}$，如图 3-17 所示，求荷载面积上角点 A、边点 E、中心点 O 以及荷载面积外 F 点和 G 点等各点下 $z = 1\text{m}$ 深度处的附加应力。并利用计算结果说明附加应力的扩散规律。

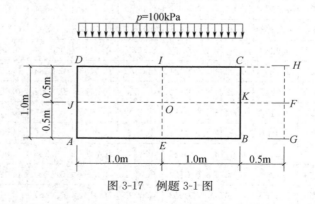

图 3-17　例题 3-1 图

【解】（1）A 点下的应力

A 点是矩形 $ABCD$ 的角点，$m=\dfrac{l}{b}=\dfrac{2}{1}=2$；$n=\dfrac{z}{b}=1$，查表 3-3 得 $K_s=0.1999$，故

$$\sigma_{zA}=K_s p=0.1999\times100\approx20\,(\mathrm{kPa})$$

（2）E 点下的应力

通过 E 点将矩形荷载截面积分为两个相等的矩形 $EADI$ 和 $EBCI$。求它们的角点应力系数 K_s：

$$m=\dfrac{l}{b}=\dfrac{1}{1}=1；\quad n=\dfrac{z}{b}=\dfrac{1}{1}=1$$

查表 3-3 得，$K_s=0.1752$，故

$$\sigma_{zE}=2K_s p=2\times0.1752\times100\approx35\,(\mathrm{kPa})$$

（3）O 点下的应力

通过 O 点将原矩形面积分为 4 个相等矩形 $OEAJ$、$OJDI$、$OICK$ 和 $OKBE$。求它们角点应力系数 K_s：

$$m=\dfrac{l}{b}=\dfrac{1}{0.5}=2；\quad n=\dfrac{z}{b}=\dfrac{1}{0.5}=2$$

查表 3-3 得 $K_s=0.1202$，故

$$\sigma_{zO}=4K_s p=4\times0.1202\times100\approx48.1\,(\mathrm{kPa})$$

（4）F 点下应力

过 F 点作矩形 $FGAJ$、$FJDH$、$FGBK$ 和 $FKCH$。设 $K_{s\mathrm{I}}$ 为矩形 $FGAH$ 和 $FJDH$ 的角点应力系数；$K_{s\mathrm{III}}$ 为矩形 $FGBK$ 和 $FKCH$ 的角点应力系数。

求 $K_{s\mathrm{I}}$：
$$m=\dfrac{l}{b}=\dfrac{2.5}{0.5}=5；\quad n=\dfrac{z}{b}=\dfrac{1}{0.5}=2$$

查表 3-3 得 $K_{s\mathrm{I}}=0.1363$

求 $K_{s\mathrm{III}}$：
$$m=\dfrac{l}{b}=\dfrac{0.5}{0.5}=1；\quad n=\dfrac{z}{b}=\dfrac{1}{0.5}=2$$

查表 3-3 的 $K_{s\mathrm{III}}=0.0840$

故 $\quad\sigma_{zF}=2(K_{s\mathrm{I}}-K_{s\mathrm{III}})p=2(0.1363-0.0840)\times100\approx10.5\,(\mathrm{kPa})$

（5）G 点下应力

通过 G 点作矩形 $GADH$ 和 $GBCH$，分别求出它们的角点应力系数 $K_{s\mathrm{I}}$ 和 $K_{s\mathrm{III}}$。

求 $K_{s\mathrm{I}}$：
$$m=\dfrac{l}{b}=\dfrac{2.5}{1}=2.5；\quad n=\dfrac{z}{b}=\dfrac{1}{1}=1$$

查表 3-3 得 $K_{s\mathrm{I}}=0.2016$

求 $K_{s\mathrm{III}}$：
$$m=\dfrac{l}{b}=\dfrac{1}{0.5}=2；\quad n=\dfrac{z}{b}=\dfrac{1}{0.5}=2$$

查表 3-3 得 $K_{s\mathrm{III}}=0.1202$。

故 $\quad\sigma_{sG}=(K_{s\mathrm{I}}-K_{s\mathrm{III}})p=(0.2016-0.1202)\times100\approx8.1\,(\mathrm{kPa})$。

将计算结果绘成图 3-18（a），可以看出在矩形面积受均布荷载作用时，不仅在受荷面积垂直下方的范围内产生附加应力，而且在荷载面积以外的土中（F、G 点下方）也产生附加应力。另外，在地基中同一深度处（例如 $z=1\mathrm{m}$），离受荷面积中线越远的点，其 σ_z 值越小，矩形面积中点处 σ_{zO} 最大。求出中点 O 下和 F 点下不同深度 σ_z 并绘成曲线，如

图 3-18（b)所示。

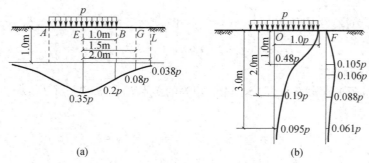

图 3-18 例题 3-1 计算结果

2. 三角形分布荷载作用

在矩形面积上作用着三角形分布荷载，最大荷载强度为 P_t，如图 3-19 所示。

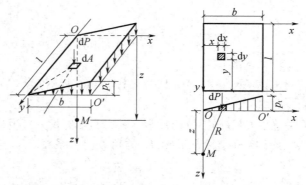

图 3-19 矩形面积作用三角形分布荷载时角点下的应力

把荷载强度为零的一个角点 O 作为坐标原点，同样可利用式（3-12）和积分方法求出角点 O 下任意深度点的附加应力 σ_z。在受荷面积内，任取微小面积 $dA = dxdy$，以集中力 $dp = (p_t x/b)dxdy$ 代替作用在其上的分布荷载，则 dp 在 O 点下任意点 M 处引起的竖向附加应力 $d\sigma_z$ 应为

$$d\sigma_z = \frac{3p_t}{2\pi b} \frac{xz^3}{(x^2 + y^2 + z^2)^{5/2}} dxdy \tag{3-28}$$

将式（3-28）沿矩形面积积分后，可得出整个矩形基础面竖直三角形荷载在零角点 O 下任意深度 z 处所引起的竖直附加应力 σ_z 为

$$\sigma_z = K_t p_t \tag{3-29}$$

$$K_t = \frac{m \cdot n}{2\pi} \left[\frac{1}{\sqrt{m^2 + n^2}} - \frac{n^2}{(1+n^2)\sqrt{1+m^2+n^2}} \right] \tag{3-30}$$

式中 K_t——矩形面积竖直三角形荷载角点下的应力分布系数，其值可由表 3-4 查得，
    $K_t = f(m, n)$，$m = l/b$，$n = z/b$。

注意 b 是沿三角形荷载变化方向的矩形边长（不一定是矩形的短边）。另外，该表给出的是角点 O 下不同深度处的应力系数，如果要求图 3-19 中角点 O' 下的应力时，可用竖直均布荷载与竖直三角形荷载叠加得到。

表 3-4 矩形面积竖直三角形荷载作用时角点下的应力系数 K_t 值

m ＼ n	0.2	0.4	0.6	0.8	1.0	1.2	1.4	1.6	1.8	2.0	3.0	4.0	6.0	8.0	10.0
0.0	0.0000	0.0000	0.0000	0.0000	0.0000	0.0000	0.0000	0.0000	0.0000	0.0000	0.0000	0.0000	0.0000	0.0000	0.0000
0.2	0.0223	0.0280	0.0296	0.0301	0.0304	0.0305	0.030	0.0306	0.0306	0.0306	0.0306	0.0306	0.0306	0.0306	0.0306
0.4	0.0269	0.0420	0.0487	0.0517	0.0531	0.0539	0.0543	0.0545	0.0546	0.0547	0.0548	0.0549	0.0549	0.0549	0.0549
0.6	0.0259	0.0448	0.0560	0.0621	0.0654	0.0673	0.0684	0.0690	0.0694	0.0696	0.0701	0.0702	0.0702	0.0702	0.0702
0.8	0.0232	0.0421	0.0553	0.0637	0.0688	0.0720	0.0739	0.0751	0.059	0.0764	0.0773	0.0776	0.0776	0.0776	0.0776
1.0	0.0201	0.0375	0.0508	0.0602	0.0666	0.0708	0.0735	0.0735	0.0766	0.0774	0.0790	0.0794	0.0795	0.0796	0.0796
1.2	0.0171	0.0324	0.0450	0.0546	0.0615	0.0664	0.0698	0.0721	0.0738	0.0749	0.0714	0.0779	0.0782	0.0783	0.0783
1.4	0.0145	0.0278	0.0392	0.0483	0.0554	0.0606	0.0644	0.0672	0.0692	0.0707	0.0739	0.0748	0.0752	0.0752	0.0753
1.6	0.0123	0.0238	0.0339	0.0424	0.0492	0.0545	0.0586	0.0616	0.0639	0.0656	0.0667	0.0708	0.0714	0.0715	0.0715
1.8	0.0105	0.0204	0.0294	0.0371	0.0435	0.0487	0.0528	0.0560	0.0586	0.0604	0.0652	0.0666	0.0673	0.0675	0.0675
2.0	0.0090	0.0176	0.0255	0.0324	0.0348	0.0434	0.0474	0.0507	0.0533	0.0553	0.0607	0.0624	0.0634	0.0636	0.0636
2.5	0.0063	0.0125	0.0183	0.0236	0.0284	0.0326	0.0362	0.0393	0.0419	0.0440	0.0504	0.0529	0.0543	0.0547	0.0548
3.0	0.0046	0.0092	0.0135	0.0176	0.0214	0.0249	0.0280	0.0307	0.0331	0.0352	0.0419	0.0449	0.0469	0.0474	0.0476
5.0	0.0018	0.0036	0.0054	0.0071	0.0088	0.0104	0.0120	0.0135	0.0418	0.0161	0.0214	0.0248	0.0283	0.0296	0.0301
7.0	0.0009	0.0019	0.0028	0.0038	0.0047	0.0056	0.0064	0.0073	0.0081	0.0089	0.0124	0.0152	0.0186	0.0204	0.0212
10.0	0.0005	0.0009	0.0009	0.0019	0.0023	0.0028	0.0033	0.0037	0.0041	0.0046	0.0066	0.0084	0.0111	0.0128	0.0139

3.4.3 条形基础下附加应力计算

1. 竖向均布荷载作用

当矩形基础底面的长宽比很大，如 $l/b \geqslant 10$ 时，称为条形基础。建筑工程中砖混结构的墙基［如图 3-20（a）所示］与挡土墙基础［如图 3-20（b）所示］等，均属于条形基础。

当此种条形基础在基础底面产生的条形荷载沿长度方向相同时，地基应力计算按平面问题考虑，即与长度方向相垂直的任一截面的附加应力分布规律都是相同的（基础两端另处理）。

在条形面积受竖向均布荷载作用下，地基中任一点深度 z 处的附加应力 σ_z，同理可以应用地表受竖向集中力作用的公式（3-12），通过积分求解（推导过程从略），得到计算公式如下：

$$\sigma_z = \alpha_z^s p \tag{3-31}$$

其中

$$\alpha_z^s = \frac{2}{\pi} \left(\frac{2n}{1+4n^2} + \arctan\frac{1}{2n} \right) \tag{3-32}$$

式中　σ_z——条形面积受竖向均布荷载作用下，地基中任意一点深度 z 处的附加应力，如图 3-21 所示。

σ_z^s——条形均布荷载作用下，地基附加应力系数，由公式（3-32）计算，或由 $m=x/b$，$n=z/b$ 查表 3-5 得出。

n——地基中任一点深度与条形承载宽度之比，即 $n=z/b$。

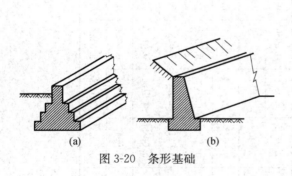

(a)　　　(b)

图 3-20　条形基础

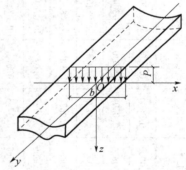

图 3-21　条形面积受竖向均布荷载下
任意一点 M 的应力计算

表 3-5　条形面积受均布荷载作用时应力系数 α_z^s 值

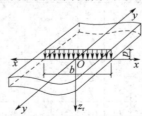

n＼m	0.00	0.10	0.25	0.35	0.50	0.75	1.00	1.50	2.00	2.50	3.00	4.00	5.000
0.00	1.000	1.000	1.000	1.000	0.500	0.000	0.000	0.000	0.000	0.000	0.000	0.000	0.000
0.05	1.000	1.000	0.995	0.970	0.500	0.002	0.000	0.000	0.000	0.000	0.000	0.000	0.000
0.10	0.997	0.996	0.986	0.965	0.499	0.010	0.005	0.000	0.000	0.000	0.000	0.000	0.000

n \ m	0.00	0.10	0.25	0.35	0.50	0.75	1.00	1.50	2.00	2.50	3.00	4.00	5.000
0.15	0.993	0.987	0.968	0.910	0.498	0.033	0.008	0.001	0.000	0.000	0.000	0.000	0.000
0.25	0.960	0.954	0.905	0.805	0.496	0.088	0.019	0.002	0.001	0.000	0.000	0.000	0.000
0.35	0.907	0.900	0.832	0.732	0.492	0.148	0.039	0.006	0.003	0.001	0.000	0.000	0.000
0.50	0.820	0.812	0.735	0.651	0.481	0.218	0.082	0.017	0.005	0.002	0.001	0.000	0.000
0.75	0.668	0.658	0.610	0.552	0.450	0.263	0.146	0.040	0.017	0.005	0.005	0.001	0.000
1.00	0.552	0.541	0.513	0.475	0.410	0.288	0.185	0.071	0.029	0.013	0.007	0.002	0.001
1.50	0.396	0.395	0.379	0.353	0.332	0.273	0.211	0.114	0.055	0.030	0.018	0.006	0.003
2.00	0.306	0.304	0.292	0.288	0.275	0.242	0.205	0.134	0.083	0.051	0.028	0.013	0.006
2.50	0.245	0.244	0.239	0.237	0.231	0.215	0.188	0.139	0.098	0.065	0.034	0.021	0.010
3.00	0.208	0.208	0.206	0.202	0.198	0.185	0.171	0.136	0.103	0.075	0.053	0.028	0.015
4.00	0.160	0.160	0.158	0.156	0.153	0.147	0.140	0.122	0.102	0.081	0.066	0.040	0.025
5.00	0.126	0.126	0.125	0.125	0.124	0.121	0.117	0.107	0.095	0.082	0.069	0.046	0.034

计算条形面积受竖向均布荷载作用下，地基中的附加应力，也可用表 3-3 矩形面积角点法，又 $x/b=10$，将条形面积分成 4 个相等的矩形，如图 3-22 所示，进行叠加而得。

2. 三角形分布荷载作用

这种荷载分布，可能出现在挡土墙基础受偏心荷载的情况下。荷载分布沿宽度方向变化，基础边缘一端荷载为零，另一端荷载为 p_t，如图 3-23 所示。坐标原点 O 取在条形面积中点。

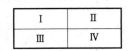

图 3-22　角点法的应用

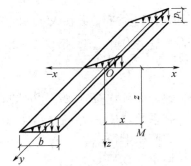

图 3-23　条形面积受竖向三角形分布荷载

地基中任意一点深度 z 处的附加应力，仍可用布辛尼斯克对地表受竖向集中力作用的解，通过积分可得：

$$\sigma_z = \alpha_t^s p_t \tag{3-33}$$

式中　α_t^s——应力系数，$\alpha_t^s = f(m, n)$，查表 3-6；

　　m、n——分别为 $m = x/b$，$n = z/b$。

表 3-6　条形面积受垂直三角形分布荷载作用下应力系数 α_t^i 值

m / n	−2.00	−1.50	−1.00	−0.75	−0.50	−0.25	0.00	0.25	0.50	0.75	1.00	1.50	2.00	3.00
0.00	0.00	0.00	0.00	00.00	0.00	0.25	0.50	0.75	0.50	0.00	0.00	0.00	0.00	0.00
0.25	0.00	0.00	0.00	0.01	0.08	0.26	0.48	0.65	0.42	0.08	0.02	0.00	0.00	0.00
0.50	0.00	0.01	0.02	0.05	0.13	0.26	0.41	0.47	0.35	0.16	0.06	0.01	0.00	0.00
0.75	0.01	0.01	0.04	0.09	0.15	0.25	0.33	0.36	0.29	0.19	0.10	0.03	0.01	0.00
1.00	0.01	0.03	0.06	0.10	0.16	0.22	0.28	0.29	0.25	0.18	0.12	0.05	0.02	0.00
1.50	0.02	0.05	0.09	0.11	0.15	0.18	0.20	0.20	0.19	0.16	0.13	0.07	0.04	0.01
2.00	0.03	0.06	0.08	0.11	0.14	0.16	0.16	0.16	0.16	0.15	0.13	0.08	0.05	0.02
2.50	0.04	0.06	0.08	0.11	0.12	0.13	0.13	0.13	0.13	0.12	0.11	0.09	0.07	0.02
3.00	0.05	0.06	0.08	0.09	0.10	0.10	0.11	0.11	0.10	0.10	0.10	0.09	0.07	0.03
4.00	0.05	0.06	0.07	0.07	0.08	0.08	0.08	0.08	0.08	0.08	0.08	0.07	0.06	0.05	0.03
5.00	0.05	0.05	0.06	0.06	0.06	0.06	0.06	0.06	0.06	0.06	0.06	0.05	0.04	0.03

计算附加应力时，应注意图 3-23 中的 x 坐标有正负之分。x 坐标并非总是向右为正，向左为负，而是由原点 O 向荷载增大的方向为正，反之为负。

3.4.4　圆形面积下竖向均布荷载作用时附加应力计算

地表圆形面积上作用竖直均布荷载 p 时，荷载中心 O 下任意深度 z 处 M 点的竖向附加应力 σ_z，仍可通过布辛尼斯克解，在圆面积内积分求得。

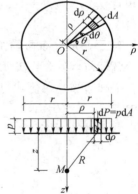

如图 3-24 所示，将圆柱坐标原点放在圆心 O 处，在圆面积内任意取一微分面积 $dA = \rho d\theta d\rho$，将其上作用的荷载视为集中力 $dP = pdA = p\rho d\theta d\rho$，$dP$ 作用点与 M 点距离 $R = \sqrt{\rho^2 + z^2}$，则 dp 在 M 点引起的附加应力 $d\sigma_z$，由式（3-12）得：

$$d\sigma_z = \frac{3pz^3}{2\pi} \frac{\rho d\theta d\rho}{(\rho^2 + z^2)^{5/2}} \tag{3-34}$$

则整个圆形面积上均布荷载在 M 点引起的附加应力 σ_z 应为：

$$\sigma_z = \int_0^{2\pi} \int_0^r \frac{3pz^3}{2\pi} \frac{\rho d\theta d\rho}{(\rho^2 + z^2)^{5/2}} = \left\{ 1 - \frac{1}{[1 + (r/z)^2]^{3/2}} \right\} p = K_0 p \tag{3-35}$$

式中　K_0——圆形面积均布荷载作用时圆心点下的竖直应力分布系数，$K_0 = f(r/z)$，可由表 3-7 查得；

　　　　R——圆面积半径；

　　　　p——均布荷载强度。

图 3-24　圆形面积均布荷载中心点下的应力

表 3-7　圆形均布荷载中心点下的应力系数 K_0 值

r/z	K_0	r/z	K_0
0.268	0.1	0.918	0.6
0.400	0.2	1.110	0.7
0.518	0.3	1.387	0.8
0.637	0.4	1.908	0.9
0.766	0.5	∞	1.0

3.4.5 不同规范中附加应力计算方法对比

根据《公路桥涵地基与基础设计规范》（JTG D63）附录 M，桥涵基底中点下卧层附加压应力系数 α 可以按表 3-8 选取。

表 3-8 基底中点下卧层附加压力应力系数 α

z/b \ l/b	1.0	1.2	1.4	1.6	1.8	2.0	2.4	2.8	3.2	3.6	4.0	5.0	≥10（条形）
0.0	1.000	1.000	1.000	1.000	1.000	1.000	1.000	1.000	1.000	1.000	1.000	1.000	1.000
0.1	0.997	0.998	0.998	0.998	0.998	0.998	0.998	0.998	0.998	0.998	0.998	0.998	0.998
0.2	0.987	0.990	0.991	0.992	0.992	0.992	0.993	0.993	0.993	0.993	0.993	0.993	0.993
0.3	0.967	0.973	0.976	0.978	0.979	0.979	0.980	0.979	0.981	0.981	0.981	0.981	0.981
0.4	0.936	0.947	0.953	0.956	0.958	0.965	0.961	0.962	0.962	0.963	0.963	0.963	0.963
0.5	0.900	0.915	0.924	0.929	0.933	0.935	0.937	0.939	0.939	0.940	0.940	0.940	0.940
0.6	0.858	0.878	0.890	0.898	0.903	0.906	0.910	0.912	0.913	0.914	0.914	0.915	0.915
0.7	0.816	0.840	0.855	0.865	0.871	0.876	0.881	0.884	0.885	0.886	0.887	0.887	0.888
0.8	0.775	0.801	0.819	0.831	0.839	0.844	0.851	0.855	0.857	0.858	0.859	0.860	0.860
0.9	0.735	0.764	0.784	0.797	0.806	0.813	0.821	0.826	0.829	0.830	0.831	0.830	0.836
1.0	0.698	0.728	0.749	0.764	0.775	0.783	0.792	0.798	0.801	0.803	0.804	0.806	0.807
1.1	0.663	0.694	0.717	0.733	0.744	0.753	0.764	0.771	0.775	0.777	0.779	0.780	0.782
1.2	0.631	0.663	0.686	0.703	0.715	0.725	0.737	0.744	0.749	0.752	0.754	0.756	0.758
1.3	0.601	0.633	0.657	0.674	0.688	0.698	0.711	0.719	0.725	0.728	0.730	0.733	0.735
1.4	0.573	0.605	0.629	0.648	0.661	0.672	0.687	0.696	0.701	0.705	0.708	0.711	0.714
1.5	0.548	0.580	0.604	0.622	0.637	0.648	0.664	0.673	0.679	0.683	0.686	0.690	0.693
1.6	0.524	0.556	0.580	0.599	0.631	0.625	0.641	0.651	0.658	0.663	0.666	0.670	0.675
1.7	0.502	0.533	0.558	0.577	0.591	0.603	0.620	0.631	0.638	0.643	0.646	0.651	0.656
1.8	0.482	0.513	0.537	0.556	0.517	0.588	0.600	0.611	0.619	0.624	0.629	0.633	0.638
1.9	0.463	0.493	0.517	0.536	0.551	0.563	0.581	0.593	0.601	0.606	0.610	0.616	0.622
2.0	0.446	0.475	0.499	0.518	0.533	0.545	0.563	0.575	0.584	0.590	0.594	0.600	0.606
2.1	0.429	0.459	0.482	0.500	0.515	0.528	0.546	0.559	0.567	0.574	0.578	0.585	0.591
2.2	0.414	0.443	0.466	0.484	0.499	0.511	0.530	0.543	0.552	0.558	0.563	0.570	0.577
2.3	0.400	0.428	0.451	0.469	0.484	0.496	0.515	0.528	0.537	0.544	0.548	0.554	0.564
2.4	0.387	0.414	0.436	0.454	0.469	0.481	0.500	0.513	0.523	0.530	0.535	0.543	0.551
2.5	0.374	0.401	0.423	0.441	0.455	0.468	0.486	0.500	0.509	0.516	0.522	0.530	0.539
2.6	0.362	0.389	0.410	0.428	0.442	0.473	0.473	0.487	0.496	0.504	0.509	0.518	0.528
2.7	0.351	0.377	0.369	0.416	0.430	0.461	0.461	0.474	0.484	0.492	0.497	0.506	0.517
2.8	0.341	0.366	0.387	0.404	0.418	0.449	0.449	0.463	0.472	0.480	0.486	0.495	0.506
2.9	0.331	0.356	0.377	0.393	0.407	0.438	0.438	0.451	0.461	0.469	0.475	0.485	0.496
3.0	0.322	0.346	0.366	0.383	0.397	0.409	0.429	0.441	0.451	0.459	0.465	0.474	0.487
3.1	0.313	0.337	0.357	0.373	0.387	0.398	0.417	0.430	0.440	0.448	0.454	0.464	0.477

z/b＼l/b	1.0	1.2	1.4	1.6	1.8	2.0	2.4	2.8	3.2	3.6	4.0	5.0	≥10（条形）
3.2	0.305	0.328	0.348	0.364	0.377	0.389	0.407	0.420	0.431	0.439	0.445	0.455	0.468
3.3	0.297	0.320	0.339	0.355	0.368	0.379	0.397	0.411	0.421	0.439	0.436	0.446	0.460
3.4	0.289	0.312	0.331	0.346	0.359	0.371	0.388	0.402	0.412	0.420	0.427	0.437	0.452
3.5	0.282	0.304	0.323	0.338	0.351	0.362	0.380	0.393	0.403	0.412	0.418	0.429	0.444
3.6	0.276	0.297	0.315	0.330	0.343	0.354	0.372	0.385	0.395	0.403	0.410	0.421	0.436
3.7	0.269	0.290	0.308	0.323	0.335	0.346	0.364	0.377	0.387	0.395	0.402	0.413	(0.429)
3.8	0.263	0.284	0.301	0.316	0.328	0.339	0.356	0.369	0.379	0.388	0.394	0.405	0.422
3.9	0.257	0.277	0.294	0.309	0.321	0.332	0.349	0.362	0.372	0.380	0.387	0.398	0.415
4.0	0.251	0.271	0.288	0.302	0.311	0.325	0.342	0.355	0.365	0.373	0.379	0.391	0.408
4.1	0.246	0.265	0.282	0.296	0.308	0.318	0.335	0.348	0.358	0.366	0.372	0.384	0.402
4.2	0.241	0.260	0.276	0.290	0.302	0.312	0.328	0.341	0.352	0.359	0.366	0.377	0.396
4.3	0.236	0.255	0.270	0.284	0.296	0.306	0.322	0.335	0.345	0.353	0.359	0.371	0.390
4.4	0.231	0.250	0.265	0.278	0.290	0.300	0.316	0.329	0.339	0.347	0.353	0.365	0.384
4.5	0.226	0.245	0.260	0.273	0.285	0.294	0.310	0.323	0.333	0.341	0.347	0.359	0.378
4.6	0.222	0.240	0.255	0.268	0.279	0.289	0.305	0.317	0.327	0.335	0.341	0.353	0.373
4.7	0.218	0.265	0.250	0.263	274	0.284	0.299	0.312	0.321	0.329	0.336	0.347	0.367
4.8	0.214	0.231	0.245	0.258	0.269	0.279	0.294	0.306	0.316	0.324	0.330	0.342	0.362
4.9	0.210	0.227	0.241	0.253	0.265	0.274	0.289	0.301	0.311	0.319	0.325	0.337	0.357
5.0	0.206	0.223	0.237	0.249	0.260	0.269	0.284	0.296	0.306	0.313	0.320	0.332	0.352

3.4.6　非均质和各向异性地基中附加应力

1. 双层地基

如图 3-25（a）所示，当计算双层地基中附加应力，可以采用当量层法计算。

当双层地基下软时，$E_1 > E_2$，$h_1 > h_2$，如图 3-25（b）所示；当双层地基下硬时，$E_1 < E_2$，$h_1 < h_2$，如图 3-25（c）所示。在图 3-25 中，3 个图中荷载 P 值相等，则 3 个图中 A 点附加应力计算转换为均质地基中 A 点附加计算，可采用布辛尼斯克解求解。从图 3-25 可以看出，$E_1 > E_2$ 时，荷载作用中心线地基中附加应力比均质地基中小，当 $E_1 < E_2$ 时，比均质地基中大，如图 3-26 所示。图中曲线 1 表示均质地基土中竖向附加应力分布图，曲线 2 表示上硬下软时竖向附加应力分布图，曲线 3 表示上软下硬时竖向附加应力分布图。或者说，上硬下软时荷载作用下发生扩散现象，上软下硬时，发生应力集中现象，沿水平方向附加应力分布如图 3-27 所示，其中图 3-27（a）为应力扩散现象示意图，图 3-27（b）为应力集中现象示意图。

$$h_1 = h \sqrt{\frac{E_1}{E_2}} \tag{3-36}$$

式中　h——上层地基厚度（m）；

h_1——经过当量层法换算后 A 点埋深（m）。

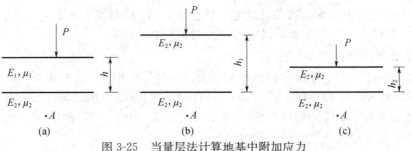

图 3-25 当量层法计算地基中附加应力

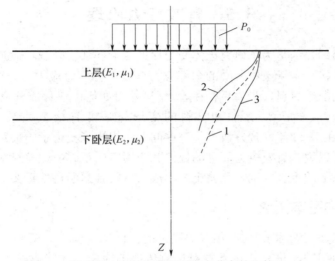

图 3-26 双层地基竖向应力分布的比较

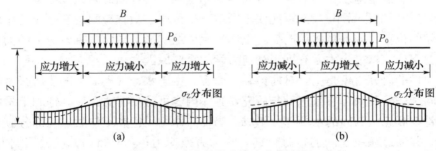

图 3-27 应力扩散和应力集中现象

(a) 应力扩散现象；(b) 应力集中现象

2. 变形模量随深度增大的地基

在地基中，土的变形模量 E_0 常随地基深度增大而增大。这种现象在砂土中尤为显著，这是由土体在深沉积过程中的受力条件决定的，与常假定的均质地基相比较，沿荷载中心线下，前者的地基附加应力 σ_z 将产生应力集中。这种现象在实验和理论上都得到了验证。

对于一个集中力作用下的地基附加应力的计算，可采用费罗利克（Frohlich）建议的半经验公式。

$$\sigma_z = \frac{vF}{2\pi R^2}\cos^v\theta \qquad (3-37)$$

式中 v——应力集中因素，对黏性或完全弹性体，取 3；对硬土，取 6；对介于砂性土和黏性土之间的土体，取 3～6 之间的整数。

3. 横观各向同性体地基

在天然沉积过程中，地基土体水平向模量 E_h 与竖向模量 E_v 不相等，天然土体往往是横观各向同性体。一般情况下，$E_v > E_h$，有时也可能 $E_v < E_h$。对 $E_v > E_h$ 的情况，地基中竖向附加应力产生应力集中现象［图 3-27 （b）］；对 $E_v < E_h$ 的情况，地基中竖向附加应力将产生应力扩散现象［图 3-27 （a）］。

3.5　有效应力原理

计算土中应力的目的是为了研究土体受力后的变形和强度问题，但是土的体积变化和强度大小并不是直接决定于土体所受的全部应力（以下称为总应力），这是因为土是一种由三相物质构成的散碎材料，受力后存在着：(1)外力如何由三种成分来分担；(2)它们是如何传递与相互转化的；(3)它们和材料的变形与强度有什么关系等问题。太沙基（K. Terzaghi）早在 1923 年发现并研究了这些问题，提出了土力学中最重要的有效应力原理和固结理论，可以说，有效应力原理的提出和应用阐明了碎散颗粒材料与连续固体材料在应力—应变关系上的重大区别，是使土力学成为一门独立学科的重要标志。

3.5.1　有效应力基本概念

有效应力原理是太沙基于 1936 年首次提出的。他从实验中观察到土的变形及强度性状与有效应力密切相关，只有通过土颗粒接触传递的应力，才能影响土的变形和土的强度，而土中任意点空隙水压力对各个方向的作用是相等的，因此它只能对土颗粒产生压缩（土颗粒本身的压缩很微小），而不能使土颗粒产生位移。土颗粒间的有效应力作用，则会引起土颗粒的位移，使空隙体积改变，土体发生压缩变形。同时，有效应力的大小也会影响土的抗剪强度，这是土力学有别于其他力学的重要原因之一。

上述原理的研究对象是土，对非饱和土而言，由于水、气界面上的表面张力和弯液面的存在，问题比较复杂，有待进一步研究，具体内容可参见有关著作。饱和土是由固体颗粒组成的骨架和充满其间的水两部分组成。当外力作用于饱和土体后，一部分应力由土的骨架承担，并通过颗粒之间的接触传递，称为有效应力；另一部分应力由孔隙中的水承担，水不能承担剪应力，但能承担法向应力，并可以通过连通的孔隙水传递，这部分水压力称为孔隙水压。

1. 饱和土体内任一平面上受到的总应力可分为由土骨架承受的有效应力和孔隙水承受的孔隙水压力两部分，二者的关系总是满足：

$$\sigma = \sigma' + u \tag{3-38}$$

式中 σ——作用在饱和土中任意面上的总应力；

σ'——有效应力，作用于同一平面的土骨架上；

u——孔隙水压力，作用于同一平面的孔隙水上。

2. 土的变形（压缩）与强度的变化只取决于有效应力的变化。

这意味着引起土体的体积压缩和抗剪强度变化的原因，并不取决于作用在土体上的总应力，而是取决于总应力与孔隙水应力之差——有效应力。孔隙水压力本身并不能使土发生变形和强度变化。这是因为水压力各方向相等，均衡的作用于每个土颗粒周围，因而不会使土颗粒移动而导致孔隙体积变化。它除了使土颗粒受到浮力外，还能使土颗粒本身受到水压力，而固体颗粒的模量 E 很大，本身的压缩可以忽略不计。另外，水不能承受剪应力，因此孔隙水压力自身的变化也不会因引起土的抗剪强度的变化（有关土的抗剪强度将在第 5 章中阐述），正因为如此，孔隙水压力也被称为中性应力。但值得注意的是，当总应力 σ 保持常数时，孔压 u 发生变化将直接引起有效应力 σ' 发生变化，从而使土体的体积和强度发生变化。

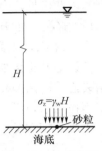

图 3-28 总应力和有效应力

为了帮助理解使土颗粒受压变密的并不是作用于其上的总应力这一概念，不妨考察一下粒径 $d=1\text{mm}$ 的砂粒沉入深海海底的应力状态（图 3-28）。这时作用于海底面砂粒上的总应力（其实也就是水压力）应为 $\sigma_z=\gamma_w H$，若水深 $H=1000\text{m}$，则 σ_z 约为 100 个大气压（即 10000kPa）的高压，但是由于沙粒的四周都承受这个压力，所以沙粒对海底土层的作用力仅只是作用于沙粒上的重力与浮力之差，在此情况下仅约 $0.9\times10^{-5}\text{N}$ 这样小的值。

有效应力原理是土力学中极为重要的原理，灵活应用并不容易。近 80 年来，土力学的许多重大进展都是与有效应力原理的推广和应用相联系的。迄今为止，国内外均公认有效应力原理可毫无疑问地应用于饱和土；对于非饱和土的应用则还有待进一步研究。

3.5.2 有效应力原理的应用

有效应力原理的公式看似简单，但却拥有重要的工程应用价值，当已知土体中某一点所受的总压力 σ，并测得该点的孔隙水压力 u 时，就可以利用式（3-38）计算出该点的有效应力 σ'。

1. 饱和土中孔隙水压力和有效应力的计算

图 3-29 处于水下的饱和土层，在地面下 h_z 深处的 A 点，土体自重对地面以下 A 点处作用的垂向总应力为：

$$\sigma=\gamma_w h_1+\gamma_{sat} h_2 \tag{3-39}$$

式中 γ_w——水的重度（kN/m^3）；

γ_{sat}——土的饱和重度（kN/m^3）。

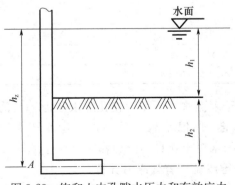

图 3-29 饱和土中孔隙水压力和有效应力

A 点处由孔隙水传递的静水压力，即孔隙水压力为：

$$u = \gamma_w(h_1 + h_2) \tag{3-40}$$

根据有效应力原理，由于土体自重对 A 点作用的有效应力应为：

$$\sigma' = \sigma - u = (\gamma'_{sat} - \gamma_w)h_2 = \gamma' h_2 \tag{3-41}$$

式中　γ'——土的有效重度（kN/m³）。

由此可见，当地面以上水深 h_1 变化时，可以引起土体中总应力 σ 的变化，但有效应力 σ' 不会随着 h_1 的升降而变化，即 σ' 与 h_1 无关，亦即 h_1 的变化不会引起土体的压缩或膨胀。

2. 毛细水上升时土中有效自重应力的计算

设地基土层如图 3-30 所示。在深度 h_1 的 B 线下的土已经完全饱和，但是地下水的自由表面（潜水面）却在其下的 C 线处。这是由于 C 线下的地下水在空气—水界面的表面张力作用下，沿着彼此连通的土孔隙形成的复杂毛细网格上升所致。毛细水上升高度 h_c 与土的类别有关。

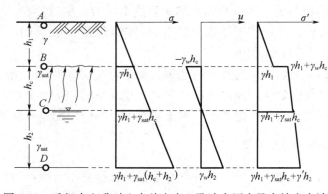

图 3-30　毛细水上升时土中总应力、孔隙水压力及有效应力计算

为求有效自重应力，按照有效应力原理，应先计算总应力 σ（这里也就是自重应力）。此时，对 B 线以下的土，应以饱和重度计算，分布如图 3-30 所示。竖向有效自重应力为总应力与孔隙水压力之差，具体计算见表 3-9。

表 3-9　毛细水上升时总应力、孔隙水压力及有效应力计算

计算点		总应力 σ	空隙水压力 u	有效应力 σ'
A		0	0	0
B	B 点上	γh_1	0	γh_1
	B 点下		$-\gamma_w h_c$	$\gamma h_1 + \gamma_w h_c$
C		$\gamma h_1 + \gamma_{sat} h_c$	0	$\gamma h_1 + \gamma_{sat} h_c$
D		$\gamma h_1 + \gamma_{sat}(h_c + h_2)$	$\gamma_w h_2$	$\gamma h_1 + \gamma_w h_c + \gamma' h_2$

在毛细水上升区，由于表面张力的作用使孔隙水压力为负值，即 $u = -\gamma_w h_c$（因为静水压力值以大气压力为基准，所以紧靠 B 线下的孔隙水压力为负值），而使有效应力增加，在地下水位以下，由于水对土颗粒的浮力作用，使土的有效应力减少。

3. 土中水渗流时（一维渗流）有效应力计算

已经讨论过当土中渗流时，土中水将对土颗粒作用动水力，这就必然影响土中有效应

力分布。现通过图 3-31 所示三种情况，以说明土中水渗流时对有效应力分布的影响。

在图 3-31（a）中水静止不动，也即土中 a、b 两点的水头相等；图 3-31（b）表示土中 a、b 两点有水头差 h，水自上向下渗流；图 3-31（c）表示土中 a、b 两点的水头差也是 h，但水自下向上渗流。现按上述三种情况计算土中总应力 σ、孔隙水压力 u 及有效应力 σ' 值，见表 3-10。并绘出分布图，如图 3-31 所示。

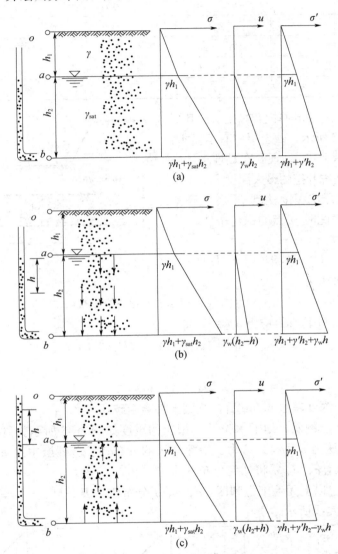

图 3-31 土中水渗流时的总应力、孔隙水压力机有效应力分布

(a) 静水时；(b) 水自上向下渗流；(c) 水自下向上渗流

从表 3-10 及图 3-31 的计算结果可见，三种不同情况水渗流时土中的总应力 σ 的分布是相同的，土中水的渗流不影响总应力值。水渗流时土中产生动水力，致使土中有效应力及孔隙水压力发生变化。土中水自上向下渗流时，动水力方向与土的重力方向一致，于是有效应力增加，而孔隙水压力相应减少。反之，土中水自下向上流时，导致土中有效应力

减少，孔隙水压力相应增加。

表 3-10 土中渗流时总应力 σ、孔隙水压力 u 及有效应力 σ' 的计算

渗流情况	计算点	总应力	孔隙水压力 u	有效应力 σ'
（a）水静止时	a	γh_1	0	γh_1
	b	$\gamma h_1 + \gamma_{\text{sat}} h_2$	$\gamma_w h_2$	$\gamma h_1 + (\gamma_{\text{sat}} - \gamma_w) h_2$
（b）水自上向下渗流	a	γh_1	0	γh_1
	b	$\gamma h_1 + \gamma_{\text{sat}} h_2$	$\gamma_w (h_2 - h)$	$\gamma h_1 + (\gamma_{\text{sat}} - \gamma_w) h_2 + \gamma_w h$
（c）水自下向上渗流	a	γh_1	0	γh_1
	b	$\gamma h_1 + \gamma_{\text{sat}} h_2$	$\gamma_w (h_2 + h)$	$\gamma h_1 + (\gamma_{\text{sat}} - \gamma_w) h_2 - \gamma_w h$

【例 3-2】 有一 10m 厚饱和黏土层，其下为砂土，如图 3-32 所示。砂土层中有承压水，已知其水头高出 A 点 6m。现要在黏性土层中开挖基坑，试求基坑开挖的最大深度 H。

【解】 若基坑开挖深度达到 H 后坑底土将隆起失稳，考虑此时 A 点的稳定条件。

A 点的总应力

$$\sigma_A = \gamma_{\text{sat}} (10 - H) = 18.9 \times (10 - H)$$

A 点的孔隙水压力

$$u_A = \gamma_w h = 9.81 \times 6 = 58.86 (\text{kPa})$$

若 A 点隆起，则其有效应力 $\sigma_A = 0$，即

$$\sigma'_A = \sigma_A - u_A = 18.9 \times (10 - H) - 58.86 = 0$$

解得

$$H = 6.9 (\text{m})$$

故当基坑开挖深度超过 6.9m 后，坑底土将隆起破坏。

图 3-32 中示意图部分：

H，10m，黏土，$\gamma_{\text{sat}} = 18.9\text{kN/m}^3$，$A$，3m，砂土，6m

图 3-32 例 3-2 示意图

【例 3-3】 某土层剖面，地下水位及其相应的重度如图 3-33 所示。试求：①垂直方向总应力 σ、孔隙水压力 u 和有效应力 σ' 沿深度 z 的分布；②若砂层中地下水位以上 1m 范围内为毛细饱和区，σ、u、σ' 将如何分布？

【解】 地下水位以上无毛细饱和区，σ、u、σ' 分布值见表 3-11。σ、u、σ' 沿深度的分布如图 3-33（b）中实线所示。

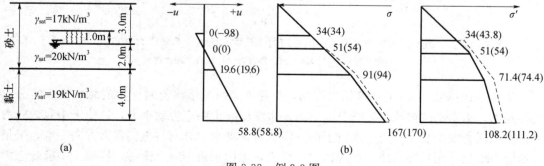

图 3-33 例 3-3 图

表 3-11 例 3-3 附表一

深度 z/m	σ（kPa）	u（kPa）	σ'（kPa）
2	$2\times17=34$	0	34
3	$3\times17=51$	0	51
4	$(3\times17)+(2\times20)=91$	$2\times9.8=19.6$	71.4
9	$(3\times17)+(2\times20)+(4\times19)=167$	$6\times9.8=58.8$	108.2

当地下水位以上 1m 内为毛细饱和区时，σ、u、σ' 值见表 3-12。σ、u、σ' 沿深度的分布如图 3-33（b）中虚线所示。

表 3-12 例 3-3 附表二

深度 z/m	σ（kPa）	u（kPa）	σ'（kPa）
2	$2\times17=34$	-9.8	43.8
3	$(2\times17)+(1\times20)=55$	0	54
4	$54+2\times20=94$	19.6	74.4
9	$94+4\times19=170$	58.8	111.2

3.5.3 静孔隙水压力与超静孔隙水压力

在前文我们分析了土的自重应力下的有效应力原理，涉及的都是静孔隙水压力，地基土的自重应力是由土的自重引起的。静孔隙水压力则是由水的自重引起的，静止的地下水位以下的孔隙水压力都是静孔隙水压力。在第 2 章中稳定的渗流场中的孔隙水压力其大小不随时间而变化，也应归入静孔隙水压力。外部作用会引起土中的附加应力，3.4 节介绍了各种荷载引起的地基土的附加应力计算。

图 3-34 为太沙基最早提出的渗流固结的力学模型。它是由盛满水的钢筒①，带有细小排水孔道的活塞②和支承活塞的弹簧③所组成的。钢筒模拟土的骨架；筒中水模拟土骨架中的空隙水；活塞中的小孔道则模拟土的渗透性。

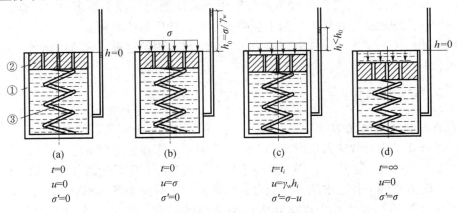

图 3-34 饱和图渗流固结模型

当活塞上没有荷载时，如图 3-34（a）所示，与钢筒连接的测压管中的水位和筒中的静水位齐平。筒中的孔隙水压力为静孔隙水压力，任意深度的总水头都相等，没有渗流发生。

当活塞上瞬时施加荷载 σ 时，即 $t=0$ 时［图 3-34（b）］，模拟土的渗透性的孔径很小，水有一定的黏滞性，容器内的水来不及流出，相当于这些孔隙在瞬时被堵塞而处于不排水状态。筒内的水在瞬时受压力 σ，且水不可压缩，故筒内体积变化为 $\Delta V=0$，活塞不能下移，弹簧就不受力，弹簧（土骨架）上的有效应力为 0，外加荷载全部由水承担，测压管内的水位将上升到 h，它代表由荷载引起的初始超静孔隙水压力 $u=\sigma=\gamma_w h_0$。而作用于弹簧上的有效应力是 $\sigma'=0$。

当 $t>0$，例如 $t=t_i$ 时［图 3-34（c）］，由于活塞两侧存在水头差 Δh，必将有渗流发生，水从活塞的孔隙中不断排出，活塞向下移动，其下的筒内水量减少，代表土骨架的弹簧被压缩部分荷载作用于弹簧上（σ'），与此同时筒内的水压力 u 减少，测压管内的水位降低，$h_i<h_0$，但从竖向的静力平衡可知：$u+\sigma'=\sigma$。

上述的过程不断持续，直到时间足够长时，筒内的超静孔隙水压力完全消散，即 $u=0$。

活塞内外压力平衡，测压管水位又恢复到与静水位齐平，渗流停止。全部荷载都由弹簧承担，活塞稳定到某一位置，亦即总应力 σ 等于土骨架的有效应力 σ'。

上述这一过程就形象地模拟了饱和土体的渗流固结过程，在这一过程中，饱和土体内的超静孔隙水压力逐渐消散，总应力转移到土骨架上，有效应力逐渐增加，与此同时土体被压缩。

分析以上的渗流固结过程，可以得到如下几点认识：

（1）在渗流固结过程中，超静孔隙水压力 u 与有效应力 σ' 都是时间的函数，即 $u=f_1(t)$，$\sigma'=f_2(t)$，当外荷不变时，始终有 $u+\sigma'=\sigma$。渗流固结过程的实质就是两种不同的应力形态的转换过程最后造成土体的压缩。

（2）上述由外荷载引起的孔隙水压力称为超静孔隙水压力，简称超静孔压。超静孔压是由外部作用（如荷载、振动等或者边界条件变化（如水位升降）所引起的，它不同于静孔隙水压力，它会随时间持续而逐步消散，并伴以土的体积改变。以后我们会看到，超静孔压可以为正，也可以为负。在现实中，我们经常会遇到超静定孔压引起的现象：路面以下黏土的含水量很高时，就会在重车荷载作用下从路面的裂隙中冒出泥水，即所谓的翻浆；含饱和砂土的地基，在地震作用下会喷砂冒水，即所谓的液化。

（3）上述模拟的是饱和土体侧限应力状态下的渗流固结过程，渗流固结也会发生在复杂应力状态下。

3.5.4　孔隙压力系数

1. 孔隙压力系数 A 和 B

由前述可知，用有效应力法对饱和土体进行强度计算和稳定分析时，需估计外荷载作用下土体中产生的孔隙水压力。因三轴剪力仪能提供孔隙水压力量测装置，故可以用来研究土在三向应力条件下孔隙水压力与应力状态的关系。斯肯普顿（Skwmpton）1954 年根据三轴压缩试验的结果，首先提出孔隙压力系数的概念，并用以表示土中孔隙压力的大小。

设图 3-35 中试样在各向均等的初始应力 σ_0 作用下已固结完毕，初始孔隙压力 $u_0=0$，以模拟试样的原始应力状态。若试样此时受到各向均等的周围压力 $\Delta\sigma_3$ 作用，孔隙压力的增量为 Δu_1，则试样体积要有变化。在工程常遇的压力作用下，土中固体土颗粒和水本身体积可视为不能压缩，故试样体积变化主要是由开性空间的压缩所致。于是由于孔隙压力的增量 Δu_1 所引起的孔隙体积变化 ΔV_v 之间的关系为

$$\frac{\Delta V_v}{V_v}=\frac{\Delta V_v}{nV}=C_v\Delta u_1 \tag{3-42}$$

式中　V_v——式样中孔隙体积（m^3）；

　　　V——式样体积（m^3）；

　　　n——孔的孔隙率；

　　　C_v——孔隙的体积，压缩系数 kPa^{-1}，为单位应力增量引起的孔隙体积应变。

同时，有效应力增量 $\Delta\sigma_3-\Delta u_1$ 将引起土体骨架的压缩，故试样的体积应变为

$$\frac{\Delta V_v}{V}=C_s(\Delta\sigma_3-\Delta u_1) \tag{3-43}$$

式中　C_s——土体骨架的体积压缩系数（kPa^{-1}），为单位应力增量引起的土骨架体积应变。

设试样处于不排水排气状态，则体积变化主要由土体孔隙中气相的压缩产生。土骨架的压缩量必与土的孔隙体积变化相等，即 $\Delta V=\Delta V_v$，由式（3-42）和（3-43）可得：

$$nC_v\Delta u_1=C_s(\Delta\sigma_3-\Delta u_1) \tag{3-44}$$

整理后可得：

$$\Delta u_1=\frac{1}{1+nC_v/C_s}\cdot\Delta\sigma_3=B\Delta\sigma_3 \tag{3-45}$$

式中　B——各向均等的周围压力作用下的孔隙压力系数，$B=1/(1+nC_v/C_s)$。

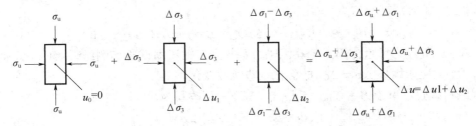

图 3-35　孔隙压力的变化

对于饱和试样来说，孔隙完全被水充满，C_v 即为水的体积压缩系数。由于几乎是不可压缩的，C_v 比之 C_s 几乎为零，所施加的 $\Delta\sigma_3$ 完全由孔隙水承担，土骨架不受外力作用，因而 B 可取为 1.0。对于非饱和试样，由于土中气体的压缩量较大，土骨架可承受部分外力的作用，故 $B<1.0$。

试验表明，B 值随土的饱和度 S_r 而变化，其值介于 $0\sim1$ 之间，如图 3-36 所示，土的 S_r 愈小，B 值也愈小。干土的孔隙全由气体充满，不产生孔隙水压力，所施加的 $\Delta\sigma_3$ 完全由土骨架承担，故 $B=0$。

如果在试样上仅施加轴向偏应力增量 $\Delta\sigma=\Delta\sigma_1-\Delta\sigma_3$，则相应地会产生一孔隙压力增量 Δu_2，此时，试样的轴向有效应力增量为 $\Delta\sigma'=\Delta\sigma_1-\Delta\sigma_3-\Delta u_2$，而侧向有效应力增量为 Δu_2。与前同理，孔隙压力的增量 Δu_2 与孔隙体积变化 ΔV_v 之间的关系为

$$\frac{\Delta V_{\mathrm{v}}}{V_{\mathrm{v}}} = \frac{\Delta V_{\mathrm{v}}}{nV} = C_{\mathrm{v}} \Delta u_2 \qquad (3\text{-}46)$$

设土骨架为理想的弹性材料，则土骨架的体积变化仅与有效平均正应力增量 $\Delta\sigma'_{\mathrm{m}}$ 有关，而土体受到的有效平均正应力增量 $\Delta\sigma'_{\mathrm{m}}$ 为

$$\Delta\sigma'_{\mathrm{m}} = \Delta\sigma_{\mathrm{m}} - \Delta u_2 = \frac{1}{3}(\Delta\sigma_1 - \Delta\sigma_3) - \Delta u_2 \qquad (3\text{-}47)$$

故试样的体积应变为

$$\frac{\Delta V_{\mathrm{v}}}{V} = C_{\mathrm{s}}\left[\frac{1}{3}(\Delta\sigma_1 - \Delta\sigma_3) - \Delta u_2\right] \qquad (3\text{-}48)$$

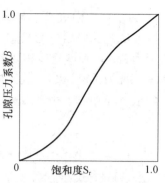

图 3-36　孔隙压力系数 B 与饱和度 S_{r} 的试验关系曲线

同理，设试样处于不排水排气状态，则 $\Delta V = \Delta V_{\mathrm{v}}$，由式（3-46）和式（3-48）可得

$$nC_{\mathrm{v}}\Delta u_2 = C_{\mathrm{s}}\left[\frac{1}{3}(\Delta\sigma_1 - \Delta\sigma_3) - \Delta u_2\right] \qquad (3\text{-}49)$$

整理后可得

$$\Delta u_2 = \frac{1}{1 + nC_{\mathrm{v}}/C_{\mathrm{s}}} \cdot \frac{1}{3}(\Delta\sigma_1 - \Delta\sigma_3) = \frac{B}{3}(\Delta\sigma_1 - \Delta\sigma_3) \qquad (3\text{-}50)$$

若试样同时受到上述各项均等压力增量 $\Delta\sigma_3$ 和轴向偏应力增量 $\Delta\sigma_1 - \Delta\sigma_3$ 作用时，则由此产生的孔隙压力增量 Δu 为

$$\Delta u = \Delta u_1 + \Delta u_2 = B\left[\Delta\sigma_3 + \frac{1}{3}(\Delta\sigma_1 - \Delta\sigma_3)\right] \qquad (3\text{-}51)$$

然而实际上土并非理想的弹性材料，其体积变化不仅取决于平均正应力增量 $\Delta\sigma_{\mathrm{m}}$，还与偏应力增量有关。因此，式中的系数 $1/3$ 就不再适用，而应代之以另一孔隙压力系数 A。于是式（3-51）可改写为

$$\Delta u = B[\Delta\sigma_3 + A(\Delta\sigma_1 - \Delta\sigma_3)] = B\Delta\sigma_3 + AB(\Delta\sigma_1 - \Delta\sigma_3) \qquad (3\text{-}52)$$

式中　A——偏应力增量作用下的孔隙压力系数。三轴压缩试验实测结果表明，A 值随偏应力增量 $\Delta\sigma_1 - \Delta\sigma_3$ 的变化呈非线性变化。

对饱和试验，由于 $B = 1.0$，于是式（3-52）可改写为

$$\Delta u = \Delta\sigma_3 + A(\Delta\sigma_1 - \Delta\sigma_3) \qquad (3\text{-}53)$$

因而，若能得知土体中任一点的大、小主应力的变化和孔隙压力系数 A、B，就可以根据式（3-52）估计相应的孔隙压力。在不同的固结和排水条件的三轴压缩试验中：如 UU 试验，其孔隙压力增量即为式（3-53）；而在 CU 试验中，因试样在 $\Delta\sigma_3$ 作用下固结稳定，故孔隙压力增量 $\Delta u = \Delta u_2 = A(\Delta\sigma_1 - \Delta\sigma_3)$；在 CD 试验中，因不产生孔隙压力，故 $\Delta u = 0$。应指出的是，由于无黏性土的渗透系数较大，在荷载作用下孔隙水容易排出，无黏性土的孔隙压力消散极快，故孔隙压力系数 A 和 B 主要针对黏性土的强度研究具有意义。

2. 亨开尔孔隙压力系数

上述利用三轴试验确定的孔隙压力系数 A 和 B，未考虑中主应力增量 $\Delta\sigma_2$ 的影响，亨开尔（Henkel）1960 年将孔隙压力增量 Δu 表示为八面体应力增量的函数，使上述孔隙压力表达式更具有普遍意义。对比式（3-52），亨开尔公式可写成

$$\Delta u = \beta\Delta\sigma_{\mathrm{oct}} + \alpha\Delta\tau_{\mathrm{oct}} \qquad (3\text{-}54\mathrm{a})$$

$$\Delta \tau_{oct} = \frac{1}{3} \sqrt{(\Delta \sigma_1 - \Delta \sigma_2)^2 + (\Delta \sigma_2 - \Delta \sigma_3)^2 + (\Delta \sigma_3 - \Delta \sigma_1)^2} \tag{3-54b}$$

式中　$\Delta \sigma_{oct}$——八面体正应力增量（kPa），$\Delta \sigma_{oct} = (\Delta \sigma_1 + \Delta \sigma_2 + \Delta \sigma_3)/3$；

　　　$\Delta \tau_{oct}$——八面体剪应力增量（kPa）；

　　　α、β——亨开尔孔隙压力系数，饱和土的 $\beta = 1.0$。

孔隙压力系数 α 与 A 之间互为联系。如在饱和土的三轴压缩试验中，将 $\Delta \sigma_2 = \Delta \sigma_3$ 条件代入式（3-54）可得：

$$\Delta u = \Delta \sigma_3 + \frac{1}{3}(1 + \sqrt{2}\alpha)(\Delta \sigma_1 - \Delta \sigma_3) \tag{3-55}$$

比较式（3-53）和式（3-55）可知

$$A = \frac{1}{3}(1 + \sqrt{2}\alpha) \tag{3-56}$$

因而，由式（3-56）可得

$$\alpha = \frac{\sqrt{2}}{2}(3A - 1) \tag{3-57}$$

如果在饱和土的三轴压缩试验中进行孔隙压力的测定，求得孔隙压力系数 A 后，即可按式（3-57）求得 α 值。

习　题

3-1 某地层分为三层，第一层为耕植土，$h_1 = 0.6\text{m}$，$\gamma = 17.0\text{kN/m}^3$；第二层土为粉质砂土，$h_2 = 2.0\text{m}$，$\gamma = 18.6\text{kN/m}^3$，$\gamma_{sat} = 19.7\text{kN/m}^3$；第三层土为细砂，$h_3 = 2.0\text{m}$，$\gamma_{sat} = 16.5\text{kN/m}^3$，地下水埋深 1.1m。试计算细砂底面处自重应力大小？

3-2 已知某基础形心受到上部结构传来的相应于荷载效应标准组合时上部结构传至基础顶面的竖向力为 400kN，基础埋深 1.5m，基础底面尺寸为 3m×2m，则计算其基底压力大小。

3-3 已知基础底面尺寸为 4m×2m，基础底面处作用有上部结构传来的相应荷载效应 700kN，合力的偏心距 0.3m，如图 3-37 所示，则其底压力为多少？

3-4 已知某矩形基础为 4m×3m，基础顶面作用有上部结构传来的相应于荷载效应标准组合时的竖向力和力矩，分别为 500kN、150kN·m，如图 3-38 所示，基础埋深 2m，则基底压力为多少？

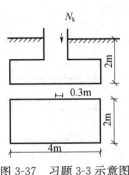

图 3-37　习题 3-3 示意图

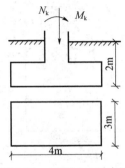

图 3-38　习题 3-4 示意图

3-5 某建筑物基础如图 3-39 所示，在设计地面标高处作用有上部结构传来的相应于荷载效应标准组合时的偏心竖向力 680kN，偏心距 1.31m，基础埋深为 2m，地面尺寸 4m×2m，则基底最大压力为多少？

3-6 已知某矩形基础底面尺寸 4m×2m，如图 3-40 所示。基础埋深 2m，相应于荷载效应标准组合时，上部结构传至基础顶面的竖向的竖向力 $F_k=300kN$，求基底附加应力取值？

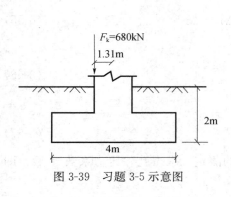

图 3-39 习题 3-5 示意图

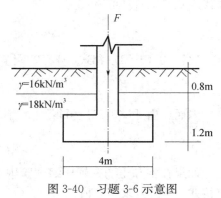

图 3-40 习题 3-6 示意图

3-7 已知矩形基础底面尺寸为 4m×3m，相应于荷载效应标准组合时，上部结构传至基础顶面的偏心竖向力 $F_k=550kN$，偏心距为 1.42m，埋深为 2m，其他条件如图 3-41 所示，则基础地面最大的附加压力为多少？

3-8 有一矩形基础顶面受到建筑物传来的相应于荷载效应标准组合时的轴心竖向力为 800kN，基础尺寸为 4m×2m，埋深 2m，土的重度 $\gamma=17.5kN/m^3$，则基础中心点以下 2.0m 处的附加应力为多少？

3-9 已知条形基础埋深 1.5m，基底宽度为 1.6m，地基土重度 $\gamma=17.5kN/m^3$，作用在基础顶面上的相应于荷载效应标准组合时的条形均布荷载为 250kN/m，则此条形基础底面中心线下 $z=4m$ 处竖向附加应力为多少？

3-10 一黏土层厚 4m，位于各厚 4m 的两层砂之间。水位在地面以下 2m，下层砂土含承压水，测压管水面如图 3-42 所示，已知黏土的饱和容重为 $20.4kN/m^3$，砂土的饱和容重为 $19.4kN/m^3$，水位以上的砂土容重为 $16.8kN/m^3$，则（1）不考虑毛细管升高，绘出整个土层的有效竖直自重应力分布；（2）若毛细管升高 1.5m，绘出整个土层的有效竖直自重应力分布。

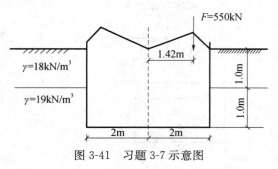

图 3-41 习题 3-7 示意图

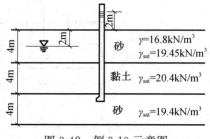

图 3-42 例 3-10 示意图

第4章 土的变形特征及沉降量计算

4.1 土的变形特征

4.1.1 基本概念

1. 土的压缩性大

前已阐明，土由固体颗粒、水和气体三相组成，具有碎散性，土的压缩性比其他连续介质材料如钢材、混凝土大得多。

2. 地基土产生压缩的原因

（1）外因

① 建筑物荷载作用，这是普遍存在的因素；

② 地下水位大幅度下降，相当于施加大面积荷载 $\sigma=(\gamma-\gamma')h$（h 是水位下降值）；

③ 施工影响，基槽持力层土的结构扰动；

④ 振动影响，产生震沉；

⑤ 温度变化影响，如冬季冰冻，春季融化；

⑥ 浸水下沉，如黄土湿陷，填土下沉。

（2）内因

① 固相矿物本身压缩极小，物理学上有意义，对建筑工程来说是没有意义的；

② 土中液相水的压缩，在一般建筑工程荷载 $\sigma=100\sim600\text{kPa}$ 作用下很小，可忽略不计；

③ 土中孔隙的压缩，土中水与气体受压后从孔隙中挤出，使土的孔隙减小。

上述诸多因素中，建筑物荷载作用是外因的主要因素，通过土中孔隙的压缩这一内因发生实际效果，也即土的压缩主要是土孔隙的变化引起的。

3. 饱和土体压缩过程

连续固体介质如钢材与混凝土受压后，其压缩变形在瞬时内即完成，但饱和土体与此不同。因饱和土的孔隙中全部充满着水，要使孔隙减小，就必须使土中的水被挤出。亦即土的压缩与土孔隙中水的挤出，是同时发生的。由于土的颗粒很细，孔隙更细，土中的水从很细的弯弯曲曲的孔隙中挤出需要相当长的时间，这个过程称为土的渗流固结过程，也是土与其他材料压缩性相区别的一大特点。

4. 蠕变的影响

黏性土实际上是一种黏弹塑性材料。黏性土在长期荷载作用下，变形随时间而缓慢持续的现象称为蠕变。这是土的又一特性。

4.1.2 土的应力应变关系

1. 土体中的应力

（1）应力的基本概念

① 6 个应力分量

土体中任一点的应力状态，可根据所选定的直角坐标 xyz，用三个法向应力 σ_x、σ_y、σ_z 和三对剪应力 $\tau_{xy}=\tau_{yx}$、$\tau_{yz}=\tau_{zy}$、$\tau_{zx}=\tau_{xz}$，一共 6 个应力分量来表示。

② 法向应力的正负

材料力学中的法向应力 σ，以拉应力为正，压应力为负。土力学与此相反，以压应力为正，拉应力为负。这是因为土力学研究的对象，绝大多数都是压应力。例如，建筑物荷重对地基产生的附加应力，土体自重产生的自重压力，挡土墙墙背作用的土压力等都是压应力。

③ 剪应力的正负

材料力学中，剪应力的方向以顺时针为正。在土力学中与此相反，规定以逆时针方向为正，如图 4-1 所示。

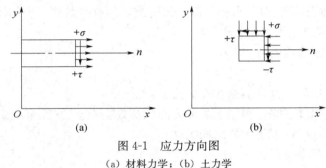

图 4-1　应力方向图
（a）材料力学；（b）土力学

（2）材料的性质

① 材料力学研究理想的均匀连续材料。

② 土力学将土体宏观上视为均匀连续材料。土是由土体、水和气体三相组成的碎散性材料。严格地说，土力学不能应用材料力学中的应力概念。但从工程的角度看，土的颗粒很细小，通常比土样尺寸小得多。例如，粉粒的粒径范围 $d=0.05\sim0.005\text{mm}$，压缩试验土样直径 $d'\approx80\text{mm}$，$d\approx\left(\dfrac{1}{16000}\sim\dfrac{1}{1600}\right)d'$。因此，工程上可以采用材料力学的应力概念。

（3）水平土层中的自重应力

设地面为无限广阔的水平面，土层均匀，土的天然重度为 γ。在深度 z 处取一微元体 $\text{d}x\text{d}y\text{d}z$，则作用在此微元体上的竖向自重应力 σ_{cz}（图 4-2）为

$$\sigma_{cz}=\gamma z \qquad (4\text{-}1)$$

水平方向法向应力为

$$\sigma_{cx}=\sigma_{cy}=K_0\sigma_{cz} \qquad (4\text{-}2)$$

式中　K_0——比例系数，称静止侧压力系数，$K_0=0.33\sim0.72$。

作用在此微元体上的剪应力为

$$\tau_{xy}=\tau_{yz}=\tau_{zx}=0 \qquad (4\text{-}3)$$

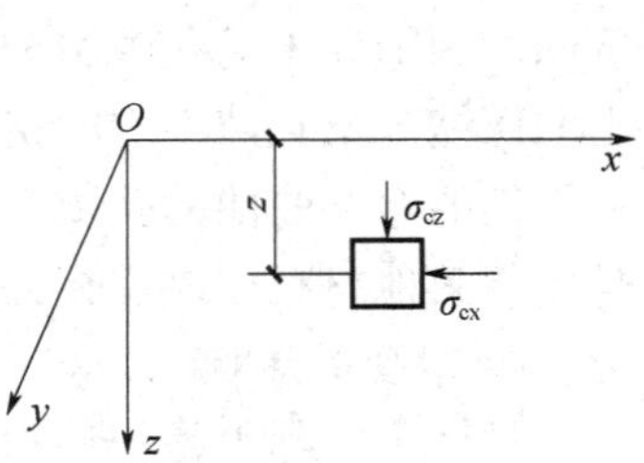

图 4-2　土中自重应力

（4）在剪应力 $\tau=0$ 平面上的法向应力称为主应力，此平面称为主应面。

（5）莫尔应力圆

在 $\tau-\sigma$ 直角坐标系中，在横坐标上点出最大主应力 σ_1 与最小主应力 σ_3，再以 $\sigma_1-\sigma_3$ 为直径作圆，此圆称莫尔应力圆。微元体中任意斜截面上的法向应力 σ 与剪应力 τ，可用此莫尔应力圆来表示。

2. 土的应力与应变关系及测定方法

实验室常用的方法有下列几种：

（1）单轴压缩试验

圆钢试件在弹性范围内轴向受拉，应力与应变关系呈线性关系。$\sigma=0$ 时，$\varepsilon=0$，$\sigma=\sigma_1$。卸荷后由原来的加载应力路径回到原点 O，即为可逆，如图 4-3（a）所示。钢材应力与应变之比值称为弹性模量 E。

圆柱土体轴向受力，应力与应变关系为非线性，如图 4-3（b）所示。

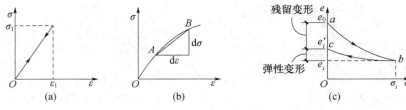

图 4-3　应力应变关系

（2）侧限压缩试验

圆形土样面积为 $50\mathrm{cm}^2$，厚度为 20mm 的侧限土体竖直单向受压。土的孔隙比 e 减小，土体受压缩。此时，$\Delta\sigma_x/\Delta\varepsilon_x$ 的比值称为土的侧限压缩模量 E_s。由试验结果可绘制 e-σ 曲线，如图 4-3（c）所示。侧限压缩试验开始前 $\sigma=0$，孔隙比为 e_0，当 σ 加大时，孔隙比减小，呈曲线 $\overset{\frown}{ab}$。当压力为 σ_i 时，孔隙比减小为 e_i，然后卸除荷载 σ 至零，曲线用 $\overset{\frown}{bc}$ 表示，孔隙比增大为 e_i'。虽然此时应力为零，但孔隙比并未恢复到原始孔隙比 e_0。由图可见纵坐标 e_0-e_i' 为残留变形，塑性变形 $e_i'-e_i$ 则为弹性变形。这是土体压缩的一个重要性质。

（3）直剪试验

圆形土样装在直剪仪上盒与下盒的中部，当上盒固定、下盒移动时，土样受直接剪切而破坏，由此试验可以测量土样的剪应力、剪切变形和抗剪强度。

（4）三轴压缩试验

圆柱体土样安装在三轴压缩仪中，土样施加周围压力 σ_3 后，施加偏差应力 $\sigma_1-\sigma_3$，直至土样破坏，由此试验可以测量土体的应力与应变关系和土的抗剪强度。

4.2　侧限条件下土的压缩性

4.2.1　侧限条件下土的压缩性试验

压缩曲线是室内土体的固结试验成果，它是土的孔隙比与所受压力的关系曲线。在进行室内固结试验时，用金属环刀切取保持天然结构的原状土样，并置于圆筒形压缩容器的刚性护环内（图4-4），土样上下各垫一块透水石，受压后可以自由排水。由于金属环刀和刚性护环的限制，土样在压力作用下只能发生竖向压缩变形，而无侧向变形。土样在天然状态下或经过人工饱和后，进行逐级加压固结，以便测定在各级压力 p_i 作用下土样压缩稳定后的孔隙比 e_i。下面推导 e_i 的求算式子。

设土样的初始高度为 H_0，受压后土样高度为 H_i，则 $H_i = H_0 - \Delta H_i$，ΔH_i 为外压力 p_i 作用下土样的稳定压缩量。根据土的孔隙比的定义以及土粒体积 V_s 不会变化，又令 $V_s = 1$，则土样孔隙体积 V_v 在受压前相应等于初始孔隙比 e_0，在受压后相应等于孔隙比 e_i（图4-5）。

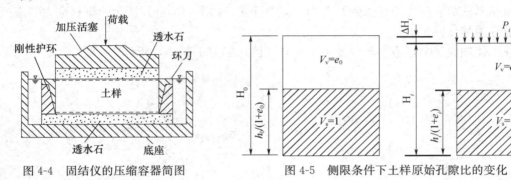

图 4-4　固结仪的压缩容器简图　　　　　图 4-5　侧限条件下土样原始孔隙比的变化

为求土样稳定后的孔隙比，利用受压前后土粒体积不变和土样横截面积不变的两个条件，得出：

$$\frac{H_0}{1+e_0} = \frac{H_0 - \Delta H_i}{1+e_i} \tag{4-4a}$$

或

$$\frac{\Delta H_i}{H_0} = \frac{e_0 - e_i}{1+e_0} \tag{4-4b}$$

或

$$e_i = e_0 - \frac{\Delta H_i}{H_0}(1+e_0) \tag{4-5}$$

式中

$$e_0 = G_s(1+w_0)\rho_w/\rho_0 - 1 \tag{4-6}$$

式中　G_s、w_0、ρ_0、ρ_w——分别为土粒比重、初始含水量、初始密度和水的密度。

这样，只要测定土样在各级压力 p_i 作用下的稳定压缩量 ΔH_i 后，就可按上式算出相应的孔隙比 e_i，从而绘制土的压缩曲线。

压缩曲线可按两种方式绘制，一种是采用普通直角坐标绘制的 e-p 曲线，如图4-6（a）所示。在常规试验中，为保证式样与仪器上下各部件之间的接触良好，先施加 1kPa 的预压荷载，然后调整读数为零。为了减少土的结构强度被扰动，加荷率（前后两级荷载之差与前一级荷载之比）取小于等于 1。一般按 $p = 50kPa$、$100kPa$、$200kPa$、$300kPa$、$400kPa$ 五级加荷，对于软土试验第一级压力宜从 12.5kPa 或 25kPa 开始，最后一级压力应大于土中计算点的自重应力与预计附加应力之和。另一种横坐标取 p 的常用对数值，即采用半对数直角坐标绘制成 e-$\log p$ 曲线。如图4-6（b）所示，初始阶段加荷率应取 0.5，试验时以较小的压力开始，采取小增量多级加荷方式，并加到较大的荷载为止，压力等级宜为 12.5kPa、18.75kPa、25kPa、37.5kPa、50kPa、100kPa、

200kPa、400kPa、800kPa、1600kPa、3200kPa。第一级压力软土必须从 12.5kPa 开始，最后一级压力应大于地基中计算点的自重应力与预计施加应力之和。e-p 曲线可确定土的压缩系数 a、压缩模量 E_s 等压缩性指标；e-$\log p$ 曲线可确定土的压缩指数 C_c 等压缩性指标。另外，固结试验结果还可绘制试样压缩变形与时间平方根（或时间对数）关系曲线，可测定土的竖向固结系数 c_v，它是单向固结理论中表示固结速度的一个特性指标。

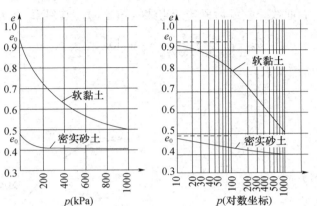

图 4-6　土的压缩曲线

（a）e-p 曲线；（b）e-$\log p$ 曲线

4.2.2　侧限条件下土的压缩性指标

1. 土的压缩系数和压缩指数

土的压缩系数的定义是土体在侧限条件下孔隙比减少量与竖向有效压应力增量的比值，即 e-p 曲线中某一压力段的割线斜率。地基中计算点的压力段应取土中自重应力至自重应力与附加应力之和范围。曲线越陡，说明随着压力的增加，土孔隙比的减少越显著，因而土的压缩性愈高。所以，曲线上任一点的切线斜率 a 就表示相应于压力 p 作用下土的压缩性：

$$a=-\mathrm{d}e/\mathrm{d}p \tag{4-7}$$

式中，负号表示随着压力 p 的增加，孔隙比 e 逐渐减小。一般研究土中某点由原来的自重压力 p_1 增加到外荷作用后的土中应力 p_2（自重应力与附加应力之和）这一压力段所表征的压缩性。如图 4-7 所示，设要由 p_1 增加到 p_2，相应的孔隙比由 e_1 减小到 e_2，则与压力增量为 $\Delta p=p_2-p_1$ 对应的孔隙比变化为 $\Delta e=e_1-e_2$。此时，土的压缩性可用图中割线 M_1M_2 的斜率表示。设割线与横坐标的夹角为 β，则：

$$a=\tan\beta=\frac{\Delta e}{\Delta p}=\frac{e_1-e_2}{p_2-p_1} \tag{4-8}$$

式中　a——土的压缩系数（MPa^{-1}）；

p_1——地基某深度处土中（竖向）自重应力（MPa）；

p_2——地基某深度处土中（竖向）自重应力与附加应力之和（MPa）；

e_1、e_2——相应于 p_1、p_2 作用下压缩稳定后的孔隙比。

为了便于比较，通常采用压力段由 $p_1=0.1\text{MPa}(100\text{kPa})$ 增加到 $p_2=0.2\text{MPa}(200\text{kPa})$ 时压缩系数 α_{1-2} 来评定土的压缩性：

当 $\alpha_{1-2}<0.1\text{MPa}^{-1}$ 时，为低压缩性土；

$0.1\leqslant\alpha_{1-2}<0.5\text{MPa}^{-1}$ 时，为中压缩性土；

$\alpha_{1-2}>0.5\text{MPa}^{-1}$ 时，为高压缩性土。

土的压缩指数的定义是土体在侧线条件下孔隙比减小量与竖向有效压力常用对数值增量的比值，即 $e\text{-}\log p$ 曲线，它的后段接近直线（图 4-8），其斜率 C_c 为：

$$C_c=\frac{e_1-e_2}{\log p_2-\log p_1}=\Delta e/\log(p_2-p_1) \tag{4-9}$$

式中 C_c——土的压缩指数。

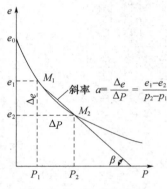

图 4-7 $e\text{-}p$ 曲线中确定 α

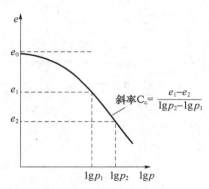

图 4-8 $e\text{-}\log p$ 曲线中确定 C_c

同压缩系数 α 一样，压缩指数 C_c 值越大，土的压缩性越高。低压缩性土的 C_c 一般小于 0.2，C_c 值大于 0.4 为高压缩性土。国内外广泛采用 $e\text{-}\log p$ 曲线来分析应力历史对黏性土、粉性土压缩性的影响，这对重要建筑物的沉降计算，具有现实的意义。

2. 土的压缩模量和体积压缩系数

根据 $e\text{-}p$ 曲线，可以求算另一个压缩性指标——压缩模量 E_s。它的定义是土体在侧限条件下竖向附加压应力与竖向应变的比重，或称侧限模量。土的压缩模量 E_s 可根据下式计算：

$$E_s=(1+e_1)/\alpha \tag{4-10}$$

如果压缩曲线中的土样孔隙比变化 $\Delta e=e_1-e_2$ 为已知，则可反算相应的土样高度变化 $\Delta H=H_1-H_2$（图 4-9）。

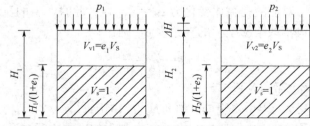

图 4-9 侧限条件下土样高度变化与孔隙比变化的关系

于是 $H_2=H_1-\Delta H$，即可将式 (4-4a) 变换为

$$\frac{H_1}{1+e_1}=\frac{H_1-\Delta H}{1+e_2} \tag{4-11a}$$

或

$$\frac{\Delta H}{H_1}=\frac{e_1-e_2}{1+e_1} \tag{4-11b}$$

或

$$\Delta H=\frac{e_1-e_2}{1+e_1}H_1 \tag{4-11c}$$

式中 $\Delta H/H_1$ 和 $(e_1-e_2)/(1+e_1)$ 均表示为侧限条件下由于压力增量 Δp 的作用所引起的土体单位体积的体积变化。由于 $\Delta e=\alpha\Delta p$，则

$$\Delta H=\frac{\alpha\Delta p}{1+e_1}H_1 \tag{4-11d}$$

由此得出侧限条件下的应力应变模量：

$$E_s=\frac{\Delta p}{\Delta H/H_1}=\frac{1+e_1}{\alpha} \tag{4-11e}$$

上式表示土样的侧限条件下，当土中应力变化不大时，土的压应力增量 Δp 与压应变增量 $\Delta H/H_1$ 成正比，且等于 $(1+e_1)/\alpha$，且比例系数为 E_s，即土的压缩模量，以便与一般材料在无侧限条件下简单拉伸或压缩的弹性模量（杨氏模量）E 相区别。

土的压缩模量 E_s 值越小，土的压缩性越高。还有一个压缩性指标为体积压缩系数 m_v，它的定义是土体在侧限条件下体积应变与竖向压应力增量之比，即在单位压力增量作用下土体单位体积的体积变化，得：

$$m_v=\frac{e_1-e_2}{(1+e_1)\Delta p}=\frac{\Delta H/H_1}{\Delta p} \tag{4-12}$$

或

$$m_v=\frac{1}{E_s}=\frac{\alpha}{1+e_1} \tag{4-13}$$

同压缩系数和压缩指数一样，体积压缩系数 m_v 值越大，土的压缩性越高。

3. 土的回弹再压缩曲线

当考虑深基坑开挖卸荷后再加荷的影响时，应进行土的回弹再压缩试验，其压力的施加应与实际的加卸荷状况一致。在室内压缩试验过程中，如加压到某值 p_i [相应于图 4-10 (a) 中 e-p 曲线上的 b 点] 后不再加压，相反地，逐渐进行退压，可观察到土样的回弹。回弹稳定后的孔隙比与压力的关系曲线 [图 4-10 (a) 中 bc 曲线]，称为回弹曲线（膨胀曲线）。由于土样已在压力 p_i 作用下压缩变形，卸压完毕后，土样并不能完全恢复到初始孔隙比 e_0 的 a 处，这就显示出土在压缩变形时由弹性变形和残余变形两部分组成，而且以后者为主。如重新逐级加压，可测得土样在各级荷载下再压缩稳定后的孔隙比，从而绘制再压缩曲线，如图 4-10 (a) 中 cdf 曲线。其中 df 段像是 ab 段的延续，犹如期间没有经过卸压荷再压缩过程一样。在半对数曲线上 [图 4-10 (b)] 也同样可以看到这种现象。

某些类型的基础，其底面积和埋深往往都较大，开挖深基坑后地基受到加大的减压（应力解除）作用，因而发生土的膨胀现象，造成坑底土回弹。因此，在预估基础沉降时，应适当考虑这种影响。

另外，利用压缩、回弹、在压缩的 e-$\log p$ 曲线，可以分析应力历史对土的压缩性的影响。

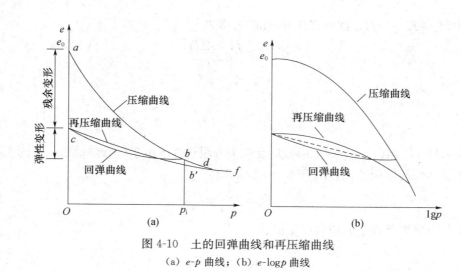

图 4-10　土的回弹曲线和再压缩曲线

(a) $e\text{-}p$ 曲线；(b) $e\text{-}\log p$ 曲线

4.3　原位条件下土的压缩性

4.3.1　静载荷试验及压缩性指标

1. 静载荷试验

测定土的压缩性，除了室内试验之外，还有现场原位试验，常用的有静载荷试验。静载荷试验又称为平板载荷试验，是在一定尺寸的刚性承压板上分级施加静载荷，观测在各级荷载作用下天然地基土随压力的变化情况。试验装置如图 4-11 所示，一般包括三部分：①加载装置；②提供反力装置；③沉降量测装置。其中，加荷装置包括承压板、垫块及千斤顶等。根据提供反力装置不同分类，载荷试验主要有堆载千斤顶式［如图 4-11（a）］及地锚千斤顶式［如图 4-11（b）］两类，前者通过平台上的堆载来平衡千斤顶的反力，后者将千斤顶的反力通过地锚最终传至地基中去；沉降量测装置包括百分表荷基准桩、基准梁等。

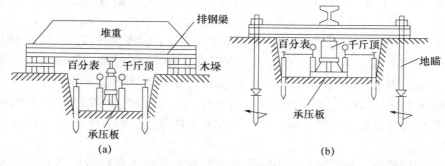

图 4-11　静载荷试验装置

（a）堆载千斤顶式；（b）地锚千斤顶式

试验时，通过千斤顶逐级给承压板施加荷载，每加一级荷载到 p，观测记录沉降随时间的发展以及稳定时的沉降量 s，直至加到终止加载条件满足时为止。将上述试验得到的各级荷载与相应的稳定沉降量绘制 p-s 曲线，图 4-12 为一些有代表性土的 p-s 曲线。其中曲线的开始部分往往接近于直线，因此若将地基承载力特征值控制在该直线段附近，土体则处于直线变形阶段。

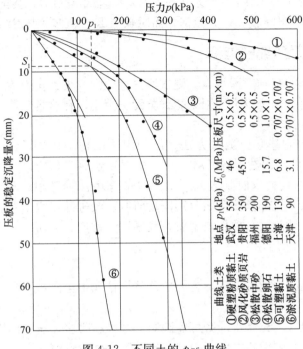

图 4-12 不同土的 p-s 曲线

2. 土的变形模量

土的变形模量 E_0 是指土体在无侧限条件下的应力与应变的比重，大小可由载荷试验结果求得，在 p-s 曲线的直线段或接近于直线段任选一压力 p_1 和它对应的沉降 s_1，利用地基沉降的弹性力学公式来反求地基土的变形模量，其计算公式如下：

$$E_0 = w(1-\mu^2)b\frac{p_1}{s_1} \tag{4-14}$$

式中　E_0——土的变形模量（MPa）；

　　　w——沉降影响系数，方形承压板取 0.88，圆形承压板取 0.79；

　　　b——承压板的边长或直径（mm）；

　　　μ——地基土的泊松比；

　　　p_1——直线段上所取定的压力（任意点横坐标）（kPa）；

　　　s_1——与所取定的压力 p_1 对应的沉降量。有时 p-s 曲线不出现起始的直线段，在确定地基承载力时，建议对中高压缩性土取 $s_1 = 0.02b$，对低压缩性粉土、黏性土、碎石土及砂土，可取 $s_1 = (0.01 \sim 0.05)b$。

变形模量 E_0 与压缩模量 E_s 是两个不同的概念。E_0 是在现场条件下测得的，而 E_s 是在侧限条件下测得的，但理论上两者完全可以换算。换算公式如下：

$$E_0 = \beta E_s \tag{4-15}$$

式中 β——与土的泊松比 μ 有关的系数，$\beta=1-2\mu^2/(1-\mu)$。

由于土的泊松比变化范围一般为 $0\sim0.5$，所以 $\beta\leqslant1.0$。即根据式（4-15）的理论关系可知应有 $E_s\geqslant E_0$。然而，由于土变形特征不完全是线弹性的，再加上室内试验对土样的扰动影响，因此所测得的 E_s 与 E_0 的关系往往不一定符合式（4-15），甚至还会出现 $E_s<E_0$ 的情况，对硬土，其 E_0 可能较 βE_s 大数倍，而对软土 E_0 与 βE_s 则较接近。

4.3.2 旁压试验及压缩性指标

上述载荷试验，如基础埋深很大，则试坑开挖很深，工程量太大，不适用。若地下水较浅，基础埋深在地下水位以下，则载荷试验无法使用。在这类情况下，可采用旁压试验。

旁压试验是一种地基原位测试方法。最初由法国梅纳尔于 20 世纪 50 年代末期研制出的三腔式旁压仪。中国建筑科学研究院地基研究所于 60 年代初也研制成旁压仪。1980 年由江苏溧阳县轻工机械厂和北京五机部勘测公司分别同期研制、改进并成批生产旁压仪后，旁压试验这一项新技术就在我国逐渐推广。旁压试验的示意图如图 4-13 所示。

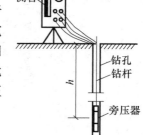

图 4-13　旁压试验示意图

1. 试验原理

（1）在建筑场地试验地点钻孔，将旁压器放入钻孔中至测试高程。

（2）用水加压力，使充满水的旁压器圆筒形橡胶膜膨胀，压向四周钻孔孔壁的土体。

（3）分级加压，并测记施加的压力与四周孔壁土体变形值。

（4）计算地基土的变形模量、压缩模量和地基承载力。

2. 试验设备与操作方法

（1）成孔工具

通常用旁压仪配套的麻花钻或勺形钻。如地表有杂填土，麻花钻无法钻进时，可用洛阳铲，钻孔的直径宜略大于 50mm。要求熟练工人操作，使钻孔竖直、平顺，深度超过测试点标高 0.5m。

在软土中为避免成孔后缩颈，可采用自钻式旁压仪，即在旁压器下端装置钻头，使旁压器自行钻进。

（2）旁压器

关键设备旁压器，为一个三腔式圆筒形骨架，外套为弹性橡胶膜（与自行车内胎类似）。其中中腔为测试腔，长度为 250mm，外径为 50mm；上下腔的直径相同，长度稍短，与中腔压力相同，为辅助腔，使中腔消除边界影响。中腔与上下腔各设一根进水管和一根排气（排水）管，与地面旁压仪表盘上的测压管、压力表相通。将旁压器顶端接上专用的小直径钻杆，竖向插入钻孔内，使中腔中心准确位于测点标高。

（3）加压稳定装置

① 加压：常用高压氮气瓶，或用手动打气筒，向贮气罐加压。要求压力超过试验最大压力的 $100\sim200$kPa。

② 稳压：采用调压阀，转动调压阀至试验所需压力值，逐级进行加压。由表盘上的

精密压力表测记施加的压力值。

（4）土体变形量测系统

系统的测管和辅管由透明有机玻璃制成。测管的内截面面积为 15.28cm²。测管旁边安装刻度为 1mm 的钢尺，量测测管中的水位变化。测管与辅管竖直固定在旁压仪的表盘上。各管的上端密封并接通精密压力表，其下端分别联结旁压器的中腔与上下腔。

旁压试验开始，当旁压器加压，橡胶膜向孔壁四周土体加压膨胀后，表盘上的透明有机玻璃测管中水位即下降。水位下降 1mm，相当于原钻孔直接为 50mm 时孔壁土体径向位移 0.04mm。

当表盘上的测管水位下降超过 35cm 时，应立即终止试验。如继续加压，旁压器的橡胶膜将可能胀破。

3. 试验结果的整理计算

（1）压力校正

每级试验的压力表读数，加上静水压力后为总压力，再扣除橡胶膜的约束力，即为实际施加在孔壁土体的压力值。

（2）土体变形校正

各级试验加压后，测管水位下降值扣除仪器综合变形校正值，即为实际土体压缩变形值。

（3）绘制旁压曲线

以校正后的压力 p 为横坐标，校正后的测管水位下降值 s 为纵坐标，在直角坐标上绘制 $p\text{-}s$ 曲线，如图 4-14 所示。

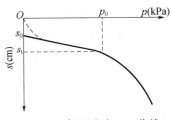

图 4-14　旁压试验 $p\text{-}s$ 曲线

（4）地基承载力 f

地基承载力计算公式为：

$$f = p_0 - \zeta \gamma h \tag{4-16}$$

式中　　p_0——旁压曲线 $p\text{-}s$ 曲线上，比例界限对应的压力值（kPa）；

ζ——土的侧压力系数，查表 4-1；

γ——试验深度以上土的天然重度（kN/m³）；

h——试验深度，即中腔中心至地面距离（m）。

表 4-1　土的侧压力系数 ζ 和泊松比 μ 参考值

土的名称	状态	ζ	μ
碎石土	—	0.18～0.25	0.15～0.20
砂土	—	0.25～0.33	0.20～0.25
粉土		0.33	0.25
粉质黏土	坚硬状态	0.33	0.25
粉质黏土	可塑状态	0.43	0.30
粉质黏土	软塑及流塑状态	0.53	0.35
黏土	坚硬状态	0.33	0.25
黏土	可塑状态	0.53	0.35
黏土	软塑及流塑状态	0.72	0.42

（5）地基土的变形模量 E

地基土的变形模量 E，按下式计算：

$$E = \frac{p_0}{s_1 - s_0}(1 - \mu^2)r^2 m \tag{4-17}$$

$$E = \frac{F s_0}{L \cdot \pi} + r_0^2 = \frac{15.28 s_0}{25\pi} + 2.5^2 = 0.195 s_0 + 6.25 \tag{4-18}$$

式中　s_1——与比例界限荷载 p_0 对应的测管水位下降值（cm）；

　　　s_0——旁压器橡胶膜接触孔壁过程中，测管水位下降值，由 p-s 曲线直线段延长与
　　　　　纵坐标交点即为 s_0 值（cm）；

　　　μ——土的泊松比，查表 4-1；

　　　r——试验钻孔半径（cm）；

　　　F——测管水柱截面积（$F = 15.28 \mathrm{cm}^2$）；

　　　L——旁压器中腔长度（$L = 25 \mathrm{cm}$）；

　　　r_0——旁压器半径（$r_0 = 2.5 \mathrm{cm}$）；

　　　m——旁压系数，$1/\mathrm{cm}$；它与土的物理力学性质、试验稳定标准和旁压仪规格等因
　　　　　素有关。

（6）地基土的压缩模量 E_s

对压缩模量 $E_s > 5\mathrm{MPa}$ 的黏性土与粉土，可用下式计算：

$$E_s = 1.25 \frac{p_0}{s_1 - s_0}(1 - \mu^2)r^2 + 4.2 \tag{4-19}$$

4.4　地基沉降量计算

4.4.1　概述

　　建筑物荷载通过基础传递给地基，地基将产生附加应力。在附加应力的作用下，由于土的压缩而引起的竖向位移称为地基沉降。地基最终沉降量是指地基土在建筑物荷载作用下，达到压缩稳定时地基表面的沉降量。

　　如果地基沉降过大，会造成建筑物标高降低，影响正常使用，如果产生不均匀沉降，会造成建筑物倾斜、开裂甚至倒塌。在建筑设计中需预知建筑物建成后将产生的地基变形特征值是否超过允许的范围，以便在设计和施工时，采取相应的工程措施来保证建筑物的安全。地基最终沉降量是地基变形特征值中最基本的，因此合理计算地基最终沉降量是解决地基变形的基本内容之一。

　　地基最终沉降量的计算方法很多，有单向压缩法、应力路径法、弹性力学公式法和三向变形效应法等。建筑工程中常用单向压缩法，包括分层总和法、《建筑地基基础设计规范》（GB 50007）推荐的方法和考虑应力历史对沉降的影响 e-$\log p$ 曲线法。下面重点介绍单向压缩法所包括的三种方法。

4.4.2　分层总和法

　　目前，我国工程中计算地基沉降量时广泛采用分层总和法。该方法假设地基土为均

质、各向同性的半无限线性变形体，采用基底中心点下的附加应力计算地基的变形量。附加应力引起的地基土的变形为竖向压缩变形，不产生侧向变形，这同侧限压缩试验中的情况基本相吻合，即可采用侧限条件下的压缩性指标计算地基最终沉降量。

在荷载作用下，土中附加应力是随深度的增加而逐渐减小的。在一定的深度范围内附加应力较大，由此产生的竖向压缩变形也较大，对地基总沉降有较明显的影响，这一深度成为地基的压缩层深度，用 z_n 表示。在压缩层以下，土中的附加应力和压缩变形很小，对地基沉降几乎不产生影响，可忽略不计。

分层总和法是目前最常用的地基沉降计算方法。假定地基在外荷载作用下的变形只产生在有限厚度的范围内（即压缩层），将压缩层厚度内的地基土分层，分别求出各分层的应力，假定在每个分层内应力呈直线变化，取其平均应力，利用室内侧限压缩试验得到土的沉降计算公式，求出各分层的压缩变形量。再求和得到地基的最终沉降量。通常采用基底中心点下的附加应力计算地基的变形量。

1. 计算原理

将基底以下分为若干薄层，假定第 i 层土的厚度为 h_i，其上下表面的自重应力分别为 σ_{cz_i} 和 $\sigma_{cz_{i+1}}$，取其平均值为 $p_{1i} = (\sigma_{cz_{i+1}} + \sigma_{cz_{i+1}})/2$，压缩曲线所对应的孔隙比为 e_{1i}；其上下表面的附加应力分别为 σ_{z_i} 和 $\sigma_{z_{i+1}}$，取其平均值为 $\Delta p_i = (\sigma_{z_i} + \sigma_{z_{i+1}})/2$，如图 4-15 所示。压缩曲线上自重应力与附加应力之和 $p_{2i} = p_{1i} + \Delta p_i$ 所对应的孔隙比为 e_{2i}，根据侧限压缩的基本公式，求得该分层的压缩变形量 Δs_i 为：

$$\Delta s_i = \frac{e_{1i} - e_{2i}}{1 + e_{1i}} h_i \tag{4-20a}$$

$$\Delta s_i = \frac{\alpha_i}{1 + e_{1i}} \Delta p_i h_i \tag{4-20b}$$

然后叠加得到地基最终沉降量 s 为：

$$s = \sum_{i=1}^{n} \Delta s_i \tag{4-21}$$

式中　n——地基沉降计算深度范围内的土层数；

$\quad\quad \alpha_i$——第 i 层土的压缩系数（kPa^{-1}）；

$\quad\quad E_{si}$——第 i 层土的压缩模量（MPa）。

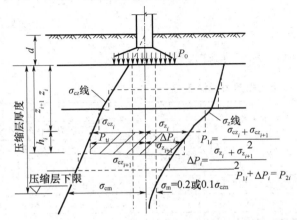
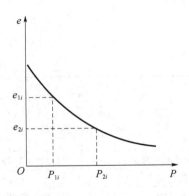

图 4-15　地基最终沉降计算的分层总和法

2. 计算步骤

(1) 分层。将基底以下地基土分为若干薄层，一般分层厚度 $h_i \leqslant 0.4b$（b 为基底面宽度），天然土层交界面及地下水位处必须为薄层的分界面。

(2) 计算土层自重应力和附加应力。计算基底中心点下各分层面上土的自重应力 σ_c 和 σ_z 附加应力，并绘制自重应力和附加应力分布曲线，如图 4-15 所示。

(3) 确定地基沉降计算深度。根据计算深度处土的附加应力 σ_{zn} 和自重应力 σ_{czn} 比值确定，即 $\sigma_{zn}/\sigma_{czn} \leqslant 0.2$（对软土 $\sigma_{zn}/\sigma_{czn} \leqslant 0.1$）确定。

(4) 计算各分层土的平均自重应力 p_{1i}、平均附加应力 $\bar{\sigma}_{z_i}$ 和 $p_{2i} = p_{1i} + \bar{\sigma}_{z_i}$，从该土层的压缩曲线中由 p_{1i} 及 p_{2i} 得出相应的 e_{1i} 和 e_{2i}。

(5) 计算每一层土的变形量，并叠加求和。

(6) 计算沉降计算深度范围内地基的最终沉降量。

【例 4-1】 柱荷载 $F = 851.2\text{kN}$，基础埋深 $d = 0.8\text{m}$，基础底面尺寸 $l \times b = 8\text{m} \times 2\text{m}$，地基土层如图 4-16 及表 4-2 所示，试用分层总和法计算基础沉降量。

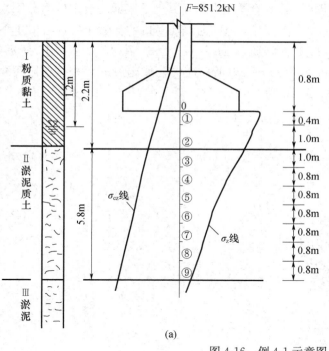
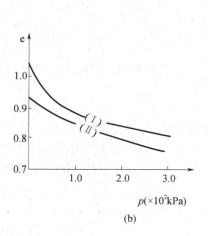

图 4-16　例 4-1 示意图

表 4-2　土的物理力学指标

土层	土层厚（m）	γ (kN/m³)	d_s	w (%)	e	I_P	α_{1-2} (0.01MPa⁻¹)	不同压力下孔隙比 压力 p（0.01MPa）			
								0.5	1.0	2.0	3.0
褐黄色粉质黏土	2.2	18.3	2.73	33.0	0.942	16.2	0.048	0.889	0.855	0.807	0.773
灰色淤泥质土	5.8	17.9	2.72	37.6	1.045	10.5	0.043	0.925	0.891	0.848	0.823
灰色淤泥	未钻穿	17.6	2.74	42.1	1.175	19.3	0.082	—	—	—	—

【解】（1）地基分层

每层厚度按 $h_i \leqslant 0.4b = 0.8$m，但地下水位处、土层分界面处单独划分，分层进入第（Ⅱ）土层时，若第③分层取 $h_3 = 1$m，则此层底面距基底的距离恰好等于 2.4m，为基础宽度 b 的 1.2 倍，这样可以在计算附加应力时减少做查表内插的工作。从第④分层开始便可按 $h_i = 0.4b = 0.8$m 继续划分下去，直至第（Ⅱ）土层（淤泥质土）的底面为止（图 4-16）。

（2）地基竖向自重应力 σ_{cz_i} 的计算

如 0 点（基底处）$\sigma_{cz_0} = 18.3 \times 0.8 = 14.6$（kPa）

① 点 $\sigma_{cz_1} = (14.6 + 18.3 \times 0.4) = 22.0$（kPa）

② 点 $\sigma_{cz_2} = (22.0 + 8.5 \times 1) = 30.5$（kPa）

其他各点见表 4-3。

表 4-3 用分层总和法计算地基最终沉降量

编号	深度 z (m)	厚度 h_i (m)	自重应力 σ_{cz_i} (kPa)	深宽比 z/b	应力系数 α_i	附加应力 σ_{z_i} (kPa)	平均自重应力 $\bar{\sigma}_{cz_i}$ (kPa)	平均附加应力 $\bar{\sigma}_{z_i}$ (kPa)	$\bar{\sigma}_{cz_i} + \bar{\sigma}_{z_i}$ (kPa)	孔隙比 e_{1i}	孔隙比 e_{2i}	分层沉降量 Δs_i (cm)
0	0	—	14.6	—	0	1.000	54.6	—	—	—	—	—
1	0.4	0.4	22.0	0.2	0.977	53.3	18.3	53.8	72.1	0.923	0.873	1.15
2	1.4	1.0	30.5	0.7	0.695	37.9	26.3	45.6	71.9	0.913	0.874	2.04
3	2.4	1.0	38.7	1.2	0.462	25.1	34.6	31.5	66.1	0.960	0.913	2.40
4	3.2	0.8	45.2	1.6	0.348	18.9	42.0	22.0	64.0	0.942	0.915	1.12
5	4.0	0.8	51.7	2.0	0.270	14.7	48.5	16.8	65.3	0.926	0.914	0.54
6	4.8	0.8	58.2	2.4	0.216	11.7	54.9	13.2	68.1	0.921	0.912	0.38
7	5.6	0.8	64.6	2.8	0.173	9.4	61.4	10.6	72.0	0.916	0.909	0.29
8	6.4	0.8	71.1	3.2	0.142	7.7	67.9	8.6	76.5	0.912	0.906	0.25
9	7.2	0.8	77.9	3.6	0.117	6.4	74.5	7.05	7.05	0.907	0.902	0.21

（3）地基竖向附加应力 σ_{z_i} 的计算

基底平均压力

$$p = \frac{F+G}{A} = \frac{851.2 + 2 \times 8 \times 0.8 \times 20}{2 \times 8} = 69.2\text{（kPa）}$$

基底附加压力

$$p_0 = p - \sigma_c = p - \gamma d = 69.2 - 18.3 \times 0.8 = 54.6\text{（kPa）}$$

根据 l/b 和 z/b 查表 3-3，求其 α 值，则附加应力 $\sigma_z = \alpha p_0$。

① 点：$z = 0.4$m，$z/b = 0.4$，$4\alpha_1 = 0.977$

$$\sigma_{z_1} = 0.977 \times 54.6 = 53.3\text{（kPa）}$$

② 点：$z = 1.4$m，$z/b = 1.4$，$4\alpha_2 = 0.695$

$$\sigma_{z_1} = 0.695 \times 54.6 = 37.9\text{（kPa）}$$

其余分层计算类同，见表 4-3。

（4）地基分层自重应力 $\sigma_{z_1} = 0.695 \times 54.6 = 37.9$（kPa）均值和附加应力平均值的计算例第②分层的平均附加应力

$$\bar{\sigma}_{z_2} = (\sigma_{z_1} + \sigma_{z_2})/2 = (53.3 + 37.9)/2 = 45.6\text{（kPa）}$$

其余分层的计算见表 4-3。

（5）地基沉降计算深度 z_n 的确定

若按 $\sigma_{zn} \approx 0.1\sigma_{czn}$，可以估计出压缩层下限深度将在第⑨分层中，即 $z_n = 7.2\text{m}$，则在第（Ⅱ）土层即淤泥质土层的底面处，此时有下列不等式：

$$6.4\text{kPa} < 0.1 \times 77.9\text{kPa} = 7.79 \text{ (kPa)}$$

显然此时压缩层厚度已是多算了，但偏于保守而已。

若按 $\sigma_{zn} \approx 0.2\sigma_{czn}$，可以估计压缩层深度下限将在第⑥分层处，若取 $z_n = 4.8\text{m}$，此时得下列关系

$$11.77\text{kPa} \approx 0.2 \times 58.2\text{kPa} = 11.64 \text{ (kPa)}$$

符合要求。

（6）地基各分层沉降量的计算

先从对应土层的压缩曲线上查出相应于某一分层 i 的平均自重应力（$\bar{\sigma}_{cz_i} = p_{1i}$）以及平均附加应力与平均自重应力之和（$\bar{\sigma}_{cz_i} + \bar{\sigma}_{z_i} = p_{2i}$）的孔隙比 e_{1i} 和 e_{2i}，代入（4-20a）计算该分层 i 的变形量 Δs_i：

$$\Delta s_i = \frac{e_{1i} - e_{2i}}{1 + e_{1i}} h_i$$

例如第②分层（即 $i = 2$），$h_{(2)} = 100\text{cm}$。

$\bar{\sigma}_{cz_2} = 26.3 \text{ (kPa)}$，从压缩曲线（Ⅰ）上查得 $e_{1(2)} = 0.913$；

$\bar{\sigma}_{cz_2} + \bar{\sigma}_{z_2} = 71.9 \text{ (kPa)}$，从同一压缩曲线上查得 $e_{2(2)} = 0.874$，则

$$\Delta s_2 = \frac{0.913 - 0.874}{1 + 0.913} \times 100 = 2.04 \text{ (cm)}$$

其余计算结果见表 4-3。

除用公式（4-20a）计算 Δs_i 外，还可用公式（4-20b）的关系计算 Δs_i，例如，对于上述第②分层数据可得：

$$\alpha_1 = \alpha_2 = \frac{e_{1(2)} - e_{2(2)}}{\bar{\sigma}_{z_2}} = \frac{0.913 - 0.874}{45.6} = 0.084 \times 10^{-2} \text{ (kPa}^{-1})$$

$$\Delta s_2 = \frac{\alpha_i}{1 + e_{1i}} \sigma_{z_i} h_i = \frac{0.084 \times 10^{-2} \times 45.6 \times 100}{1 + 0.913} = 2.04 \text{ (cm)}$$

若用 α_{1-2} 计算时，根据表 4-3 得

$$\Delta s_2 = \frac{0.048 \times 10^{-2} \times 45.6 \times 100}{1 + 0.855} = 1.20 \text{ (cm)}$$

可见，用不同条件下得到的压缩系数作参数代入计算 Δs_i，便得基础的总的最终沉降量 s，即公式

$$s = \sum_{i=1}^{n} \Delta s_i$$

在本例中，以 $z_n = 7.2\text{m}$ 考虑，共有分层数 $n = 9$，所以从表 4-3 数据可得

$$s = \sum_{i=1}^{n} \Delta s_i = 1.15 + 2.04 + 1.12 + 0.54 + 0.38 + 0.29 + 0.25 + 0.21 = 5.98 \text{ (cm)}$$

若 $z_n = 4.8\text{m}$，$n = 6$，则得：

$$s = \sum_{i=1}^{n} \Delta s_i = 5.23 \text{ (cm)}$$

4.4.3 《建筑地基基础设计规范》建议方法

《建筑地基基础设计规范》（GB 50007）提出的地基沉降计算方法（以下简称规范法），是一种简化了的分层总和法，对于性质相同的同一层土，只要其压缩性指标相同，只需分为一层即可，并引入了平均附加应力系数的概念，在总结大量实践经验的前提下，重新规定了地基沉降计算深度的标准及地基沉降计算经验系数。

1. 计算原理

设地基土层均匀，压缩模量 E_s 不随深度变化，根据式（4-20），总的沉降量为：

$$s = \sum_{i=1}^{n} \frac{\overline{\sigma}_{z_i}}{E_{si}} h_i \tag{4-22}$$

式中 $\overline{\sigma}_{z_i} h_i$——第 i 层附加应力曲线所围成的面积（图 4-17 中阴影部分），用符号 A_{3456} 表示。

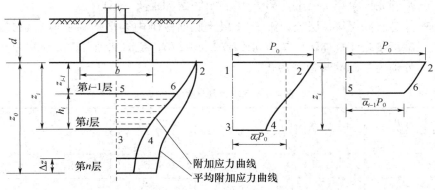

图 4-17 规范法计算地基沉降量

$$\overline{\sigma}_{z_i} h_i = A_{3456} = A_{1234} - A_{1265} = \int_0^{z_i} \sigma_z \mathrm{d}z = \int_0^{z_{i-1}} \sigma_z \mathrm{d}z$$

$$\text{而} \int_0^z \sigma_z \mathrm{d}z = \int_0^z p_0 \alpha \mathrm{d}z = p_0 \int_0^z \alpha \mathrm{d}z = p_0 \left(\frac{1}{z} \int_0^z \alpha \mathrm{d}z \right) z = p_0 \overline{\alpha} z$$

式中 α——附加应力系数；

$\overline{\alpha}$——深度 z 范围内平均附加应力系数，可以采用 $\overline{\alpha} = \frac{1}{z} \int_0^z \alpha \mathrm{d}z$ 计算。

与附加应力系数 α 一样，对于矩形面积上作用有均布荷载，平均附加应力系数 $\overline{\alpha}$ 也是 $(l/b, z/b)$ 的函数（b 和 l 为矩形面积的边长，z 为计算深度），采用"角点法"，应用叠加原理计算。则

$$\overline{\sigma}_{z_i} h_i = p_0 \overline{\alpha}_i z_i - p_0 \overline{\alpha}_{i-1} z_{i-1} = p_0 (\overline{\alpha}_i z_i - \overline{\alpha}_{i-1} z_{i-1})$$

$$s' = \sum_{i=1}^{n} \frac{\overline{\sigma}_{z_i}}{E_{si}} h_i = \sum_{i=1}^{n} \frac{p_0}{E_{si}} (\overline{\alpha}_i z_i - \overline{\alpha}_{i-1} z_{i-1}) \tag{4-23}$$

经理论计算与建筑物沉降观测相比较发现，对于中等压缩性地基，计算沉降量与实际情况基本吻合；高压缩性地基，计算沉降量小于实测沉降量，最多可相差 40%；对于低压缩性地基，计算沉降量大于实测沉降量。为此，引入沉降计算经验系数 ψ_s，对式（4-23）进行修正。对于正常固结土，地基最终变形量为：

$$s = \psi_s s' = \psi_s \sum_{i=1}^{n} \frac{p_0}{E_{si}} (\bar{\alpha}_i z_i - \bar{\alpha}_{i-1} z_{i-1}) \qquad (4\text{-}24)$$

式中　s——地基最终变形量（mm）；

　　　s'——按分层总和法计算出的地基变形量（mm）；

　　　ψ_s——沉降计算经验系数，根据地基沉降观测资料及经验确定，无地区经验时，也可按表 4-4 取用；

　　　n——地基沉降计算深度范围内所划分的土层数，计算范围内的分层厚度不宜过大，两个压缩不同的天然土层面即为沉降计算的分层面，较厚的土层可适当划分为考虑不同的压缩模量取值；

　　　p_0——正常使用极限状态下，对应于作用准永久组合时的基础底面处的附加应力（kPa）；

　　　E_{si}——基础底面下第 i 层土的压缩模量，应取土的自重压力至自重压力与附加应力之和的压力段计算；

z_i，z_{i-1}——基础底面至第 i 层土，第 $i-1$ 层土底面的距离（m）；

$\bar{\alpha}_i$，$\bar{\alpha}_{i-1}$——基础底面至第 i 层土，第 $i-1$ 层土底面范围内的平均附加应力系数，矩形基础可按表 4-5 查用，其中 $m=l/b$，$n=z/b$。条形基础可取 $m=10$ 查用。l 与 b 分别为基础的长边和短边。

表 4-4　沉降计算经验系数 ψ_s

$\overline{E}_s$（MPa） 基底附加压力	2.5	4.0	7.0	15.0	20.0
$p_0 \geqslant f_{ak}$	1.4	1.3	1.0	0.4	0.2
$p_0 \leqslant 0.75 f_{ak}$	1.1	1.0	0.7	0.4	0.2

注：① f_{ak} 为地基承载力特征值；

② $\overline{E}_s$ 为沉降计算深度范围内压缩模量的当量值，按下式计算：$\overline{E}_s = \sum A_i / \left(\sum A_i / E_{si} \right)$，式中

　　$A_i = p_0 (\bar{\alpha}_i z_i - \bar{\alpha}_{i-1} z_{i-1})$

表 4-5　均布矩形荷载角点下的平均附加应力系数 $\bar{\alpha}$

n \ m	1.0	1.2	1.4	1.6	1.8	2.0	2.4	2.8	3.2	3.6	4.0	5.0	10.0
0.0	0.2500	0.2500	0.2500	0.2500	0.2500	0.2500	0.2500	0.2500	0.2500	0.2500	0.2500	0.2500	0.2500
0.2	0.2496	0.2497	0.2497	0.2498	0.2498	0.2498	0.2498	0.2498	0.2498	0.2498	0.2498	0.2498	0.2498
0.4	0.2474	0.2479	0.2481	0.2483	0.2484	0.2485	0.2485	0.2485	0.2485	0.2485	0.2485	0.2485	0.2485
0.6	0.2423	0.2437	0.2444	0.2448	0.2451	0.2452	0.2454	0.2455	0.2455	0.2455	0.2455	0.2455	0.2456
0.8	0.2346	0.2372	0.2387	0.2395	0.2400	0.2403	0.2407	0.2408	0.2409	0.2409	0.2410	0.2410	0.2410
1.0	0.2252	0.2291	0.2313	0.2326	0.2335	0.2340	0.2346	0.2349	0.2351	0.2352	0.2352	0.2353	0.2353
1.2	0.2149	0.2199	0.2229	0.2248	0.2260	0.2268	0.2278	0.2282	0.2285	0.2286	0.2287	0.2288	0.2280
1.4	0.2043	0.2102	0.2140	0.2164	0.2180	0.2191	0.2204	0.2211	0.2215	0.2217	0.2218	0.2220	0.2223
1.6	0.1939	0.2006	0.2049	0.2079	0.2099	0.2113	0.2130	0.2138	0.2143	0.2146	0.2148	0.2150	0.2152
1.8	0.1840	0.1912	0.1960	0.1994	0.2018	0.2034	0.2055	0.2066	0.2073	0.2077	0.2079	0.2082	0.2084
2.0	0.1746	0.1822	0.1875	0.1912	0.1938	0.1958	0.1982	0.1996	0.2004	0.2009	0.2012	0.2015	0.2018

$\frac{m}{n}$	1.0	1.2	1.4	1.6	1.8	2.0	2.4	2.8	3.2	3.6	4.0	5.0	10.0
2.2	0.1659	0.1737	0.1793	0.1833	0.1862	0.1883	0.1911	0.1927	0.1937	0.1943	0.1947	0.1952	0.1955
2.4	0.1578	0.1657	0.1715	0.1757	0.1789	0.1823	0.1843	0.1862	0.1873	0.1880	0.1885	0.1890	0.1895
2.6	0.1503	0.1583	0.1642	0.1686	0.1719	0.1745	0.1779	0.1799	0.1812	0.1820	0.1825	0.1832	0.1838
2.8	0.1433	0.1514	0.1574	0.1619	0.1654	0.1680	0.1717	0.1739	0.1753	0.1763	0.1825	0.1777	0.1784
3.0	0.1369	0.1449	0.1510	0.1556	0.1592	0.1619	0.1658	0.1682	0.1698	0.1708	0.1769	0.1725	0.1733
3.2	0.1310	0.1390	0.1450	0.1497	0.1533	0.1562	0.1602	0.1628	0.1645	0.1657	0.1664	0.1675	0.1685
3.4	0.1256	0.1334	0.1394	0.1441	0.1478	0.1508	0.1552	0.1577	0.1595	0.1607	0.1616	0.1628	0.1639
3.6	0.1205	0.1282	0.1342	0.1389	0.1427	0.1456	0.1500	0.1528	0.1548	0.1561	0.1570	0.1583	0.1593
3.8	0.1158	0.1234	0.1293	0.1340	0.1378	0.1408	0.1452	0.1482	0.1502	0.1516	0.1526	0.1541	0.1554
4.0	0.1114	0.1189	0.1248	0.1294	0.1332	0.1362	0.1408	0.1438	0.1459	0.1474	0.1485	0.1500	0.1516
4.2	0.1073	0.1147	0.1205	0.1250	0.1289	0.1319	0.1365	0.1396	0.1418	0.1434	0.1445	0.1462	0.1475
4.4	0.1035	0.1107	0.1164	0.1210	0.1248	0.1279	0.1325	0.1357	0.1379	0.1396	0.1407	0.1425	0.1444
4.6	0.1000	0.1070	0.1127	0.1172	0.1209	0.1240	0.1287	0.1319	0.1342	0.1359	0.1371	0.1390	0.1410
4.8	0.0976	0.1036	0.1091	0.1136	0.1173	0.1204	0.1250	0.1283	0.1307	0.1324	0.1357	0.1357	0.1379
5.0	0.0964	0.1003	0.1057	0.1102	0.1139	0.1169	0.1216	0.1249	0.1273	0.1291	0.1394	0.1325	0.1348
5.2	0.0906	0.0972	0.1026	0.1070	0.1106	0.1136	0.1183	0.1217	0.1241	0.1259	0.1273	0.1295	0.1320
5.4	0.0878	0.0943	0.0996	0.1039	0.1075	0.1105	0.1152	0.1186	0.1211	0.1229	0.1243	0.1265	0.1282
5.6	0.0852	0.0916	0.0968	0.1010	0.1046	0.1076	0.1122	0.1156	0.1181	0.1200	0.1215	0.1238	0.1266
5.8	0.0828	0.0890	0.0941	0.0983	0.1018	0.1047	0.1094	0.1128	0.1153	0.1172	0.1187	0.1211	0.1200
6.0	0.0805	0.0866	0.0916	0.0857	0.0991	0.1021	0.1067	0.1101	0.1125	0.1146	0.1161	0.1185	0.1216
6.2	0.0785	0.0846	0.0891	0.0932	0.0966	0.0995	0.1041	0.1075	0.1101	0.1120	0.1336	0.1161	0.1153
6.4	0.0762	0.0820	0.0869	0.0909	0.0842	0.0971	0.1016	0.1050	0.1076	0.1096	0.1110	0.1137	0.1171
6.6	0.0742	0.0799	0.0847	0.0886	0.0919	0.0948	0.0993	0.1027	0.1053	0.1073	0.1088	0.1114	0.1143
6.8	0.0723	0.0779	0.0826	0.0865	0.0898	0.0926	0.0970	0.1004	0.1030	0.1050	0.1066	0.1092	0.1129
7.0	0.0705	0.0761	0.0806	0.0884	0.0877	0.0904	0.0949	0.0982	0.1008	0.1028	0.1044	0.1071	0.1100
7.2	0.0688	0.0742	0.0783	0.0825	0.0857	0.0884	0.0928	0.0962	0.0987	0.1008	0.1023	0.1051	0.1090
7.4	0.0672	0.0725	0.0769	0.0806	0.0838	0.0865	0.0908	0.0947	0.0967	0.0988	0.1004	0.1031	0.1071
7.6	0.0656	0.0709	0.0752	0.0789	0.0820	0.0846	0.0889	0.0922	0.0948	0.0968	0.0984	0.1012	0.1064
7.8	0.0642	0.0693	0.0736	0.0771	0.0802	0.0828	0.0871	0.0904	0.0929	0.0950	0.0966	0.0994	0.1036
8.0	0.0627	0.0678	0.0720	0.0755	0.0785	0.0811	0.0853	0.0886	0.0917	0.0932	0.0948	0.0976	0.1020
8.2	0.0614	0.0663	0.0705	0.0739	0.0765	0.0795	0.0837	0.0869	0.0894	0.0914	0.0932	0.0959	0.1004
8.4	0.0601	0.0649	0.0690	0.0724	0.0754	0.0779	0.0820	0.0852	0.0878	0.0893	0.0914	0.0943	0.0938
8.6	0.0588	0.0636	0.0676	0.0710	0.0739	0.0764	0.0805	0.0836	0.0862	0.0882	0.0898	0.0927	0.0973
8.8	0.0576	0.0623	0.0663	0.0686	0.0724	0.0749	0.0790	0.0821	0.0846	0.0866	0.0882	0.0912	0.0939
9.2	0.0554	0.0599	0.0637	0.0670	0.0697	0.0721	0.0761	0.0792	0.0817	0.0817	0.0853	0.0882	0.0931
9.6	0.0533	0.0577	0.0614	0.0645	0.0672	0.0696	0.0734	0.0765	0.0789	0.0809	0.0825	0.0855	0.0905

m n	1.0	1.2	1.4	1.6	1.8	2.0	2.4	2.8	3.2	3.6	4.0	5.0	10.0
10.0	0.0514	0.0556	0.0592	0.0622	0.0649	0.0672	0.0710	0.0739	0.0763	0.0783	0.0799	0.0829	0.0880
10.4	0.0496	0.0537	0.0572	0.0604	0.0627	0.0649	0.0686	0.0716	0.0739	0.0759	0.0775	0.0804	0.0857
10.8	0.0479	0.0519	0.0553	0.0581	0.0606	0.0628	0.0664	0.0693	0.0917	0.0736	0.0751	0.0781	0.0834
11.2	0.0463	0.0502	0.0535	0.0563	0.0587	0.0609	0.0614	0.0672	0.0695	0.0714	0.0730	0.0759	0.0813
11.6	0.0448	0.0486	0.0518	0.0545	0.0509	0.0590	0.0625	0.0652	0.0675	0.0694	0.0709	0.0738	0.0793
12.0	0.0435	0.0471	0.0502	0.0529	0.0552	0.0537	0.0606	0.0634	0.0656	0.0674	0.0690	0.0719	0.0774
12.8	0.0409	0.0444	0.0474	0.0499	0.0521	0.0541	0.0573	0.0599	0.0621	0.0639	0.0654	0.0682	0.0739
13.6	0.0387	0.0420	0.0448	0.0472	0.0493	0.0512	0.0543	0.0598	0.0589	0.0607	0.0621	0.0649	0.0707
14.4	0.0367	0.0398	0.0425	0.0448	0.0468	0.0486	0.0516	0.0540	0.0561	0.0577	0.0592	0.0619	0.0677
15.2	0.0349	0.0379	0.0404	0.0426	0.0446	0.0463	0.0492	0.0515	0.0535	0.0551	0.0565	0.0592	0.0650
16.0	0.0332	0.0361	0.0385	0.0407	0.0425	0.0442	0.0469	0.0492	0.0511	0.0527	0.0540	0.0567	0.0625
18.0	0.0297	0.0323	0.0345	0.0364	0.0381	0.0396	0.0422	0.0442	0.0460	0.0475	0.0487	0.0512	0.0570
20.0	0.0269	0.0292	0.0312	0.0330	0.0345	0.0359	0.0383	0.0402	0.0418	0.0432	0.0444	0.0468	0.0524

2. 沉降计算经验系数

式（4-24）中的沉降计算经验系数 ψ_s 是任何沉降计算公式都需要考虑的问题。一方面，地基变形计算是在不考虑上部结构刚度影响下进行的，而且还有其他不能量化的因素都无法直接计入；另一方面，地基变形允许值是根据实际建筑物在不同类型地基上长期沉降观测资料归纳整理而制订的。为了使两者之间建立起一个统一的关系式，必须引入一个调整系数。应根据当地土质条件、建筑物状况、长期沉降观测资料等，分析确定本地区的沉降经验系数。当无地区经验时，《建筑地基基础设计规范》根据经验观测资料与计算对比，得出与土层当量压缩模量 E_s 有关的沉降计算经验系数 ψ_s，见表4-4。

当量模量 $\overline{E}_s$ 的定义是根据总沉降量相等的原则按土层的分层变形量进行的 E_{s_i} 的加权平均值，即

$$\frac{\sum A_i}{\overline{E}_s} = \sum \frac{A_i}{E_{si}}$$

其中

$$A_i = p_0(\alpha_i z_i - \alpha_{i-1} z_{i-1})$$

则

$$\overline{E}_s = \frac{\sum A_i}{\sum (A_i / E_{si})} \tag{4-25}$$

显然，$\overline{E}_s$ 体现了各分层土的 E_{si} 在沉降计算中的作用，完全等效于各分层 E_{si} 的综合影响。

3. 沉降计算深度

地基沉降计算深度 z_n 可通过试算确定，即要求满足：

$$\Delta s_n' \leqslant 0.025 \sum \Delta s_i' \tag{4-26}$$

式中 $\Delta s_i'$——在计算深度 z_n 范围内，第 i 层土的计算沉降值（mm）；

$\Delta s_n'$——在计算深度 z_n 处向上取厚度为 Δz 土层的计算沉降值（mm）。Δz 按表4-6确定。

表 4-6 计算厚度 Δz

基底宽带 b（m）	$\leqslant 2$	$2 < b \leqslant 4$	$4 < b \leqslant 8$	$8 < b \leqslant 15$	$15 < b \leqslant 30$	$b \geqslant 30$
Δz（m）	0.3	0.6	0.8	1.0	1.2	1.5

按式（4-26）计算确定的 z_n 下仍有软弱土层时，在相同条件下，变形会增大，故还应继续往下计算，直至软弱土层中所取规定厚度 Δz 的计算沉降量满足式（4-26）为止。

当无相邻荷载影响，基础宽度在 $1\sim30\text{m}$ 范围内时，基础中点的地基沉降计算深度 z_n 也可按下式估算：

$$z_n = b(2.5 - 0.4\ln b) \tag{4-27}$$

式中 b——基础宽度（m），$\ln b$ 为 b 的自然对数。

此外，当沉降计算深度范围内存在基岩时，z_n 可取至其基岩表面；当存在较厚的坚硬黏土层，其孔隙比小于 0.5、压缩模量大于 50MPa，或存在较厚的密实砂卵石层，其压缩模量大于 80MPa，z_n 可取至该层土表面。

式（4-27）确定地基沉降计算深度的方法称为变形比法。具体计算时，先假设一个沉降计算深度，进行校核，如不满足，再改变沉降计算深度，直至满足为止。

当存在相邻荷载时，应计算相邻荷载引起的地基变形，其值可按应力叠加原理，采用角点法计算。

【例 4-2】柱荷载 $F = 1190\text{kN}$，基础埋深 $d = 1.5\text{m}$，基础底面尺寸 $4\text{m}\times2\text{m}$，地基土层如图 4-18 所示，试用规范方法求该基础的最终沉降量。

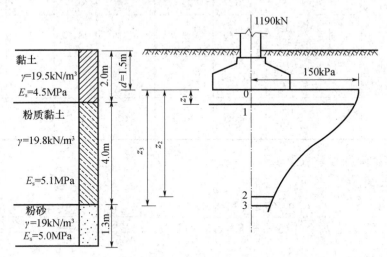

图 4-18 例 4-2 示意图

【解】（1）求基底压力和基底附加应力

$$p = \frac{F+G}{A} = \frac{1190 + 204 \times 2 \times 1.5}{4 \times 2} = 178.75 \approx 179 \text{ (kPa)}$$

基础底面处土的自重应力

$$\sigma_{cz} = \gamma \times d = 19.5 \times 1.5 = 29.25 \approx 29 \text{(kPa)}$$

则基底附加压力

$$p_0 = p - \sigma_{cz} = 179 - 29 = 150(\text{kPa}) = 0.15(\text{MPa})$$

（2）确定沉降计算深度 z_n

因为不存在相邻荷载的影响，故可按式（4-27）估算：

$$z_n = b(2.5 - 0.4\ln b) = 2(2.5 - 0.4\ln 2) = 4.445(\text{m}) \approx 4.5(\text{m})$$

按该深度，沉降量计算至粉质黏土层底面。

（3）沉降计算，见表 4-7

① 求 $\bar{\alpha}$

使用表 4-5 时，因为它是角点下平均附加应力系数，而所需计算的则为基础中点下的沉降量，因此查表时要应用"角点法"，即将基础分为 4 块相同的小面积，查表时按 $(l/2)/(b/2) = l/b, z/(b/2) = 2z/b$ 查，查得的平均附加应力系数应乘以 4。

② z_n 校核

根据规范规定，先由表 4-6 定下 $\Delta z_n = 0.3\text{m}$，计算出 $\Delta s'_n = 1.51\text{mm}$，并除以 $\sum_{i=1}^{n} \Delta s'_i$（67.76mm），得到 $0.0226 \leqslant 0.025$，表明所取 $z_n = 4.5\text{m}$ 符合要求。

表 4-7　用规范方法计算基础最终沉降量

点号	z_i(m)	$\dfrac{l}{b}$	$\dfrac{z}{b}$	$\bar{\alpha}_i$	$z_i\bar{\alpha}_i$(mm)	$z_i\bar{\alpha}_i - z_{i-1}$ $\bar{\alpha}_{i-1}$(mm)	$\dfrac{p_0}{E_{si}} = \dfrac{0.15}{E_{si}}$	$\Delta s'_i$ (mm)	$\sum \Delta s'_i$ (mm)	$\dfrac{\Delta s'_i}{\sum \Delta s'_i} \leqslant 0.025$
0	0		0	4×0.2500 $=1.000$	0	—	—	—	—	—
1	0.50	$\dfrac{4.0}{2}/\dfrac{2.0}{2}$ $=2.0$	0.50	4×0.2468 $=0.9872$	493.60	493.60	0.033	16.29	—	—
2	4.20		4.2	4×0.1319 $=0.5276$	2215.92	1722.32	0.029	49.95	—	—
3	4.5		4.5	4×0.1260 $=0.5040$	2268.00	52.08	0.029	1.51	67.75	0.0226

（4）确定沉降经验系数为 ψ_s

① 计算 $\overline{E}_s$ 值

$$\overline{E}_s = \frac{\sum A_i}{\sum (A_i/E_{si})} = \frac{p_0 \sum (\bar{\alpha}_i z_i - \bar{\alpha}_{i-1} z_{i-1})}{p_0 \sum [(\bar{\alpha}_i z_i - \bar{\alpha}_{i-1} z_{i-1})/E_{si}]} = \frac{493.60 + 1722.32 + 52.08}{\dfrac{493.60}{4.5} + \dfrac{1722.32}{5.1} + \dfrac{52.08}{5.1}} = 5(\text{MPa})$$

② ψ_s 值确定

假设 $p_0 = f_{ak}$，按表 4-4 插值求得 $\psi_s = 1.2$。

③ 基础最终沉降量

$$s = \psi_s \sum \Delta s'_i = 1.2 \times 67.75 = 81.30(\text{mm})$$

4.4.4　地基回弹和再压缩变形

随着高层建筑的发展，超深、超大基坑日益增多，地基土的回弹、再回弹变形计算，便成为工程界迫切需要解决的重要课题。中国建筑科学研究院在室内回弹再压缩、原位载荷试验、大比尺模型试验的基础上，对回弹变形随卸荷的发展规律以及再压缩变形随加荷的发展规律进行了深入的研究。

《建筑地基基础设计规范》(GB 50007) 编入了地基回弹再压缩变形的计算内容，给出了具体的计算方法。

1. 地基土回弹变形

当建筑物地下室基础埋深较深时，地基土的回弹变形量可按下式进行计算：

$$s_c = \psi_c \sum \frac{p_c}{E_{ci}} (\bar{\alpha}_i z_i - \bar{\alpha}_{i-1} z_{i-1}) \tag{4-28}$$

式中　s_c——地基的回弹变形量（mm）；

ψ_c——回弹量计算的经验系数，无地区经验时可取 1.0；

p_c——基坑底面以上土的自重应力（kPa），地下水位以下应扣除浮力；

E_{ci}——土的回弹模量（kPa），按现行国家标准《土工试验方法标准》(GB/T 50123) 中土的固结试验回弹曲线的不同应力段计算。

2. 回弹再压缩变形

土的回弹再压缩变形量计算，可以采用再加载的压力小于卸荷土的自重压力段内再压缩变形线性分布的假定，按下列公式进行计算：

$$s'_c = \begin{cases} r'_0 s_c \dfrac{p}{p_c R'_0} & p < R'_0 p_c \\ s_c \left[r'_0 + \dfrac{r'_{R'=1.0} - r'_0}{1-R'} \left(\dfrac{p}{p_c} - R'_0 \right) \right] & R'_0 p_c \leqslant p \leqslant p_c \end{cases} \tag{4-29}$$

式中　s'_c——地基土回弹再压缩变形量（mm）；

s_c——地基的回弹变形量（mm）；

r'_0——临界再压缩比率，相应于再压缩比率与再加荷比关系曲线上两段线性交点对应的再压缩比率，由土的固结回弹再压缩试验确定；

R'_0——临界再加荷比，相应再压缩比率与再加荷比关系曲线上两段线性交点对应的再加荷比，由土的固结回弹再压缩试验确定；

$r'_{R'=1.0}$——对应于再加荷比 $R'=1.0$ 时的再压缩比率，由土的固结回弹再压缩试验确定，其值等于回弹再压缩变形增大系数；

p——再加荷的基底压力（kPa）。

4.5　应力历史对地基沉降的影响

4.5.1　天然土层应力状态

应力历史是指土在形成地质年代中经受应力变化的情况。黏性土在形成即存在过程中所受的地质作用和应力变化不同，所产生的与压密过程及固结状态亦不同。根据土的先（前）期固结压力 p_c（天然土层在历史上所承受过的最大固结压力）与现有土层自重应力 $p_1 = \gamma z$ 之比，称为"超固结比"（OCR），可把天然土层划分为三种固结状态。

1. 超固结状态

如图 4-19（a）所示，天然土层在地质历史上受到过的固结压力 p_c 大于目前的上覆压力 p_1，即 OCR>1。其可能由于地面上升或河流冲刷将其上部的一部分土体剥蚀掉，或古冰川下的土层曾经受过冰荷载（荷载强度为 p_c）的压缩，后由于气候转暖、冰川融化以致使上覆压力减少等。

2. 正常固结状态

指的是土层在历史上最大固结压力作用下压缩稳定，但沉积后土层厚度无大变化，以后也没有受到过其他荷载的继续作用的情况。即 $p_c=p_1=\gamma z$，OCR=1，如图 4-19（b）所示。

3. 欠固结状态

如图 4-19（c）所示，土层逐渐沉积到现在地面，但没达到固结稳定状态，如新近沉积黏性土、人工填土等，由于沉积后经历年代时间不久，其自重固结尚未完成，将来固结完成后的地表如图中虚线。因此 p_c（这里 $p_c=\gamma h_c$，h_c 代表固结完成后地面下的计算深度）还小于现有土的自重应力 p_1，故称为欠固结土层。

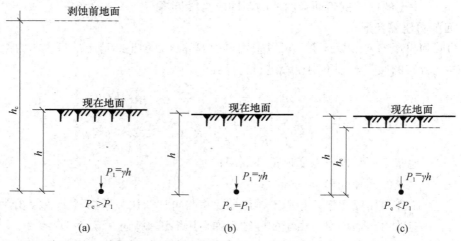

图 4-19 沉积土层按先期固结压力 p_c 分类

(a) 超固结状态；(b) 正常固结准态；(c) 欠固结状态

4.5.2 先期固结压力 p_c 的确定

确定 p_c 的方法很多，应用最广的方法是卡萨格兰德（A. Cassngrandc，1936）建议的经验作图法，作图步骤如下（图 4-20）：

（1）从 $e\text{-}\lg p$ 曲线上找出曲率半径最小的一点 A，过 A 点作水平线 $A1$ 和切线 $A2$；

（2）作 $\angle 1A2$ 的平分线 $A3$，与 $e\text{-}\lg p$ 曲线中直线段的延长线相交于 B 点；

（3）B 点作对应的有效应力就是先期固结压力 p_c。

显见，该法仅适用于 $e\text{-}\lg p$ 曲线曲率变化明显的土层，否则 r_{min} 难以确定。此外，$e\text{-}\lg p$ 曲线的曲率随 e 轴坐标比例的变化而改变，而目前尚无统一的坐标比例，且人为因素影响大，所得的 p_c 值不一定可靠。因此确定 p_c 时，一般还应结合场地的地形、地貌等形成历史的调查资料加以判断。

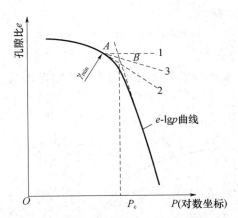

图 4-20　确定先期固结压力 p_c 的卡萨格兰德法

4.5.3　不同应力历史下地基最终沉降计算

为了考虑应力历史对地基沉降的影响，只要在地基沉降计算通常采用的分层总和法中，将图的压缩性指标改从原始压缩曲线（e-$\lg p$ 曲线）确定就可以了。

1. 正常固结土（$p_1 = p_c$）

计算正常固结土的沉降时，由原始压缩曲线确定的压缩指数 C_c 后，按下列公式计算最终沉降：

$$s = \sum_{i=1}^{n} \frac{\Delta e_i}{1 + e_{Qi}} h_i = \sum_{i=1}^{n} \frac{h_i}{1 + e_{Qi}} \left[C_{ci} \lg \left(\frac{p_{1i} + \Delta p_i}{p_{1i}} \right) \right] \tag{4-30}$$

式中　Δe_i——原始压缩曲线确定的第 i 层土的孔隙比变化；

　　　Δp_i——第 i 层土附加应力的平均值（有效应力增量）；

　　　p_{1i}——第 i 层土自重应力的平均值；

　　　e_{Qi}——第 i 层土的初始孔隙比；

　　　C_{ci}——从原始曲线确定的第 i 层土的压缩指数；

　　　h_i——第 i 层土的厚度。

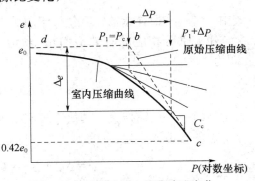

图 4-21　正常固结土的孔隙比变化

其原始压缩曲线如图 4-21 所示，做法：

（1）作室内 e-$\lg p$ 曲线并确定 p_c；

（2）作 e_0 线，与 p_c 交于 b 点；

（3）作 $e = 0.42 e_0$ 线得 c 点，连 bc 即为原始压缩曲线；

（4）由 bc 线斜率得压缩指数 C_c。

2. 超固结土（$p_1 < p_c$）

计算超固结土的沉降时，由原始压缩曲线和原始再压缩曲线分别确定土的压缩指数 C_c 和回弹指数 C_e，如图 4-22 原始压缩曲线作法：

（1）作 e-$\lg p$ 及 p_c 线；

（2）作回弹—再压缩曲线（从 p_i 卸荷至 p_1）；

（3）作 e_0 线与 p_1 交于 b_1 点；

（4）作 $b_1b // fg$，由 fg 线斜率得回弹指数 C_e；

（5）作 $e = 0.42 e_0$ 线得 c 点；

（6）连 bc 即为原始压缩曲线，其直线段斜率为压缩指数 C_c。

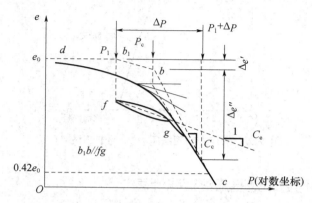

图 4-22 超固结土的孔隙比变化

计算时根据超固结的程度，分下列两种情况进行沉降计算：

（1）如果某分层土的有效应力增量 $\Delta p > (p_c - p_1)$（如图 4-22 所示），则分层土的孔隙比将先沿着原始再压缩曲线 b_1b 段减少 $\Delta e'$，然后沿着原始压缩曲线 bc 段减少 $\Delta e''$，即相应于应力增量的 Δp 的孔隙比变化 Δe 应等于这两部分之和。其中第一部分（相应于有效应力由现有的土自重应力 p_1 增大到先期固结压力 p_c）的孔隙比变化 $\Delta e'$ 为

$$\Delta e' = C_e \lg \left(\frac{p_c}{p_1} \right) \tag{4-31}$$

式中　C_e——回弹指数，其值等于原始再压缩曲线的斜率。

第二部分相应的有效应力由 p_c 增大到 $(p_1 + \Delta p)$ 时，则该分层土的孔隙比变化 $\Delta e''$ 为

$$\Delta e'' = C_c \lg \left(\frac{p_1 + \Delta p}{p_c} \right) \tag{4-32}$$

式中　C_c——压缩指数，其值等于原始压缩曲线的斜率。

总的孔隙比变化 Δe 为

$$\Delta e = \Delta e' + \Delta e'' = C_e \lg \left(\frac{p_c}{p_1} \right) + C_c \lg \left(\frac{p_1 + \Delta p}{p_c} \right) \tag{4-33}$$

因此，对于 $\Delta p > (p_c - p_1)$ 的各分层总沉降量 s_n

$$s_n = \sum_{i=1}^{n} \frac{h_i}{1 + e_{Qi}} \left[C_{ei} \lg \left(\frac{p_{ci}}{p_{1i}} \right) + C_{ci} \lg \left(\frac{p_{1i} + \Delta p_i}{p_{ci}} \right) \right] \tag{4-34}$$

式中　n——分层计算沉降时，压缩土层中有效应力增加 $\Delta p > (p_c - p_1)$ 的分层数；

C_{ei}、C_{ci}——第 i 层土的先期固结压力；其余符号意义同前。

（2）如果分层土的有效应力增量 Δp 不大于 $(p_c - p_1)$，则分层土的孔隙比 Δe 只沿再压缩曲线 b_1b 发生（图 4-22），其大小为：

$$\Delta e = C_e \lg \left(\frac{p_1 + \Delta p}{p_1} \right) \tag{4-35}$$

因此，对于 $\Delta p \leqslant (p_c - p_1)$ 的各层总沉降量 s_m 为：

$$s_m = \sum_{i=1}^{m} \frac{h_i}{1+e_{Qi}}\left[C_{ci}\lg\left(\frac{p_{1i}+\Delta p_i}{p_{ci}}\right)\right] \tag{4-36}$$

式中　m——分层计算沉降时，压缩土层中具有 $\Delta p \leqslant (p_c - p_1)$ 的分层数。

总沉降 s 为上述两部分之和，即

$$s = s_n + s_m \tag{4-37}$$

3. 欠固结土（$p_1 > p_c$）

欠固结土的孔隙比变化，可近似地按与正常固结土一样的方法求得的原始压缩曲线确定，如图 4-23 所示。其固结沉降包括两部分：由地基附加应力所引起的沉降和由土的自重应力作用还将继续固结的沉降，故 Δe_i 计算公式为

$$\Delta e_i = C_{ci}\lg\left(\frac{p_{1i}+\Delta p_i}{p_{ci}}\right) \tag{4-38}$$

总沉降量

$$s_n = \sum_{i=1}^{n} \frac{h_i}{1+e_{Qi}}\left[C_{ci}\lg\left(\frac{p_{1i}+\Delta p_i}{p_{ci}}\right)\right] \tag{4-39}$$

式中　p_{ci}——第 i 层土的实际有效压力，小于土的自重压力 p_{1i}。

可见，若按正常固结土层计算欠固结土的沉降，所得结果可能远小于实际的沉降量。

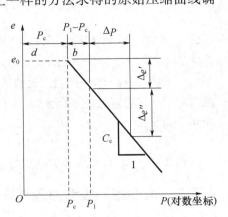

图 4-23　欠固结土的孔隙比变化

4.6　地基沉降与时间关系

4.6.1　饱和土的渗透固结

饱和黏土在压力作用下，孔隙水将随时间的迁延而逐渐被排出，同时孔隙体积也随之减小，这一过程称为饱和土的渗透固结。渗透固结所需时间的长短与土的渗透性和土层厚度有关，土的渗透性越小、土层越厚，孔隙水被挤出所需的时间就越长。

饱和土的渗透固结，可借助图 4-24 所示的弹簧—活塞模型来说明。在一个盛满水的圆筒中，将一个带有弹簧的活塞，弹簧表示土的颗粒骨架，圆筒内的水表示土中的自由水，带孔的活塞则表征土的透水性。由于模型中只有固、液两相介质，则对于外力 σ_z 的作用只能是水与弹簧两者来共同承担。设其中的弹簧承担的压力为有效应力 σ'，圆筒中的水承担的压力为孔隙水压力 u，按照静力平衡条件，应有：

$$\sigma_z = \sigma' + u \tag{4-40}$$

很明显，上式的物理意义是土的孔隙水压力 u 与有效应力 σ' 对外力 σ_z 的分担作用，它与时间有关。

（1）当 $t=0$ 时，即活塞顶面骤然受到压力 σ_z 作用的瞬间，水来不及排出［图 4-24（a）］，弹簧没有变形和受力，附加应力 σ_z 全部由水来承担，即：$u = \sigma_z$，$\sigma' = 0$。

（2）当 $t>0$ 时，随着荷载作用时间的迁延，孔隙水开始从活塞排水孔中排出，活塞

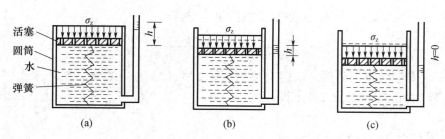

图 4-24　饱和土的渗透固结模型

(a) $t=0$，$u=\sigma_z$，$\sigma'=0$；(b) $0<t<\infty$，$u+\sigma'=\sigma_z$，$\sigma'>0$；(c) $t=\infty$，$u=0$，$\sigma'=\sigma_z$

下降，弹簧开始承受压力 σ'，并逐渐增长，如图 4-24（b）所示；而相应地 u 则逐渐减小。总之，$u+\sigma'=\sigma_z$，而 $u<\sigma_z$，$\sigma'>0$。

（3）当 $t\rightarrow\infty$ 时（代表"最终"时间），水从排水孔中充分排出，孔隙水压力完全消散（$h=0$），活塞最终下降到 σ_z 全部由弹簧承担，饱和土的渗透固结完全，如图 4-24（c）所示，即

$$\sigma_z=\sigma'，\quad u=0 \tag{4-41}$$

可见，饱和土的渗透固结也就是孔隙水压力逐渐消散和有效应力相应增长的过程。

4.6.2　太沙基一维渗流固结理论

为了求饱和土层在渗透固结过程中任意时间的变形，太沙基（Terzaghi）早在 1925 年提出了一维固结理论。一维固结是指饱和黏性土层在渗透固结过程中孔隙水只沿一个方向渗流，同时土颗粒也只朝一个方向移动。例如，当荷载面积远大于压缩土层的厚度（薄压缩层），且土层均质时，地基中孔隙水主要沿着竖向渗流，此即为一维固结。对于堤坝或高层建筑地基的渗透固结，则是二维或三维问题。

1. 基本假设

太沙基一维渗流固结理论假定：

（1）土是均质的、完全饱和的；

（2）土粒和孔隙水是不可压缩的；

（3）土层的压缩和土中水的渗流只沿竖向发生，是一维的；

（4）土中水的渗流服从达西定律，且渗透系数保持不变；

（5）孔隙的变化与有效应力的变化成正比，压缩系数保持不变；

（6）外荷是一次骤然施加的，在固结过程中保持不变；

（7）土体变形完全是由土层中超孔隙水压力消散引起的。

2. 一维固结微分方程的建立

在如图 4-25 所示的厚度为 H 的饱和土层上施加无限宽广的均布荷载 p，土中附加应力沿深度均布分布（即面积 $abce$），土层上面为排水边界，有关条件符合基本假定，考察土层顶面以下 z 深度的微元体 $\mathrm{d}x\mathrm{d}y\mathrm{d}z$ 在 $\mathrm{d}t$ 时间内的变化。

（1）连续性条件

$\mathrm{d}t$ 时间内微元体内水量的变化应等于微元体内孔隙体积的变化，则 $\mathrm{d}t$ 时间内微元体内水量 Q 的变化为

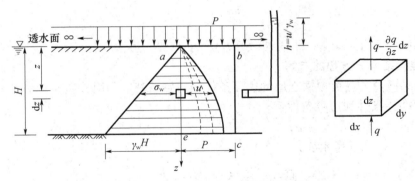

图 4-25　饱和黏性土的一维渗流固结

(a) 一维渗流固结土层；(b) 微元体

$$dQ = \frac{\partial Q}{\partial t} dt = \left[q dx dy - \left(q - \frac{\partial q}{\partial z} dx \right) dx dy \right] dt = \frac{\partial q}{\partial z} dx dy dz \tag{4-42}$$

式中　q——单位时间内流过单位水平横截面的水量。

dt 时间内微元体内孔隙体积 V_v 的变化为

$$dV_v = \frac{\partial V_v}{\partial t} dt = \frac{\partial (e V_s)}{\partial t} dt = \frac{1}{1+e_1} \frac{\partial e}{\partial t} dx dy dz dt \tag{4-43}$$

其中

$$V_s = \frac{1}{1+e_1} dx dy dz$$

式中　V_s——固体体积，不随时间而变，可以用 $V_s = dx dy dz/(1+e_1)$ 表示；

e_1——渗流固结前初始孔隙比。

由 $dQ = dV_v$，得

$$\frac{1}{1+e_1} \cdot \frac{\partial e}{\partial t} = -\frac{\partial q}{\partial x} \tag{4-44}$$

（2）根据达西定律

$$q = ki = k \frac{\partial h}{\partial z} = \frac{k}{\gamma_w} \cdot \frac{\partial u}{\partial z} \tag{4-45}$$

式中　i——水头梯度；

h——超静水头；

u——超孔隙水压力。

（3）根据侧限条件下孔隙比的变化与竖向有效应力变化的关系得到

$$\frac{\partial e}{\partial t} = -\alpha \frac{\partial \sigma'}{\partial t} \tag{4-46}$$

（4）根据有效应力原理，上式可变为

$$\frac{\partial e}{\partial t} = -\alpha \frac{\partial \sigma'}{\partial t} = -\alpha \frac{\partial (\sigma - u)}{\partial t} = \alpha \frac{\partial u}{\partial t} \tag{4-47}$$

将式（4-45）及式（4-46）代入式（4-44），可得

$$\frac{\alpha}{1+e_1} \cdot \frac{\partial u}{\partial t} = \frac{k}{\gamma_w} \cdot \frac{\partial^2 u}{\partial z^2} \tag{4-48}$$

令 $C_v = \frac{k(1+e_1)}{\alpha \gamma_w} = \frac{k E_s}{\gamma_w}$，$C_v$ 称为土的竖向固结系数（cm²/s），则式（4-46）成为

$$\frac{\partial u}{\partial t} = C_v \frac{\partial^2 u}{\partial^2 z} \tag{4-49}$$

式（4-49）即为太沙基一维固结微分方程。

3. 一维固结微分方程的求解

一维固结微分方程可根据土层的边界条件和初始条件，利用分离变量法求解。根据图 4-25 所示的初始条件和边界条件：

$t=0$，$0 \leqslant z \leqslant H$，$u=\sigma_z=\sigma$；

$0 < t < \infty$，$z=0$（透水面），$u=0$；

$0 < t < \infty$，$z=H$（不透水面），$\frac{\partial u}{\partial z}=0$；

$t=\infty$，$0 \leqslant z \leqslant H$，$u=0$。

利用分离变量法，可求得公式（4-47）的解为：

$$u_{z1} = \frac{4}{\pi} \sigma \sum_{m=1}^{\infty} \frac{1}{m} e^{-\frac{m^2 \pi^2}{4} T_0} \sin\left(\frac{m\pi}{2H} z\right) \tag{4-50}$$

$$T_v = \frac{C_v t}{H^2} \tag{4-51}$$

式中 m——正奇数（1，3，5，…）；

　　　e——自然对数底数；

　　　H——排水最长距离（cm），当土层单面排水时，H 等于土层厚度；当土层双面排水时，H 等于土层厚度的一半；

　　　T_v——时间因素（无量纲）；

　　　t——固结历时的时间（s）。

4. 固结度

（1）定义

地基在荷载作用下，对某一深度 z 处，经历时间 t，有效应力 σ'_{zt} 与总应力 σ 的比重，称为该点土的固结度，即

$$U_{z,t} = \frac{\sigma'_{zt}}{\sigma} = \frac{\sigma - u_{zt}}{\sigma} \tag{4-52}$$

（2）计算公式

① 对地基中附加应力上下均布情况

地基中某点的固结度 $U_{z,t}$：

$$U_{z,t} = \frac{\sigma'_{zt}}{\sigma} = \frac{\sigma - u_{zt}}{\sigma} = \frac{u_0 - u_{zt}}{u_0} \tag{4-53}$$

因地基中各点的应力不定，各点的固结度也不同。可用平均孔隙水压力 u_m 和平均有效应力 σ_m 计算地基平均固结度 U_t：

$$U_t = 1 - \frac{8}{\pi^2} e^{-\frac{\pi^2}{4} T_v} \tag{4-54}$$

上式也适用于双面排水附加应力直线分布（不仅仅是均匀分布）的情况。

② 地基单面排水且上下面附加应力不等的情况

应用图 4-26，固结度 U 与时间因子 T_v 关系曲线进行计算，图中共计 10 条曲线，由下至上 α=0，0.2，0.4，0.6，0.8，1.0，2.0，4.0，8.0，∞，其中：

$$\alpha = \frac{排水面附加应力}{不排水面附加应力} = \frac{\sigma_1}{\sigma_3} \tag{4-55}$$

由地基土的性质，计算时间因子 T_v，由曲线横坐标与 α 值，即可找出纵坐标 U_0 为所求。

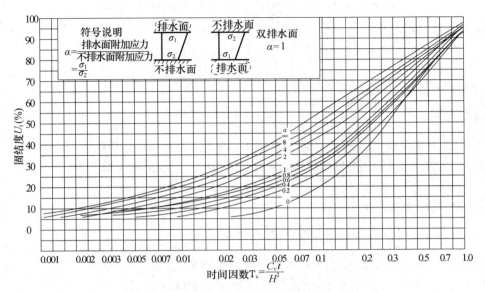

图 4-26　时间因子 T_v 与固结度 U_t 的关系图

4.6.3　地基沉降与时间关系计算

1. 理论计算方法

地基沉降与时间关系计算步骤如下：

（1）计算地基最终沉降量 s。按分层总和法或《建筑地基基础设计规范》（GB 50007）法进行计算。

（2）假定一系列地基平均固结度 U_t。如 $U_t = 10\%$，20%，40%，60%，80%，90%。

（4）计算时间因子 T_v。由假定的每一个平均固结度 U_t 与 α 值，应用图 4-26，查出纵坐标时间因子 T_v。

（5）计算时间 t。根据地基土的性质指标和土层厚度，由公式（4-51）计算每一 T_v 的时间 t。

（6）计算时间 t 的沉降量 s_t。由 $U_t = \frac{s_t}{s}$ 可得：

$$s_t = U_t s \tag{4-56}$$

（7）绘制 s_t-t 关系曲线。已计算的 s_t 为纵坐标，时间 t 为横坐标，绘制 s_t-t 曲线，则可求任意时间 t_1 的沉降量 s_1。

【例 4-3】 某饱和黏土层的厚度为 10m，在大面积（20m×20m）荷载 $p_0 = 120$kPa 作用下，土层的初始孔隙比 $e = 1.0$，压缩系数 $\alpha = 0.3$MPa^{-1}，渗透系数 $k = 18$mm/y。按黏土层在单面或双面排水条件下分别求：（a）加荷一年时的沉降量；（b）沉降量达 140mm 所需的时间。

【解】（1）求 $t=1y$ 时沉降量

大面积荷载，黏土层中附加应力沿深度均匀分布，即 $\sigma_z = p_0 = 120\text{kPa}$。

黏土层最终沉降量

$$s = \frac{\alpha}{1+e}\sigma_z H = \frac{3\times 10^{-4}}{1+2}\times 120\times 10^3\times 10 = 180 \text{（mm）}$$

竖向固结系数

$$C_v = \frac{k(1+e)}{\alpha\gamma_w} = \frac{1.8\times 10^{-2}\times(1+1)}{3\times 10^{-4}\times 10} = 12(\text{m}^2/\text{y})$$

对于单面排水

时间因素

$$T_v = \frac{C_v t}{H^2} = \frac{12\times 1}{10^2} = 0.12$$

图 4-27 为单面排水情况下固结土层中的起始压应力分布图。由图 4-27 中的情况 0，查图 4-26 中曲线 $\alpha=1$，得相应的固结度 $U_t = 40\%$；那么 $t=1y$ 时的沉降量为

$$s_t = 0.4\times 180 = 72 \text{（mm）}$$

如果是双面排水，时间因素

$$T_v = \frac{C_v t}{H^2} = \frac{12\times 1}{5^2} = 0.48$$

同理，由图 4-26 中查出 $U_t = 75\%$，一年的沉降量

$$s_t = 0.75\times 180 = 135 \text{（mm）}$$

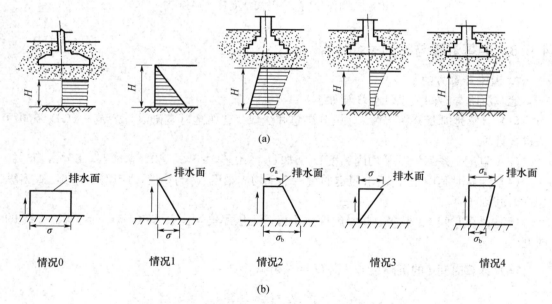

(a)

情况0　　　　情况1　　　　情况2　　　　情况3　　　　情况4

(b)

图 4-27　固结土层中的起始压应力分布（单面排水）

(a) 实际图形；(b) 简化图形（箭头表示水流方向）

（2）求沉降量达 140mm 时所需时间

固结度由定义得

$$U_t = \frac{s_t}{s_\infty} = \frac{140}{180} = 0.78$$

由图 4-26 仍按 $\alpha=1$ 查得 $T_v=0.53$，所需的时间为：

在单面排水条件下

$$t=\frac{T_v H^2}{C_v}=\frac{0.53\times10^2}{12}y=4.4y$$

在双面排水条件下

$$t=\frac{T_v H^2}{C_v}=\frac{0.53\times5^2}{12}y=1.2y$$

可见，达同一固结度时，双面排水比单面排水所需时间短得多。

2. 经验估算方法

上述固结理论，由于作了各种简化假设，很多情况计算与实际有出入。为此，国内外曾建议用经验公式来估算地基沉降与时间关系。根据建筑物的沉降观测资料，多种情况可用双曲线式或对数曲线式表示地基沉降与实际关系。

（1）双曲线式

$$s_t=\frac{t}{a+t}s \tag{4-57}$$

式中 s_t——在时间 t（从施工期一半起算）时的实测沉降量（cm）；

s——待定的地基最终沉降量（cm）；

a——经验参数，待定。

为确定公式（4-57）中两个待定的 s 和 a 值，可从实测的 s-t 曲线后段，任取两组已知数据 s_{t1}、t_1 和 s_{t2}、t_2 值，代入公式（4-57）得：

$$\begin{cases} s_{t1}=\dfrac{t_1}{a+t_1}s \\[2mm] s_{t2}=\dfrac{t_2}{a+t_2}s \end{cases} \tag{4-58}$$

解此联立方程式，可得：

$$s=\frac{t_2-t_1}{\dfrac{t_2}{s_{t2}}-\dfrac{t_1}{s_{t1}}} \tag{4-59}$$

$$a=\frac{t_1}{s_{t1}}s-t_1=\frac{t_2}{s_{t2}}s-t_2 \tag{4-60}$$

将 s 与 a 值代回公式（4-56），可推算任意时间 t 时的沉降量 s_t。

为消除观测资料可能产生的偶然误差，通常将 s-t 曲线后段的全部观测值 s_t 及 t 值都加以利用，分别计算出 t/s_t 值，绘制 t/s_t 与 t 的关系曲线。此曲线的后段往往近似直线，则此直线的斜率即为 s，如图 4-28 所示。

（2）对数曲线式

$$s_t=(1-e^{-\alpha t})s \tag{4-61}$$

式中 e——自然对数的底；

α——经验系数，待定。

同理，利用实测的 s-t 曲线后段资料，可求得地基最终沉降量 s 值，并可推算任意时间 t 时的沉降量 s_t。

以 s_t 为纵坐标，e^{-t} 为横坐标，根据实测资料绘制 s_t-e^{-t} 关系曲线，则曲线的延长线与

纵坐标 s_t 轴相交点即所求的 s 值, 如图 4-29 所示。

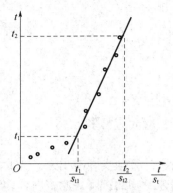

图 4-28 t/s_t-t 关系曲线

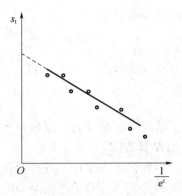

图 4-29 s_t-e^{-t} 关系曲线

4.6.4 地基沉降量的组成分析

1. 地基沉降的组成

地基沉降通常由下面三部分组成, 如图 4-30 所示:

（1）瞬时沉降 s_d

瞬时沉降是地基受荷后立即发生的沉降。对饱和土体来说, 受荷的瞬时孔隙中的水尚未排出, 土体的体积没有变化。因此瞬时沉降是土体产生的剪切变形所引起的沉降, 其数值与基础的形状、尺寸及附加应力大小等因素有关。

（2）固结沉降 s_c

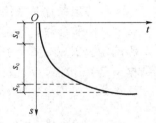

图 4-30 地基沉降的组成

地基受荷后产生的附加应力, 使土体的孔隙减小而产生的沉降称为固结沉降。通常这部分沉降量是地基沉降的主要部分。

（3）次固结沉降 s_s

地基在外荷载作用下, 经历很长时间, 土体中超孔隙水压力已完全消散, 在有效应力不变的情况下, 由土的固结骨架长时间缓慢蠕变所产生的沉降称为次固结沉降或蠕变沉降。一般土中部分沉降的数值很小; 但对含有机质的厚层软黏土, 却不可忽视。

综上所述, 地基的总沉降为瞬时沉降、固结沉降和次固结沉降三者之和。

$$s = s_d + s_c + s_s \tag{4-62}$$

2. 地基瞬时沉降计算

模型试验和原型观测资料表明, 饱和黏性土的瞬时沉降, 可近似地按弹性力学公式计算:

$$s_d = \frac{w(1-\mu^2)}{E} pB \tag{4-63}$$

式中　μ——土的泊松比, 假定土体的体积不可压缩, 取 0.5;

　　　E——地基土的变形模量, 采用三轴压缩试验初始切线模量 E_i 或现场实际荷载下,
再加荷模量 E_r;

　　　w——形状系数: 刚性方形荷载板 $w=0.88$, 刚性圆形荷载板 $w=0.79$;

p——荷载板的压应力（kPa）；

B——矩形荷载的短边或圆形荷载的直径（cm）。

3. 地基次固结沉降计算

由图 4-31 中 $e\text{-}\lg t$ 曲线可见，次固结与时间关系近似直线，则

$$\Delta e = C_d \lg \frac{t}{t_1} \tag{4-64}$$

$$s_s = \sum_{i=1}^{n} \frac{h_i}{1+e_{oi}} C_{di} \lg \frac{t}{t_1} \tag{4-65}$$

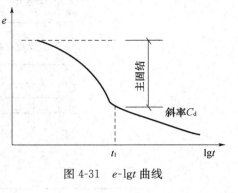

图 4-31 $e\text{-}\lg t$ 曲线

式中 C_d——$e\text{-}\lg t$ 曲线后段的斜率，称次压缩系数，$C_d \approx 0.018w$，w 为天然含水量；

t——所求次固结沉降的时间；

t_1——相当于主固结度为 100% 的时间，可以由次压缩曲线向上延伸而得，如图 4-31 所示。

习　题

4-1　某黏土试样天然孔隙比为 0.987，在固结试验各级压力下，固结稳定的孔隙比见表 4-8，该土样的压缩系数及压缩模量分别为多少？

表 4-8　地基土压缩 $e\text{-}p$ 数据

压力/kPa	25	50	100	200	400
孔隙比	0.968	0.925	0.863	0.772	0.718

4-2　墙下条形基础宽为 2.0m，相应于荷载效应准永久组合时基础承受三角形附加应力，$P_{max}=50\text{kPa}$，基础埋深 1.0m，地基土质为粉土，$\gamma=17.7\text{kN/m}^3$，地基土层室内压缩试验成果见表 4-9，用分层总和法计算基础中点下 0.4m 厚土层的沉降量大小？

表 4-9　地基土压缩 $e\text{-}p$ 数据

压力/kPa	0	50	100	200	300
孔隙比	0.972	0.887	0.851	0.810	0.774

4-3　如图 4-32 所示，基础底面尺寸为 4.8m×3.2m，埋深 1.5m，相应于荷载效应准永久组合时，传至基础顶面的中心荷载 $F=1800\text{kN}$，地基的土层分层及各层土的压缩模量，如图 4-32 所示，用应力面积法计算基础中点的最终沉降量大小？

4-4　已知传至基础顶面的柱轴力准永久组合 $F=1250\text{kN}$，其他条件如图 4-33 所示，用应力面积法计算基础中点的最终沉降量大小？

4-5　某桥墩基础如图 4-34 所示，基底尺寸为 6m×12m，正常使用极限状态下，相应于作用的长期效应组合时，作用于基底的中心荷载 $N=174900\text{kN}$，基础埋置深度 $h=3.5\text{m}$，地基土层为透水的亚砂土，其中 $\gamma'=9.31\text{kN/m}^3$，下层为中砂，其中 $\gamma'=10.6\text{kN/m}^3$，如假定沉降计算的经验系数为 0.78，则基础中点的沉降量为多少？

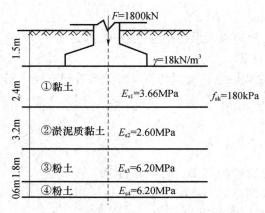

图 4-32　例 4-3 示意图

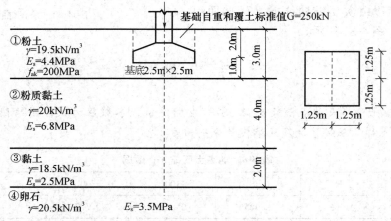

图 4-33　例 4-4 示意图

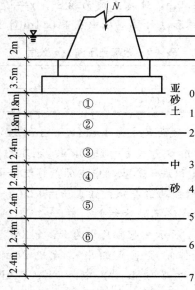

图 4-34　习题 4-5 示意图

4-6 已知某建筑物采用筏板基础，长 47.5m，宽 16.5m，埋深 4.5m。基础底面附加应力 $p_0=214$kPa，基底铺设排水层。地基为黏土，$E_s=7.3$MPa，渗透系数 $k=1.3\times10^{-8}$cm/s，厚度为 7m。其下为透水的砂层，砂层面附加压力 $\sigma_2=160$kPa。计算地基沉降与时间关系。

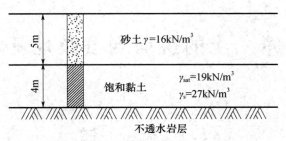

图 4-35 习题 4-6 示意图

4-7 某饱和土厚 5m，上下两面透水，根据土样室内固结试验发现，20min 固结度达到 60%，计算（1）计算固结系数 C_v；（2）当固结度达到 90% 时，所需要花费的时间？（3）假设底面不透水，那么单面透水所需要花费的时间多长？

第 5 章　土的抗剪强度及地基承载力

5.1　概　　述

土的抗剪强度是指土体抵抗剪切破坏的极限能力，是土的重要力学性质之一。土木工程中的地基承载力、挡墙侧土压力、土坡稳定等问题与土的抗剪强度直接有关。在对这些问题进行计算时，必须选用合适的抗剪指标。土的抗剪强度指标不仅与土的种类及其形状有关，还与土样的天然结构是否被破坏，抗剪强度试验时的排水条件是否符合现场条件有关。因此，抗剪强度指标并不是固定不变的。

关于土体抗剪破坏的概念，建筑物地基在外荷载作用下将产生剪应力和剪切变形，土具有抵抗剪应力的潜在能力——剪阻力或抗剪力，它相应于剪应力的增加而逐渐发挥，剪阻力完全发挥时，土就处于剪切破坏的极限状态，此时剪应力也就到达极限。这个极限值就是土的抗剪强度。如果土体内某一部分的剪应力达到土的抗剪强度，在该部分就出现剪切破坏。随着荷载的增加，剪切破坏的范围逐渐扩大，最终在土体中形成连续的滑动面，而丧失稳定性，如图 5-1 所示。

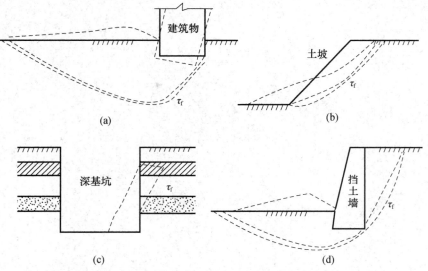

图 5-1　土体强度破坏有关的工程问题（滑动面上 τ_f 为抗剪强度）

(a) 建筑物地基的承载力；(b) 土工建筑物的土坡稳定性；

(c) 深基坑土壁的稳定性；(d) 挡土墙地基的稳定性

5.2 土的抗剪强度理论

5.2.1 土体中任一点的应力状态

1. 最大主应力与最小主应力

最简单的情况：假设土体是均匀的、连续的半空间材料，研究水平地面下任意深度 z 处 M 点的应力状态，如图 5-2（a）所示。由 M 点取一微元体 $dxdydz$，并使微元体的上、下面平行于地面。因为微元体很小，可以忽略微元体本身的质量。现分析此微元体的受力情况，将微元体放大，如图 5-2（b）所示。

微元体顶面和底面的作用力，均为

$$\sigma_1 = \gamma z \tag{5-1}$$

式中 σ_1——作用在微元体上的竖向法向应力，即土的自重应力（kPa）。

微元体侧面作用力为

$$\sigma_2 = \sigma_3 = \zeta \gamma z \tag{5-2}$$

式中 σ_2、σ_3——作用在微元体侧面的水平法向应力（kPa）；

ζ——土的静止侧向压力系数，小于 1，可查表 4-1。

因为土体并无外荷作用，只有土的自重作用，故在微元体各个面上没有剪应变，也就没有剪应力，凡是没有剪应力的面称为主应力面。作用在主应力面上的力称为主应力。因此，图 5-2 中的 σ_1 为最大主应力，σ_3 为最小主应力，其中主应力 $\sigma_2 = \sigma_3$。

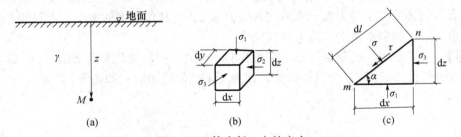

图 5-2 土体中任一点的应力

2. 任意斜面上的应力

在微元体上取任意截面 mn，与最大主应力面即水平面成 α 角，斜面 mn 上作法向应力 σ 和剪应力 τ，如图 5-2（c）所示，现在求 σ 与 τ 的计算公式。

取 $dy=1$，按平面问题计算。设直角坐标中，以 m 点为坐标原点 O，Ox 向右为正，Oz 向下为正。根据静力平衡条件，取水平与竖向合力为零。

$$\sum x = 0, \sigma \sin\alpha dl - \tau \cos\alpha dl - \sigma_3 \sin\alpha dl = 0 \tag{5-3a}$$

$$\sum z = 0, \sigma \cos\alpha dl - \tau \sin\alpha dl - \sigma_3 \cos\alpha dl = 0 \tag{5-3b}$$

解联立方程（5-3a）、（5-3b），可求得任意截面 mn 上的法向应力 σ 和剪应力 τ；

$$\sigma = \frac{\sigma_1 + \sigma_3}{2} + \frac{\sigma_1 - \sigma_3}{2}\cos 2\alpha \tag{5-4}$$

$$\tau = \frac{\sigma_1 - \sigma_3}{2}\sin 2\alpha \tag{5-5}$$

式中　σ——与大主应力面成 α 角的截面 mn 上的法向应力（kPa）；

　　　τ——同一截面上的剪应力（kPa）。

3. 用莫尔应力圆表示斜面上的应力

由公式（5-4）与（5-5）即可计算已知 α 角的截面上的相应的法向应力 σ 与剪应力 τ。若斜面与主应力的夹角变化为 α_1，α_2，α_3，…时，可重复应用公式（5-4）与（5-5）计算相应的 α_i 与 τ_i，计算工作量十分繁重。

用莫尔应力圆则可简便地表达任意 α 角时相应的 σ 与 τ 值的关系。方法如下：

取 τ-σ 直角坐标系。在横坐标 $O\sigma$ 上，按一定的应力比例尺，确定 σ_1 和 σ_3 的位置，以 $\sigma_1 - \sigma_3$ 为直径作圆，即莫尔应力圆，如图 5-3 所示。取莫尔应力圆的圆心为 O_1，将 $\overline{O_1\sigma_1}$ 逆时针转 2α 角，与莫尔应力圆交于 a 点。此 a 点的坐标（σ，τ），即为与 M 点处最大主应力面成 α 角的斜面 mn 上的法向应力和剪力值。

证明如下：

由图 5-3 可知

$$\sigma = \overline{OO_1} + \overline{O_1\sigma} = \frac{\sigma_1 + \sigma_3}{2} + r\cos 2\alpha = \frac{\sigma_1 + \sigma_3}{2} + \frac{\sigma_1 - \sigma_3}{2}\cos 2\alpha$$

$$\tau = \overline{a\sigma} = r\sin 2\alpha = \frac{\sigma_1 - \sigma_3}{2}\sin 2\alpha$$

由此可见，莫尔应力圆可表示任意斜面上的法向应力 σ 与剪应力 τ，简单明了。

【例 5-1】 已知地基土中某点的最大主应力 $\sigma_1 = 600\text{kPa}$，最小主应力 $\sigma_3 = 200\text{kPa}$。绘制该点应力状态的莫尔应力圆。求最大剪应力 τ_{max} 值及其作用面的方向，并计算与大主应力面夹角 $\alpha = 15°$ 的斜面上的正应力和剪应力。

【解】（1）取直角坐标系 τ-σ。在横坐标 $O\sigma$ 上，按应力比例尺确定 $\sigma_1 = 600\text{kPa}$ 与 $\sigma_3 = 200\text{kPa}$ 的位置。以 $\overline{\sigma_1\sigma_3}$ 为直径做圆，即为所求莫尔应力圆，如图 5-4 所示。

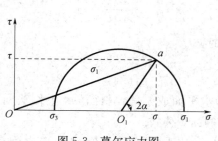

图 5-3　莫尔应力图

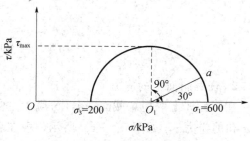

图 5-4　例 5-1 图

（2）最大剪应力 τ_{max} 计算

由公式（5-5），将数值代入得：

$$\tau = \frac{\sigma_1 - \sigma_3}{2}\sin 2\alpha = \frac{600 - 200}{2}\sin 2\alpha = 200\sin 2\alpha$$

当 $\sin 2\alpha = 1$ 时，$\tau = \tau_{max}$，此时 $2\alpha = 90°$，即 $\alpha = 45°$。

（3）当 $\alpha = 15°$ 时，由公式（5-4）得：

$$\sigma = \frac{\sigma_1 + \sigma_3}{2} + \frac{\sigma_1 - \sigma_3}{2}\cos2\alpha = \frac{600 + 200}{2} + \frac{600 - 200}{2}\cos30°$$
$$= 400 + 200 \times 0.866 = 400 + 173 = 573 \text{（kPa）}$$

由公式（5-5）得：

$$\tau = \frac{\sigma_1 - \sigma_3}{2}\sin2\alpha = \frac{600 - 200}{2}\sin30° = 200 \times 0.5 = 100 \text{（kPa）}$$

上述计算值与图 5-4 上直接量得的值相同，即：a 点的横坐标为 $\sigma = 573\text{kPa}$，a 点的纵坐标 $\tau = 100\text{kPa}$。

5.2.2　库仑定律

为测定土体的抗剪强度，可采用直剪仪［图 5-5（a）］，对土样进行剪切试验，试验时，将试样装在剪力盒中，先在试样上施加一法向力 P，然后施加水平力 T，使上下盒错动，试样在上下盒接触面处受剪，直到试样被剪坏。根据试样的初始横截面积，可以得到试样剪切面上承受的法向应力 σ 和破坏时的剪应力 τ（即抗剪强度 τ_f）。对同一土体取 n 个相同的试样进行试验，以法向应力 σ 为横轴，以抗剪强度 τ_f 为纵轴，将各试验点近似连接成一条直线，此直线称为抗剪强度曲线，如图 5-6 所示。对于黏性土，此直线的方程为

$$\tau_f = c + \sigma\tan\varphi \tag{5-6}$$

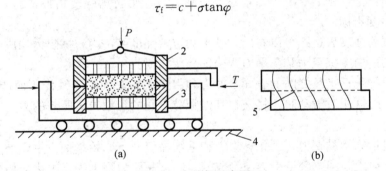

图 5-5　直剪仪示意图

（a）直剪仪；（b）剪坏的土样

1—土样；2—上盒；3—下盒；4—底座；5—剪切面

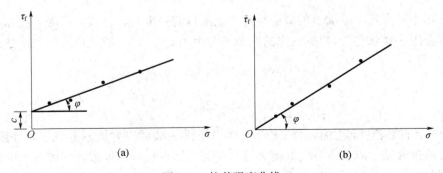

图 5-6　抗剪强度曲线

（a）黏性土；（b）无黏性土

对于无黏性土，抗剪强度曲线方程为

$$\tau_f = \sigma \tan\varphi \tag{5-7}$$

式中　τ_f——土的抗剪强度（kPa）；

　　　φ——抗剪强度线与轴的夹角，称为土的内摩擦角（°）；

　　　c——抗剪强度线在纵轴上的截距，称为黏结力，又称为内聚力、黏聚力、凝聚力（kPa）；

　　　σ——作用在剪切面上的法向应力（kPa）。

人们将 c、φ 统称为土的抗剪强度指标或抗剪强度参数。

式（5-6）和（5-7）称为土的抗剪强度定律，是 1776 年由法国的库仑（Coulomb）首先提出的，所以也称为库仑定律。库仑定律表明，土的抗剪强度与作用在剪切面上的法向应力成正比。

1925 年，太沙基（Terzaghi）提出了饱和土有效应力原理，人们认识到只有有效应力控制土体的抗剪强度。因此，将有效应力原理应用于抗剪强度定律，则有

$$\tau_f = c' + \sigma' \tan\varphi \tag{5-8}$$

式中　φ'——土的有效内摩擦角（°）；

　　　c'——土的有效黏聚力（kPa）；

　　　σ'——作用在剪切面上的有效法向应力（kPa）。

对于无黏性土，则 $c'=0$。c'、φ' 称为土的有效应力抗剪强度指标，而 c、φ 称为土的总应力抗剪强度指标。

由土的抗剪强度表达式可以看出，砂土的抗剪强度是由内摩擦阻力构成的，而黏性土的抗剪强度则由内摩擦阻力和黏聚力两个部分所构成。

内摩擦阻力包括土粒之间的表面摩擦力和由于土粒之间的连锁作用而产生的咬合力，咬合力是指当土体相对滑动时，将嵌在其他颗粒之间的土粒拔出所需的力，土越密实，连锁作用则越强。

黏聚力包括原始黏聚力、固化黏聚力和毛细黏聚力。原始黏聚力主要是由于土粒间水膜受到相邻土粒之间的电分子引力而形成的，固化黏聚力是由于土中化合物的胶结作用而形成的，毛细黏聚力是由于毛细压力所引起的。

5.2.3　莫尔—库仑强度理论

当土体中某点任一平面上的剪应力等于土的抗剪强度时，将该点即濒于破坏的临界状态称为"极限平衡状态"。根据一点的应力平衡由图 5-7（a），建立应力的平衡条件，得

$$\begin{cases} \sigma = \dfrac{1}{2}(\sigma_1 + \sigma_3) + \dfrac{1}{2}(\sigma_1 - \sigma_3)\cos 2\alpha \\ \tau = \dfrac{1}{2}(\sigma_1 - \sigma_3)\sin 2\alpha \end{cases} \tag{5-9}$$

可求得在自重和竖向附加应力作用下土体中任意点 M 的应力状态 σ_1 和 σ_3，如图 5-7（b）所示。为简单起见，以平面应变课题为例，现研究该点是否产生破坏。该点土单元体两个相互垂直的面上分别作用着最大主应力 σ_1 和最小主应力 σ_3，若忽略其自身重力，则根据静力平衡条件，可求得任一截面 mn 上的法向应力 σ 和剪应力 τ。

由材料力学应力状态分析可知，以上 σ、τ 与 σ_1、σ_3 的关系也可用莫尔应力圆表示 [图 5-7（c）]。其圆周上各点的坐标即表示该点在相应平面上的法向应力和剪应力。

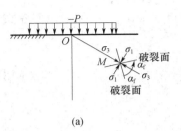 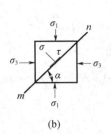 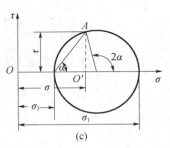

（a） （b） （c）

图 5-7 土体中任意点 M 的应力

（a）M 点的应力；（b）微单元体的应力；（c）莫尔应力圆

为判别 M 点土是否破坏，可将该点的莫尔应力圆与土的抗剪强度包线 σ-τ_f 绘在同一坐标图上并作相对位置比较，如图 5-8 所示，它们之间的关系存在以下三种情况：

1. M 点莫尔应力圆整体位于抗剪强度包线的下方（圆Ⅰ），莫尔应力圆与抗剪强度线相离，表明该点在任何平面上的剪应力均小于土所能发挥的抗剪强度，因而，该点未被剪破。

2. M 点莫尔应力圆与抗剪强度包线相切（圆Ⅱ），说明在切点所代表的平面上，剪应力恰好等于土的抗剪强度，该点就处于极限平衡状态，莫尔应力圆亦称极限应力圆，由图中切点的位置还可确定 M 点破坏面的方向。连接切点与莫尔应力圆圆心，连线与横坐标之间的夹角为 $2\alpha_f$，根据莫尔应力圆原理，可知土体中 M 点的破坏面与大主应力 σ_1 作用面方向夹角为 α_f，如图 5-9 所示。

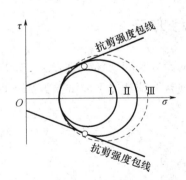 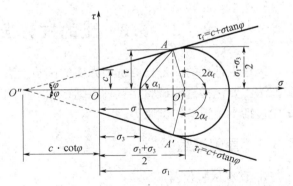

图 5-8 莫尔应力圆与抗剪强度包线的关系 图 5-9 极限平衡状态时的莫尔应力圆与抗剪强度包线

3. M 点莫尔应力圆与抗剪强度包线相割（圆Ⅲ），则 M 点早已破坏。实际上圆Ⅲ所代表的应力状态是不可能存在的，因为 M 点破坏后，应力已超过弹性范畴。

土体处于极限平衡状态时，从图 5-9 中莫尔应力圆与抗剪强度包线的几何关系可推得黏性土的极限平衡条件为

$$\sin\varphi = \frac{O'A}{O'O''} = \frac{\sigma_1 - \sigma_3}{\sigma_1 + \sigma_3 + 2c\cot\varphi} \tag{5-10}$$

简化后可得

$$\sigma_1 = \sigma_3 \frac{1+\sin\varphi}{1-\sin\varphi} + 2c \frac{\cos\varphi}{1-\sin\varphi} \tag{5-11}$$

或

$$\sigma_3 = \sigma_1 \frac{1-\sin\varphi}{1+\sin\varphi} - 2c \frac{\cos\varphi}{1+\sin\varphi} \tag{5-12}$$

经三角函数关系转换后还可写为

$$\sigma_1 = \sigma_3 \tan^2\left(45° + \frac{\varphi}{2}\right) + 2c \cdot \tan\left(45° + \frac{\varphi}{2}\right) \tag{5-13}$$

或

$$\sigma_3 = \sigma_1 \tan^2\left(45° - \frac{\varphi}{2}\right) - 2c \cdot \tan\left(45° - \frac{\varphi}{2}\right) \tag{5-14}$$

无黏性土的 $c=0$，由式（5-13）和式（5-14）可知，其极限平衡条件为

$$\sigma_1 = \sigma_3 \tan^2\left(45° + \frac{\varphi}{2}\right) \tag{5-15}$$

或

$$\sigma_3 = \sigma_1 \tan^2\left(45° - \frac{\varphi}{2}\right) \tag{5-16}$$

由图 5-9 中几何关系，可得破坏面与大主应力作用面的夹角 α_f 为

$$\alpha_f = \frac{1}{2}(90° + \varphi) = 45° + \frac{\varphi}{2} \tag{5-17}$$

在极限平衡状态时，由图 5-7（a）中看出，通过 M 点将产生一对破裂面，它们均与大主应力面成 α_f 夹角，相应地在莫尔应力圆上横坐标上下对称地有两个破裂面 A 和 A'（图 5-9），而这一对破裂面之间在大主应力作用方向夹角为 $90° - \varphi$。

5.3　土的抗剪强度测定方法

工程上常用的测定土的抗剪强度的试验方法有室内试验方法和现场试验方法。室内试验方法主要包括直剪试验、三轴压缩试验、无侧限压缩试验以及其他室内试验方法。现场试验包括十字板剪切试验等。

5.3.1　直剪试验

1. 直剪试验仪器

直接剪切试验使用的仪器称为直接剪切仪（简称直剪仪），分为应变控制式和应力控制式两种。前者对试样采用等速剪应变测定相应的剪应力，后者则是对试样分级施加剪应力测定相应的剪切位移。以我国普遍采用的应变控制式直剪仪为例，其构造如图 5-10 所示。仪器由固定的上盒和可移动的下盒构成，试样置于上、下盒之间，试样上、下各放一块透水石以利于试样排水。试验时，由杠杆系统通过活塞对试样施加垂直压力，水平推力则由等速前进的轮轴施加于下盒，使试样沿上、下盒水平接触而产生剪切位移。剪应力大小则依据量力环上的测微表，由测定的量力环变形值经换算确定，活塞上的测微表用于测定试样在法向应力作用下的固结变形和剪切过程中试样的体积变化。

2. 直剪试验的原理

直剪仪在等速剪切过程中，法向应力 σ 条件一定，可按固定时间间隔，测读试样剪应力大小，并由此绘制出试样剪切位移 Δl（上下盒水平相对位移）与剪应力 τ 的对应关系曲线，如图 5-11（a）所示。硬黏土和密实砂土的 τ-Δl 曲线可出现剪应力的峰值 τ_{fp}，即为土的抗剪强度，过峰值后强度随剪切位移增大而降低，称为变软化特征，软黏土和松砂的 τ-Δl 曲线则往往不出现峰值，强度随剪切位移增加而缓慢增大，称应变硬化特征，此时应按某一剪切位移值作为控制破坏的标准，如一般可取相应于 4mm 剪切位移量的剪应力作为土的抗剪强度值。

要绘制某种土的抗剪强度包线，以确定某抗剪强度指标，应取 3 个以上试样，在不同的垂直压力 p_1、p_2、p_3、$p_4\cdots$（一般可取 100kPa，200kPa，300kPa，400kPa，…）作用下测得相应的 τ-Δl 曲线 [图 5-11（b）]，按上述原则确定对应的抗剪强度 τ 值，从而绘出抗剪强度包线 [图 5-11（c）]，绘图时必须使横纵坐标的比例尺完全一致，使线与横轴的夹角为土的内摩擦角 φ，在纵轴上的截距即为土的内聚力 c。

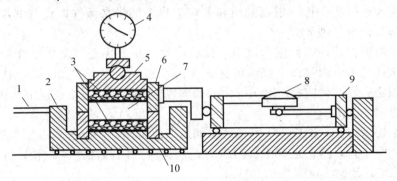

图 5-10　应变控制式直接剪切仪

1—轮轴；2—底座；3—透水石；4—测微表；5—活塞；

6—上盒；7—土样；8—测微表；9—量力环；10—下盒

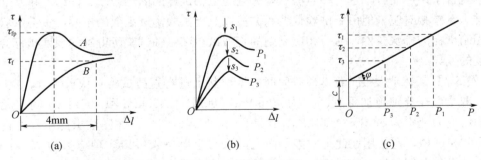

图 5-11　直接剪切试验

（a）两种典型的 τ-Δl 曲线；（b）不同垂直压力下的 τ-Δl 曲线；（c）抗剪强度包线

3. 直剪试验的优缺点

直剪仪构造简单，操作简便，如果把剪切盒尺寸放大，就可满足大尺寸试样的剪切试验，根据需要还能用于试样的大剪切变形，但该试验也存在如下缺点：

（1）剪切过程中试样内的剪应变和剪应力分布不均匀，试样剪破时，靠近剪力盒边缘的应变最大，而试样中间部位的应变相对小得多；此外，剪切面附近的应变又大于试样顶部和底部的应变；基于同样的原因，试样中的剪应力也是很不均匀的。

（2）剪切面人为地限制在上、下盒的接触面上，而该平面并非是试样抗剪最弱的剪切面。

（3）剪切过程中试样面积逐渐减小，而垂直荷载发生偏心，但计算抗剪强度时却按受剪面积不变和剪应力均匀分布计算。

（4）不能严格控制排水条件，因而不能量测试样中的孔隙水压力。

（5）根据试样破坏时的法向应力和剪应力，虽可算出大小主应力 σ_1、σ_3 的数值，但中应力 σ_2 无法确定。

（6）试验时上、下盒之间的缝隙中容易嵌入砂粒，造成试验结果偏大。

4. 直剪试验的类型

对于饱和试样，在直剪试验过程中，无法严格控制试样的排水条件，只能通过控制剪切速率近似地模拟排水条件，根据固结和剪切过程中的排水条件，直剪试验分为固结慢剪、固结快剪和快剪三种类型。

（1）固结慢剪试验，简称慢剪试验，试验的要点是要保证试验中试样能充分固结排水。为此，试样的上下面垫以不透水的滤纸及透水石。加垂直应力 σ 后，让试样充分固结，待变形稳定后再加剪应力。加剪应力的速率也很缓慢，让剪切过程中试样内的超静空隙水压力得以完全消散。

（2）固结快剪试验。试样上下面垫透水的滤纸使试样可以排水。其要点是，加垂直应力 σ 后，让试样充分固结；之后施加剪应力，让剪应力的施加速率较快，即要求试样在 3～5min 内剪坏，使黏土试样来不及排水。

（3）快剪试验。在试样的上下面贴不透水蜡纸或薄膜，以模拟不排水的边界条件。快剪试验的要求是，加垂直法向应力 σ 后，不让试样固结，立即施加剪应力，剪应力的施加速度也很快，要求在 3～5min 内将试样剪坏，使黏土试样来不及排水。

单就排水条件而言，这三种直剪试验分别与三轴试验的固结排水、固结不排水和不固结不排水试验相对应。但由于试验仪器和方法以及土试验渗透系数的不同，直剪试验无法严格控制试样的排水条件，使得相应类型的直剪试验和三轴试验所得到的强度指标会有不同程度的差异。

【例 5-2】 某教学大楼工程地质勘察时，取原状土进行直剪试验（快剪法）。其中一组试验，四个试样分别施加垂直压力为 100kPa、200kPa、300kPa 和 400kPa，测得相应破坏时的剪应力分别为 68kPa、114kPa、163kPa 和 205kPa。试用作图法求此土样的抗剪强度指标 c 和 φ 值。若作用在此土中某平面上的法向应力为 250kPa，剪应力为 110kPa，试问是否会发生剪切破坏？如果使法向应力提高为 340kPa，剪应力提高为 180kPa，试问土样是否会发生破坏？

【解】 （1）取直角坐标系，以垂直压力 σ 为横坐标，以剪应力 τ 为纵坐标，按相同比例绘出 4 个试样垂直压力与剪切破坏时相应的剪应力的点，以×表示。联结这 4 个点，即为试样的抗剪强度包线。此强度包线与纵坐标的截距，即为试样的黏聚力 c，强度包线与横坐标的夹角，即为内摩擦角 φ，如图 5-12 所示。由图可得 $c=20\text{kPa}$，$\varphi=25°$。

（2）将表示 $\sigma=250$ kPa，$\tau=110$ kPa 的 A 点，绘在同一坐标图上。由图可见，A 点位于抗剪强度包线之下，故不会发生剪切破坏。

（3）同理，表示 $\sigma=340$ kPa，$\tau=180$ kPa 的 B 点，正好位于抗剪强度包线上，则土样已发生剪切破坏。

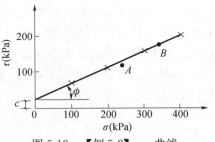

图 5-12 【例 5-2】τ-σ 曲线

5.3.2 三轴压缩试验

三轴试验仪器是一种较完善的测定土压力抗剪强度试验方法，与其他剪切试验相比，三轴压缩试验样本中的应力分布相对比较明确和均匀。三轴剪切仪同样分应变控制式和应力控制式两种。应变式三轴剪切仪还配有自动化控制系统电测和数据自动收集系统等。应变式三轴剪切仪的构造如图 5-13 所示。其核心部分是压力室，它是由一个金属活塞、底座和透明有机玻璃圆筒组成的封闭容器，轴向加压系统用以对试样施加轴向附加压力，并可控轴向应力的速率；周围压力系统则通过液体（通常是水）对试样施加周围压力；试样为圆柱形，并用橡皮膜包裹起来，以使试样中的孔隙水与膜外液体（水）完全隔开。试样中的孔隙水通过其底部的透水面与孔隙水压力量测系统连通，并由水压力阀门控制。

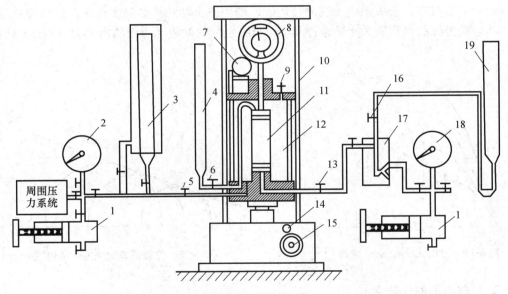

图 5-13 三轴剪切仪

1—测压筒；2—周围压力表；3—体变管；4—排水管；5—周围压力阀；6—排水阀；7—变形量表；
8—量力环；9—排气孔；10—轴向加压设备；11—试样；12—压力室；13—孔隙压力阀；
14—离合器；15—手轮；16—量管阀；17—零位指示器；18—孔隙水压力表；19—量筒

1. 三轴试验的基本原理

试验时，先打开周围的压力系统阀门，使样本在各向受到的周围压力达到 σ_3 时即维持不变 [图 5-14（a）]，然后由轴压系统通过活塞对试样施加轴向附加压力 $\Delta\sigma$（$\Delta\sigma=\sigma_1-\sigma_3$，称为偏压力）。在试验过程中，$\Delta\sigma$ 不断增加而 σ_3 却维持不变，试样的轴向应力（大主应力）σ_1（$\sigma_1 = \Delta\sigma + \sigma_3$）也不断增大，其莫尔应力圆亦逐渐扩大至极限应力圆，试样最终被剪破 [图 5-14（b）]。极限应力圆可由试样剪切破坏时的 σ_{1f} 和 σ_3 作出 [图 5-14（c）中实线圆]。破坏点的确定方法为，量测相应的轴向应变 ε_1。点绘 $\Delta\sigma\text{-}\varepsilon$ 关系曲线，以偏压力 $\sigma_1 - \sigma_3$ 的峰值为破坏点（图 5-15）；无峰值时，取某一轴向应变（$\varepsilon_1 = 15\%$）对应的偏应力值作为破坏点。

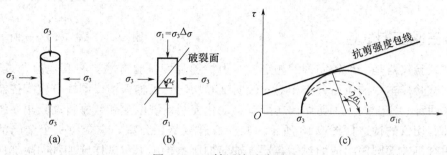

图 5-14　三轴压缩试验原理

在给定的周围压力 σ_3 的作用下，一个试样的试验只能得到一个极限应力圆。同样土样至少需要 3 个以上试样在不同的 σ_3 作用下进行试验，方能得到一组极限应力圆，由于这些试样均被剪破，绘极限应力圆的公切线，即为该土样的抗剪强度包线。该线通常呈直线，其与横坐标的夹角即为土的摩擦角 φ，与纵坐标的截距即为土的内聚力 c（图 5-16）。

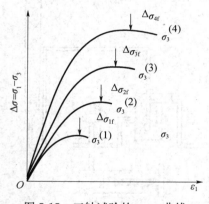

图 5-15　三轴试验的 $\Delta\sigma\text{-}\varepsilon$ 曲线

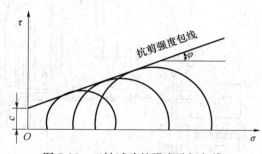

图 5-16　三轴试验的强度破坏包线

2. 三轴试验的优缺点

三轴压缩试验可供在复杂应力条件下研究土的抗剪强度特性，其突出优点是：

（1）试验中能严格控制试样的排水条件，准确测定试样在剪切过程中孔隙水压力变化，从而可定量获得土中有效应力的变化情况。

（2）与直剪试验对比起来，试样中的应力状态分布相对较为明确和均匀，不硬性指定破裂面位置。

（3）除抗剪强度指标外，还可测定土中的灵敏度、侧压力系数、孔隙水压力系数等力学指标。

但三轴压缩试验也存在试样制备和试验操作比较复杂，试样中的应力与应变仍然不够均匀的缺点。由于试样上、下端的侧向变形分别受到刚性变形试样帽和底座的限制，而在试样中间部分不受约束。因此，当试样接近破坏时，试样通常被挤压成鼓形。此外，目前所谓的"三轴试验"，一般都是在轴对称的应力应变条件下进行的。许多研究报告表明，土的抗剪强度受到应力状态的影响，在实际工程中，油罐和圆形建筑物地基的应力分布属于轴对称应力状态，而路堤、路坝和长方形建筑物地基的应力分布属于平面应力状态（$\varepsilon_2=0$），一般方形和矩形建筑物地基的应力分布属于三向应力状态（$\sigma_1 \neq \sigma_2 \neq \sigma_3$）。有人曾利用特制的仪器进行三种不同应力状态下的强度试验，发现同种土在不同应力状态下的强度指标并不相同，如对砂土所进行的许多对比试验表明，平面反映的砂土的内摩擦角（φ）值较轴对称应力状态下高出 3°左右。因而，三轴压缩试验结果不能全面反映土的主应力（σ_2）的影响。若想获得更合理的抗剪强度参数，须采用真三轴仪，其试样可在三种互不相同的主应力（$\sigma_1 \neq \sigma_2 \neq \sigma_3$）作用下进行试验。

（1）不固结不排水剪切试验（UU，unconsolidated－undrained triaxial text）

不固结不排水剪切试验，简称不排水剪。试验时，先施加周围压力（σ_3），然后施加偏应力 $\Delta\sigma_1=\sigma_1-\sigma_3$。在整个试验过程中，排水阀始终关闭，不允许试样排水，试样中含有的水量保持不变，孔隙水压力不能消散，试样体积也不改变，这种试验方法所对应的实际工程条件相对应饱和软黏土中快速加荷时的应力状况，得到的抗剪强度指标用 c_u、φ_u 表示。对于饱和软黏土，不排水剪切试验得到的抗剪强度包线是一条水平线，如图 5-17 所示，此时，内摩擦角$\varphi_u=0$，黏结力 $c_u=\tau_{max}=(\sigma_1-\sigma_3)/2$。

（2）固结不排水剪切试验（CU，consolidated－undrained triaxial test）

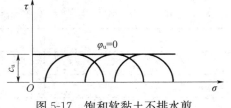

图 5-17　饱和软黏土不排水剪
（UU）抗剪强度包线

试验时先施加 σ_3，打开排水阀，使试样排水固结。试样排水终止，固结稳定后，关闭排水阀，然后施加偏应力 $\Delta\sigma_1=\sigma_1-\sigma_3$，直至试样破坏。在试验过程中，如需量测孔隙水压力，则要打开孔隙水压力量测系统的阀门。固结不排水剪切试验得到的抗剪强度指标用 φ_{cu}、c_{cu} 表示。表 5-1 为一组三个试样 CU 试验结果，图 5-18 为根据表 5-1 数据绘出的总应力和有效应力极限莫尔应力圆、总应力抗剪强度曲线、有效应力抗剪强度曲线及相应的抗剪强度指标。

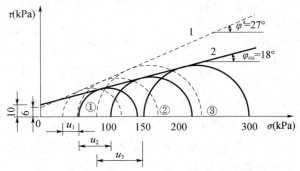

图 5-18　固结不排水剪（CU）抗剪强度包线
曲线 1—有效应力强度包线；曲线 2—总应力强度包线

表 5-1　三轴固结不排水试验结果（单位：kPa）

土样编号	1	2	3	土样编号	1	2	3
σ_3	50	100	150	u_f	23	40	67
$(\sigma_1-\sigma_3)_f$	92	120	164	$\sigma_3'=\sigma_3-u_f$	27	60	83
σ_1	142	220	314	$\sigma_1'=\sigma_1-u_f$	119	180	247
$\frac{1}{2}(\sigma_1+\sigma_3)_f$	96	160	232	$\frac{1}{2}(\sigma_1'+\sigma_3')_f$	73	120	165
$\frac{1}{2}(\sigma_1-\sigma_3)_f$	46	60	82	$\frac{1}{2}(\sigma_1'-\sigma_3')_f$	46	60	82

（3）固结排水剪切试验（CD，consolidated—drained triaxial test）

固结排水剪切试验，简称排水剪。在围压 σ_3 和偏应力 $\Delta\sigma_1=\sigma_1-\sigma_3$ 施加的过程中，打开排水阀，使试样充分排水固结，孔隙水压力完全消散，直至试样剪坏。排水剪试验得到的抗剪强度指标用 c_d（或 c_{cd}）、φ_d（或 φ_{cd}）表示。排水剪试验施加的应力就是作用于试样上的有效应力。

【例 5-3】 三轴试验数据见表 5-2，试绘制 p、q 关系曲线并换算出 c、φ 值。

表 5-2　三轴试验数据

土样	$p=(\sigma_1+\sigma_3)/2$	$p=(\sigma_1-\sigma_3)/2$
1	230	90
2	550	190
3	900	300

【解】 作 $p\sim q$ 曲线图（用 Excel 软件绘制，并带渐近线表达式）如图 5-19 所示。图中抗剪强度曲线表达式为

$$\frac{1}{2}(\sigma_1-\sigma_3)=\frac{1}{2}(\sigma_1+\sigma_3)\tan\beta+b$$

比较摩尔—库仑极限平衡条件，知

$$\sin\varphi=\tan\beta,\quad c\cdot\cos\varphi=b$$

所以，

$$\begin{cases}\varphi=\arcsin(\tan\beta)\\ c=b/\cos\varphi\end{cases}$$

对于本题，$\tan\beta=0.3134$，$b=17.804$（kPa），于是，

$$\begin{cases}\varphi=\arcsin(\tan\beta)=\arcsin(0.3134)=18.3°\\ c=b/\cos\varphi=17.804\cos18.3°=18.7（kPa）\end{cases}$$

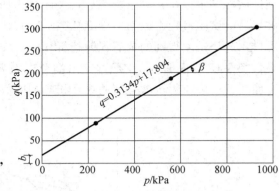

图 5-19　试样 $p\sim q$ 关系曲线

利用本题方法解析，可以采用计算机现有软件 Excel 直接进行统计计算，可很方便地得到抗剪强度指标，而且结果唯一可靠。

也可采用 $\sigma_1-\sigma_3$ 关系或 $\Delta\sigma=(\sigma_1-\sigma_3)\sim\sigma_3$ 关系直线进行统计分析，从而获得抗剪强度指标。

5.3.3　无侧限压缩试验

1. 适用土质

饱和黏性土。

2. 试验原理

相当于三轴压缩试验中，周围压力 $\sigma_3 = 0$ 时的不排水剪切试验。

3. 试验装置

只需向试样施加轴向压力，故仪器构造简单，操作方便。

（1）应变控制式无侧限压力仪：由测力计、加压框架、升降设备组成，如图 5-20 所示。

（2）百分表：量程 10mm，分度值 0.01mm。

（3）天平：量程 5000g，感量 0.1g。

4. 试样制备

试样直径为 35～50mm，高度与直径之比宜采用 2.0～2.5。用卡尺测量试样直径与高度，精确至 0.1mm。

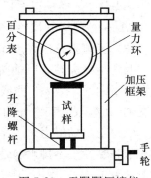

图 5-20　无限限压缩仪

5. 试验方法与步骤

（1）将试样上下两端抹一薄层凡士林，在气候干燥时，试样周围也需抹一薄层凡士林，防止水分蒸发。

（2）将试样放置在下加压板正中，转动手柄，使试样上升与上加压板接触，调整测力计中的百分表读数为零。

（3）转动手轮，开动秒表，使轴向应变速率为每分钟 1%～3% 进行试验。当轴向应变小于 3% 时，每隔 0.5% 应变读数一次；当轴向应变大于等于 3% 时，每隔 1% 应变读数一次。使试样在 8～10 分钟内被剪破。

（4）当测力计读数出现峰值时，继续进行至 3%～5% 的应变值后停止试验；当读数无峰值时，试验应进行到应变达到 20% 为止。

（5）试验结束，反转手轮，取下试样，描述试样破坏后的形状。

（6）如需测得黏性土的灵敏度，将破坏后的试样除去涂有凡士林的表面，加少许余土，包于塑料布内用手搓捏，破坏其天然结构，并重塑成圆柱体。将试样放入重塑筒内，用金属垫板，将试样挤成与原状试样相同的尺寸、密度和含水率。按步骤（1）～（5），测定重塑土的无侧限抗压强度 q_0。

6. 试验成果与计算

（1）轴向应变 ε_1，按下式计算：

$$\varepsilon_1 = \frac{\Delta h}{h_0} \tag{5-18}$$

$$\Delta h = n \cdot \Delta l - R \tag{5-19}$$

式中　Δh——试样轴向变形（mm）；

　　　　n——螺杆上升转数；

　　　　Δl——螺杆上升一转的垂直距离（0.01mm）；

　　　　R——测力计读数（0.01mm）。

（2）轴向应力，应按下式计算：

$$\sigma = \frac{CR}{A} \times 10 \qquad (5\text{-}20)$$

$$A = \frac{A_0}{1 - \varepsilon_1} \qquad (5\text{-}21)$$

式中　C——测力计率定系数（N/0.01mm）；

　　　A——试样校正面积（cm^2）；

　　　A_0——试样的初始断面积（cm^2）。

（3）无侧限抗压强度 q_u

取直角坐标系，以轴向应变 ε 为横坐标，轴向应力 σ 为纵坐标，绘制轴向应变与轴向应力关系曲线。取 ε-σ 曲线上峰值 σ_{max} 为无侧限抗压强度 q_u，如 ε-σ 曲线上峰值不明显时，应取轴向应变 $\varepsilon = 15\%$ 处的轴向应力为 q_u，如图 5-21 所示。

（4）土的黏聚力 c_u

饱和黏性土不排水剪切，内摩擦角 $\varphi_u = 0$。由图 5-22，无侧限抗压强度的莫尔破损应力土 $\sigma_3 = 0$，$\sigma_1 = q_u$。$\varphi_u = 0$ 切线与纵坐标的截距，即为土的黏聚力 c_u（kPa），可采用下式进行计算

$$c_u = \frac{q_u}{2} \qquad (5\text{-}22)$$

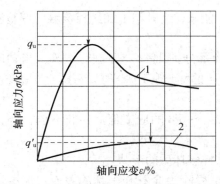

图 5-21　轴向应力与轴向应变关系曲线
1—原状试样；2—重塑试样

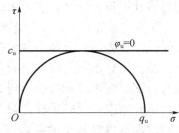

图 5-22　无侧限抗压强度

（5）土的灵敏度 S_t

黏性土的灵敏度，可以根据公式（1-11）得

$$S_t = \frac{q_u}{q'_u} \qquad (5\text{-}23)$$

5.3.4　十字板剪切试验

1. 适用土质条件

十字板剪切试验是一种抗剪强度试验的原位测试方法，不用取原状土，而在现场直接测试地基土的强度，这种方法适用于地基为软弱黏性土、取原状样困难的条件，并可避免在软土取样、运送及制备试样过程中受扰动影响试验成果的可靠性。

2. 试验制备

(1) 十字板剪切仪：十字板剪切仪为试验主要设备，如图 5-23 所示，底端为两块薄钢板正交，横截面呈十字形，故称十字板，中部为轴杆，顶端为旋转施加扭力矩的装置。

(2) 套管：防止软土流动，使轴杆周围无土（即无摩擦力）。

3. 试验方法

(1) 打入套管至测点以上 750mm 高程，清除套管内的残留土。

(2) 将十字板装在轴杆底端，插入套管并向下压至套管底端以下 750mm，或套管直径的 3~5 倍以下的深度。

(3) 在地面上，向装在轴杆顶端的设备施加扭力矩，直至十字板旋转，土体破坏为止。土体的破坏面为十字板旋转形成的圆柱面及圆柱的上、下端面。剪切速率宜控制在 2 分钟内测得峰值强度。

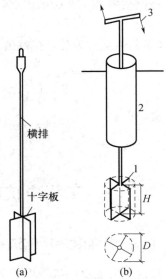

图 5-23 十字板剪切仪
(a) 十字板剪切仪；(b) 十字板剪切试验

4. 成果计算

十字板剪切破坏扭力矩，由两部分组成：

(1) 十字板旋转破坏土柱柱面强度：由土柱圆周 πD 乘以土柱高 H 为土柱周围面积，再乘以半径 $\dfrac{D}{2}$，即扭力臂，再乘以土柱侧面的抗剪力强度 τ_v，可得土柱柱面强度，如公式 (5-24)等号右侧第一项所示。

(2) 土柱上、下端面强度：土柱圆柱面积 $\pi D^2/4$ 乘以扭矩力臂 $(2/3)\times(D/2)=D/3$，再乘以土柱水平向抗剪强度 τ_H，再乘以 2（上、下端面），可得土柱上、下端面强度，如公式 (5-24) 等号右侧第二项所示。

十字板剪切破坏扭力矩 M 为

$$M=\pi DH\times\frac{D}{2}\tau_v+2\times\frac{\pi D^2}{4}\times\frac{D}{3}\tau_H \tag{5-24}$$

式中 D——十字板的直径（m）；

H——十字板的高度（m）；

τ_v、τ_H——分别为剪切破坏时圆柱土体侧面和上、下面土的抗剪强度（kPa）。

为简化计算，令 $\tau_v=\tau_H=\tau_+$，代入公式 (5-24) 可得：

$$\tau_+=\frac{2M}{\pi D^2\left(H+\dfrac{D}{3}\right)} \tag{5-25}$$

十字板现场剪切试验为不排水剪切试验。因此，其试验结果与无侧限抗压强度试验结果接近。饱和软土不排水剪 $\varphi_u=0$，则：

$$\tau_+=\frac{q_u}{2} \tag{5-26}$$

鉴于十字板剪切试验设备简单，操作方便，原位测试成果满意，在软弱黏性土的工程勘察中得到了广泛应用。

【例 5-4】在某饱和粉质黏土中进行十字板剪切试验，十字板头尺寸为 50mm×100mm，测得峰值扭矩 M_{max}＝0.0103kN·m，终值扭矩 M_r＝0.0041kN·m。求该土的抗剪强度和灵敏值。

【解】通常抗剪强度指峰值强度。用式（5-25）计算。

$$\tau_f = \frac{M_{max}}{\frac{\pi D^2}{2}\left(\frac{D}{3}+H\right)} = \frac{0.0103}{\frac{\pi \times 0.05^2}{2}\left(\frac{0.05}{3}+0.1\right)} \approx 22.48 \ (kPa)$$

灵敏度：

$$S_t = \frac{\tau_\rho}{\tau_r} = \frac{M_{max}}{M_r}\frac{0.0103}{0.0041} \approx 2.51$$

5.4 工程中抗剪强度指标的确定方法及影响因素

5.4.1 抗剪强度指标的选择

黏性土的强度性状是很复杂的，它不仅随剪切条件不同而异，而且还受许多因素（例如土的各向异性、应力历史、蠕变等）的影响。此外对于同一种土，强度指标与试验方法以及试验条件都有关，实际工程问题的情况又是千变万化的，用试验室的试验条件去模拟现场条件毕竟还会有差别。因此，对于某个具体工程问题，如何确定土的抗剪强度指标并不是一件容易的事情。

首先要根据工程问题的性质确定分析方法，进而决定采用总应力或有效应力强度指标，然后选择测试方法。一般认为，由三轴固结不排水试验确定的有效应力强度 c' 和 φ' 宜用于分析地基的长期稳定性（例如土坡的长期稳定性分析，估计挡土结构物的长期土压力，位于软土地基上结构物的地基长期稳定分析等）；而对于饱和软黏土的短期稳定问题，则宜采用不固结不排水试验的强度指标 c_u，即 φ_u＝0，以总应力法进行分析。一般工程问题多采用总应力分析法，其指标和测试方法的选择大致如下：

若建筑物施工速度较快，而地基土的透水性和排水条件不良，可采用三轴仪不固结不排水试验或直剪仪快剪试验的结果；如果地基荷载增长速度较慢，地基土的透水性不太小（如低塑性的黏土）以及排水条件又较佳时（如黏土层中夹砂层），则可以采用固结排水或慢剪试验；如果介于以上两种情况之间，可用固结不排水或固结快剪试验结果。由于实际加荷情况和土的性质是复杂的，而且在建筑物的施工和使用过程中都要经历不同的固结状态，因此，在确定强度指标时还应结合工程经验。

5.4.2 《建筑地基基础设计规范》中建议法

《建筑地基基础设计规范》（GB 50007）附录 E 规定，土体内摩擦角标准值 c_k、黏聚力标准值 φ_k，可按下列规定计算：

1. 根据室内 n 组三轴压缩试验的结果，按下列公式计算某一土性指标的变异系数 δ、试验平均值 μ 和标准值 σ：

$$\delta = \sigma/\mu \tag{5-27}$$

$$\mu = \frac{1}{n} \sum_{i=1}^{n} \mu_i \tag{5-28}$$

$$\sigma = \sqrt{\frac{\sum_{i=1}^{n} \mu_i^2 - n\mu^2}{n-1}} \tag{5-29}$$

2. 按下列公式计算内摩擦角和黏聚力的统计修正系数 ψ_φ、ψ_c：

$$\psi_\varphi = 1 - \left(\frac{1.704}{\sqrt{n}} + \frac{4.678}{n^2}\right)\delta_\varphi \tag{5-30}$$

$$\psi_c = 1 - \left(\frac{1.704}{\sqrt{n}} + \frac{4.678}{n^2}\right)\delta_c \tag{5-31}$$

式中　ψ_φ——内摩擦角的统计修正系数；

　　　ψ_c——黏聚力的统计修正系数；

　　　δ_φ——内摩擦角的变异系数；

　　　δ_c——黏聚力的变异系数。

3. 内摩擦角标准值 c_k、黏聚力标准值 φ_k 分别为：

$$c_k = \psi_c c_m \tag{5-32}$$

$$\varphi_k = \psi_\varphi \varphi_m \tag{5-33}$$

式中　φ_m——内摩擦角的试验平均值；

　　　c_m——黏聚力的试验平均值。

5.4.3 抗剪强度指标的影响因素

钢材与混凝土等建筑材料的强度比较稳定，并可由人工加以定量控制。各地区的各类工程可以根据需要选用材料。而土的抗剪强度与之不同，为非标准定值，受很多因素影响。不同地区、不同成因、不同类型土的抗剪强度往往有很大的差别。即使同一种土，在不同的密度、含水率、剪切速率、仪器型式等条件下，其抗剪强度的数值也不相等。

根据库仑公式 (5-6) 可知：土的抗剪强度 τ_f 与法向压力 σ、土的内摩擦角 φ 和土的黏聚力 c 三者有关。因此，影响抗剪强度的因素可归为两类：

1. 土的物理化学性质的影响

(1) 土粒的矿物成分：砂土中的石英矿物含量多，内摩擦角 φ 大；云母矿物含量多，则内摩擦角 φ 小。黏性土的矿物成分不同，土粒电分子力等不同，黏聚力 c 也不同。土中含有各种胶结物质，可使 c 增大。

(2) 土的颗粒形状与级配：土的颗粒越粗，表面越粗糙，内摩擦角 φ 越大。土的级配良好，φ 大；土粒均匀，φ 小。

(3) 土的原始密度：土的原始密度越大，土粒之间接触点多且紧密，则土粒之间的表面摩擦力和粗粒土的咬合力越大，即 φ 越大。同时，土的原始密度大，土的孔隙小，接触紧密，黏聚力 c 也必然大。

(4) 土的含水率：当土的含水率增加时，水分在土粒表面形成润滑剂，使内摩擦角 φ 减小。对黏性土来说，含水率增加，将使薄膜水变厚，甚至增加自有水，使抗剪强度降低。联系实际，凡是山坡滑动，通常都在雨后，雨水入渗使山坡土中含水率增加，降低土的抗剪强度，导致山坡失稳滑动。

（5）土的结构：黏性土具有结构强度，如黏性土的结构受扰动，其黏聚力 c 降低。

砂土与黏性土的 c、φ 参考值见表5-3。

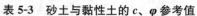

表5-3　砂土与黏性土的 c、φ 参考值

土的名称	塑限含水率（%）	土的指标 c(kPa) φ(°)	孔隙比 0.41~0.50 饱和状态含水量 14.8~18.1		0.51~0.60 18.4~21.6		0.61~0.70 22.0~25.2		0.71~0.80 25.6~28.8		0.81~0.95 29.2~34.2		0.96~1.00 34.6~39.6	
			标准	计算	标准	计算	标准	计算	标准	计算	标准	计算	标准	计算
粗砂	—	c	243	41	140	38	38	36	—	—	—	—	—	—
		φ												
中砂	—	c	340	38	238	36	135	33	—	—	—	—	—	—
		φ												
细砂	—	c	638	136	436	34	232	30	—	—	—	—	—	—
		φ												
粉砂	—	c	836	234	634	32	430	28	—	—	—	—	—	—
		φ												
黏性土	<9.4	c	1030	228	728	126	527	25	—	—	—	—	—	—
		φ												
	9.5~12.4	c	1225	323	824	122	623	21	—	—	—	—	—	—
		φ												
	12.5~15.4	c	24	11	21	7	14	4	7	2	—	—	—	—
		φ	24	22	23	21	22	20	21	19	—	—	—	—
	15.5~18.4	c	—	—	50	19	25	11	19	8	11	4	8	2
		φ	—	—	22	20	21	19	20	18	19	17	18	16
	18.5~22.4	c	—	—	—	—	68	28	34	19	28	10	19	6
		φ	—	—	—	—	20	18	19	17	18	16	17	15
	22.4~26.4	c	—	—	—	—	—	—	82	36	41	25	36	12
		φ	—	—	—	—	—	—	18	16	17	15	16	14
	26.5~30.4	c	—	—	—	—	—	—	—	—	94	40	47	22
		φ	—	—	—	—	—	—	—	—	16	14	15	13

2. 孔隙水压力的影响

由有效应力原理可知，作用在试样剪切面上的总应力 σ，为有效应力 σ' 与孔隙水压力 u 之和，即 $\sigma = \sigma' + u$。在外荷 σ 作用下，随着时间的增长，孔隙水压力 u 因排水而逐渐消散，同时有效应力 σ' 相应地不断增加。

因为孔隙水压力作用在土中的自由水上，不会产生土粒之间的内摩擦角，只有作用在土颗粒骨架上的有效应力 σ' 才能产生土的内摩擦强度。因此，若土的抗剪强度试验的条件不同，则会影响土中孔隙水是否排出与排出多少，亦即影响有效应力 σ' 的数值大小，使抗剪强度试验结果不同，建筑场地工程地质勘察，应根据实际地质的情况与施工速度，即土中孔隙水压力 u 的消散程度，采用不同的试验方法。

（1）三轴固结排水剪（或直剪慢剪）试验控制条件：如在直剪试验中，施加垂直压力 σ 后，使孔隙水压力完全消散，然后再施加水平剪力。每级剪力施加后都充分排水，使试样在整个试验过程中都处于充分排水条件下，即试样中的孔隙水压力 $u=0$，直至土试样剪损。这种试验方法称为排水剪，试验结果测得的抗剪强度值最大。

（2）三轴不固结不排水剪（或直剪快剪）试验控制条件：与上述固结排水剪（慢剪）相反。如在直剪试验中，施加垂直压力 σ 后立即加水平剪力。并快速试验，在 3～5 分钟内把试样剪损。在整个试验过程中不让土中水排出，使试样中始终存在孔隙水压力 u，因此土中有效应力 σ' 减小，所以试验结果测得的抗剪强度值最小。

（3）三轴固结不排水剪（或直剪固结快剪）试验控制条件：相当于以上两种方法的组合。如在直剪试验中，施加垂直压力 σ 后充分固结，使孔隙水压力全部消散，即固结后再快速施加水平剪力，并在 3～5 分钟将土样剪损。这样的试验结果测得的抗剪强度值居中。

由此可见，试样中的孔隙水压力，对抗剪强度有重要影响。三种不同的试验方法，各适用于不同的土层分布、土质、排水条件及施工速度。

5.5 应力路径

5.5.1 应力路径基本概念

对某种土样采用不同的加荷方法使之剪破，试样中的应力状态变化各不相同。为了分析应力变化过程对土的抗剪强度的影响，可在应力坐标图中用应力点的移动轨迹来描述土体在加荷过程中的应力变化，这种应力点的轨迹就称为应力路径。

以三轴压缩试验为例，例如保持 σ_3 不变而逐渐增大 σ_1，试样的应力变化过程可用一系列莫尔应力圆来表示。如为特定目的需要研究剪切面上的应力变化，由式（5-17）可知，该面与 σ_1 作用面之间夹角 $\alpha_f = 45° + \varphi/2$，由此可在每个应力圆上确定于破坏面上的应力特征点。然后，按应力变化过程顺序将这些点连接起来 [图 5-24（a）中 AM 线]，即为常规三轴压缩试验中剪切破坏面上的应力路径。A 点表示试样仅有周围压力 σ_3 作用，而尚未施加轴向压力的初始情况。M 点表示轴向压力以增至试样剪破，A 与 M 两点之间的各点则表示试验中的剪切过程。

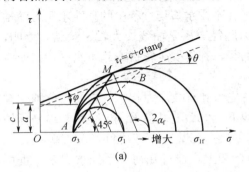
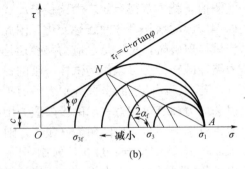

图 5-24 不同荷方法的应力路径

(a) σ_3 不变，σ_1 增大；(b) σ_1 不变，σ_3 减小

三轴压缩试验的加荷方法不同，其应力路径也不同。如在试验中保持 σ_1 不变，而不断减小 σ_3，可获得剪切面上另一种应力路径 [图 5-24 (b)] 中 AN 线。虽然以上两种试验中的试样在轴向均代表最大主应力 σ_1 的作用方向，且剪切面与 σ_1 作用面之间夹角都为 $\alpha_f = 45° + \varphi/2$，但二者试样中的应力状态发展方向却不同。

5.5.2 总应力路径与有效应力路径

确定试样剪切破坏面上的应力需预知破坏面的方向，这些应力也不能直接明确的表示整个试样所处的应力状态。由于土中某点的莫尔应力圆的顶点（剪应力为最大）位置与莫尔圆大小和位置具有一一对应的关系，也即顶点的坐标已知时，该点的应力状态就随之确定下来了。因此，可将顶点的应力作为一个应力特征点来代表整个应力圆。同样按应力变化过程顺序将这些点连接起来 [图 5-24 (a) 中 AB 线]，即为常规三轴压缩试验中最大剪应力面上的应力路径。在 τ-σ 坐标图上，应力圆顶点的横坐标为 $(\sigma_1 + \sigma_3)/2$，纵坐标为 $(\sigma_1 - \sigma_3)/2$。若将 $q = (\sigma_1 - \sigma_3)/2$，$p = (\sigma_1 + \sigma_3)/2$ 作为纵、横坐标，并在 p-q 坐标图上，分别点绘常规三轴压缩试验过程中各个莫尔应力圆顶点的坐标值，各点的连线即为三轴试验在 p-q 坐标上的应力路径表达形式（图 5-25 中 AB 线）。在上述三轴压缩试验中，因 σ_3 维持不变，σ_1 不断增加，应力在 p-q 坐标图上纵、横坐标的变化量总是相等。因此，AB 是直线且必与横坐标成 45°夹角。为使图面整洁直观，常可省去诸多应力圆不画，而在应力路径线上以箭头指明应力状态的发展方向。

在常规三轴压缩试验中，图 5-25 中 AB 线表示的是试样总应力变化的轨迹，称之为总应力路径。而相应的有效应力变化轨迹可由有效应力路径来表示。有效应力圆的顶点坐标与相应的总应力圆顶点坐标之间的关系为

$$\begin{cases} p' = \dfrac{1}{2}(\sigma_1' + \sigma_3') = \dfrac{1}{2}(\sigma_1 + \sigma_3) - u = p - u \\[2mm] q' = \dfrac{1}{2}(\sigma_1' - \sigma_3') = \dfrac{1}{2}(\sigma_1 - \sigma_3) = q \end{cases} \tag{5-34}$$

从式 (5-34) 中可以看出，有效应力路径的确定，取决于试样剪切时孔隙水压力的变化规律。与 τ-σ 坐标图相比，p-q 坐标图上可方便的阐明总应力路径和有效应力路径之间的对应关系。

根据式 (5-34) 的关系，将 AB 线上各总应力点的横坐标减去相应的孔隙水压力 u 的实测值，就可获得有效应力路径 AB' 线。由于试样在不排水剪切过程中的孔隙水压力随轴向偏应力的增加呈非直线性变化，因此，有效应力路径 AB' 是曲线。大量试验结果表明，当试样剪破时，无论是总应力路径还是有效应力路径，都将发生转折或趋于水平，因而应力路径的转折点可以作为试样剪破的标准。

若 B、B' 两点的坐标分别表示剪破时试样的总应力和有效应力状态，它们应分别落在以总应力和有效应力表示的极限应力圆顶点的连线 K_f 和 K_f' 上。设 K_f 和 K_f' 线与纵坐标的截距分别为 α 和 α'，倾角为 θ 和 θ'，则 α、θ 与 c、φ，α'、θ' 与 c'、φ' 之间的相互关系，可采取将 K_f、K_f' 线与强度包线绘制在同一张 τ-σ 坐标图上，通过几何关系推求出来，也可由土的极限平衡理论推算而得。当试样剪破时，由式 (5-9) 可知

$$\frac{1}{2}(\delta_1 - \delta_3)f = c\cos\varphi + \frac{1}{2}(\delta_1 + \delta_3)f\sin\varphi \tag{5-35}$$

而由图 5-24 可知，K_f 线的表达式为

$$\frac{1}{2}(\delta_1-\delta_3)=a+\frac{1}{2}(\delta_1+\delta_3)f\tan\theta \tag{5-36}$$

比较式（5-35）和式（5-36）可知，a、θ 与 c、θ 的关系为

$$\sin\varphi=\tan\theta \tag{5-37}$$

$$c=\frac{a}{\cos\varphi} \tag{5-38}$$

同理，由土的极限平衡理论可推得 a'、θ' 与 c'、φ' 之间的关系为

$$\sin\varphi'=\tan\theta' \tag{5-39}$$

$$c'=\frac{a'}{\cos\varphi'} \tag{5-40}$$

由前述可知，AB 和 AB' 线之间的阴影区域，平行于横坐标轴方向的距离长短反映了试样在剪切过程中孔隙水压力大小变化。对于固结黏土试样来说，由于在不排水剪的整个过程中，始终产生正的孔隙水压力，故有效应力路径 AB' 在总应力路径 AB 的左边，至 B' 点试样剪破，此时的孔隙水压力 u_f 达到最大值（B 与 B' 之间的水平距离）。而超固结黏土试样在不排水剪切中的开始阶段可能产生少量的正孔隙水压力，以后逐渐转为负值。故如图 5-25 所示，有效应力路径 CD' 开始在总应力路径 CD 的左边，随后转到右边。至 D' 点试样剪破时，所产生负的孔隙水压力 $-u_f$ 为 D 与 D' 点之间的水平距离。

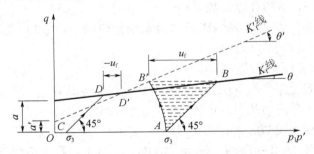

图 5-25 三轴 CU 试验中的应力路径

将具有相同的周围压力下固结（即 A 点下固结）的正常固结黏土试样，作 CU 和 CD 试验的应力路径比较。试样作排水剪时因孔隙水压力始终保持为零，其有效应力路径与总应力路径重合。故排水剪的有效应力路径将沿着图 5-26 中 AB 线继续向右上方延伸，直至交于 K_f' 线上 E 点方才剪破，很显然，对相同条件的正常固结黏土试样来说，排水剪强度比固结不排水剪强度要高。

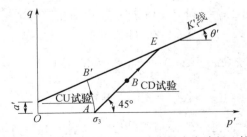

图 5-26 三轴 CU 与 CD 试验中的应力路径比较

【例5-5】若土的泊松比 $\mu=0.3$，求侧限压缩条件下加载时土体中的应力路径。

【解】在侧限压缩条件下加载时，水平向应力增量 $\Delta\sigma_3$ 与竖直向应力增量 $\Delta\sigma_1$ 之比为侧压力系数 K_0。根据式（3-4）有

$$K_0=\frac{\Delta\sigma_3}{\Delta\sigma_1}=\frac{1-\mu}{\mu}=\frac{0.3}{1-0.3}\approx0.429$$

$$\Delta\sigma_3=0.429\Delta\sigma_1$$

又

$$\begin{cases}\Delta p=\dfrac{1}{2}(\Delta\sigma_1+\Delta\sigma_3)=0.715\Delta\sigma_1\\[2mm]\Delta q=\dfrac{1}{2}(\Delta\sigma_1-\Delta\sigma_3)=0.286\Delta\sigma_1\end{cases}$$

故有

$$\frac{\Delta q}{\Delta p}=\frac{0.286\Delta\sigma_1}{0.715\Delta\sigma_1}=0.4$$

即在 p-q 坐标上的应力路径是通过原点，坡比为0.4的直线，如图5-27所示。

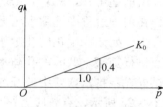

图5-27　例5-5示意图

【例5-6】对某一饱和土样，先施加周围压力 $\sigma_3=100\text{kPa}$，让其排水固结。然后，在不排水条件下施加偏差应力 $\Delta\sigma_1=100\text{kPa}$，测得孔隙系数 $A=0.50$。再在不排水条件下又施加偏差应力 $\Delta\delta_1=80\text{kPa}$，测得本增量段的 $A=0.35$。试绘出试样在加载过程中的总应力路径和有效应力路径。

【解】饱和试样孔压系数 $B=1.0$。

（1）第一级荷载为施加周围压力 $\sigma_3=100\text{kPa}$，并排水固结

加载前试样处于零应力状态：$p=p'=0$，$q=q'=0'$

第一级加载并排水固结后，$u_1=0$，$p_1=p_1'=100$（kPa），$q_1=q_1'=0$

（2）第二级荷载在试样上施加 $\Delta\sigma_1=100\text{kPa}$，不排水，孔压系数 $A=0.5$

孔隙水压力增量：$\Delta u_2=A\cdot\Delta\sigma_1=50$（kPa）

总应力增量：$\Delta p_2=\dfrac{1}{2}(\Delta\sigma_1+\Delta\sigma_3)=\dfrac{1}{2}\Delta\sigma_1=50$（kPa）

$$\Delta q_2=\frac{1}{2}(\Delta\sigma_1-\Delta\sigma_3)=\frac{1}{2}\Delta\sigma_1=50\text{（kPa）}$$

有效应力增量：$\Delta p_2'=\Delta p_2-\Delta u_2=0$，$\Delta q_2'=\Delta q_2=50$（kPa）

第二次加载后，$p_2=100+50=150$（kPa），$p_2'=100$（kPa），$q_2=q_2'=20$（kPa）

（3）第三次荷载又加 $\Delta\sigma_1=80\text{kPa}$，不排水，本偏差应力增量段孔压系数 $A=0.35$

孔隙水压力增量：$\Delta u_3=A\cdot\Delta\sigma_1=28$（kPa）

总应力增量：$\Delta p_3=\dfrac{1}{2}(\Delta\sigma_1+\Delta\sigma_3)=\dfrac{1}{2}\times80=40$（kPa）

$$\Delta q_3=\frac{1}{2}(\Delta\sigma_1-\Delta\sigma_3)=40\text{（kPa）}$$

有效应力增量：$\Delta p_3'=\Delta p_3-\Delta u_3=12$（kPa），$\Delta q_3'=\Delta q_3=40$（kPa）

第三级加载后，$p_3=150+40=190$（kPa），$p_3'=100+12=112$（kPa）

$$q_3 = q'_3 = 50 + 40 = 90 \text{ (kPa)}$$

（4）分别绘制总应力路径和有效应力路径，如图 5-28 中的 $OABC$ 和 $OAB'C'$

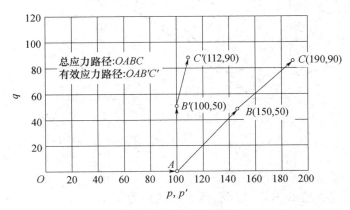

图 5-28　例 5-6 示意图

【例 5-7】对某饱和砂土试样进行围压 $\sigma_3 = 100\text{kPa}$ 下的固结不排水三轴试验，测得试样破坏时的偏差应力 $(\sigma_1 - \sigma_3)_f = 440\text{kPa}$，破坏时的孔压系数 $A_f = -0.16$。试在 $p\text{-}q$ 图上作出有效应力路径（ESP）和总应力路径（TSP），并求出破坏主应力线和破坏包线。

【解】（1）求试样破坏时的孔隙水压力 $\Delta\mu_f$

饱和砂土试样，孔压系数 $B = 1.0$。对固结不排水试验，施加围压力 σ_3 时不产生孔隙水压力。因此有：

$$\mu_f = A_t(\sigma_1 - \sigma_3)_f = -0.16 \times 440 = -70.4 \text{ (kPa)}$$

（2）求破坏时试样的总应力 p_f、q_f 和有效应力 $p'_f - q'_f$

$$p_f = \frac{1}{2}(\sigma_{1f} + \sigma_3) = \frac{1}{2} \times (440 + 100 + 100) = 320 \text{ (kPa)}$$

$$p'_f = p_f - u_f = 320 - (-70.4) = 390.4 \text{ (kPa)}$$

$$q''_f = q_f = \frac{1}{2}(\sigma_1 - \sigma_3)f = 220 \text{ (kPa)}$$

（3）总应力路径

固结前：$p_0 = 0$，$q = 0$，在原点 O。

固结后：$p = \sigma_3 = 100 \text{ (kPa)}$，$q = 0$，在 p_0 点。

剪切破坏时，$p_f = 320 \text{ (kPa)}$，$q_f = 220 \text{ (kPa)}$，即 T 点。

总应力路径为图 5-29 中的 $O - p_0 - T$，其中 $p_0 - T$ 段为倾角为 45°的直线。

（4）有效应力路径

固结前：$p' = 0$，$q' = 0$，在原点 O。

固结后：$p' = \sigma'_3 = 100 \text{ (kPa)}$，$q' = 0$，在 p_0 点。

剪切破坏时：$p'_f = 390.4 \text{ (kPa)}$，$q'_f = 220 \text{ (kPa)}$，即 E 点。

有效应力路径为图 5-29 中的 $O - p_0 - E$。当孔压系数 A 为常数时，$p_0 - E$ 段为直线，否则为曲线。

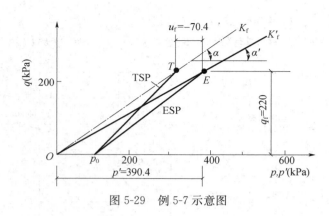

图 5-29　例 5-7 示意图

（5）有效应力破坏主应力线 K'_f 和破坏包线

有效应力破坏主应力线 K'_f 即为 OE 线，其倾角为 α'，

$$\alpha' = \arctan \frac{q'_f}{p'_f} = \arctan \frac{220}{390.4} = \arctan 0.564 = 29.4°$$

5.6　地基土的破坏模式及界限荷载

5.6.1　地基土破坏形式及其判定

试验研究表明，建筑地基在荷载作用下往往由于承载力不足而产生剪切破坏，其破坏形式可分为整体剪切破坏、局部剪切破坏及冲剪破坏三种。

整体剪切破坏的 $p\text{-}s$ 曲线如图 5-29 中的曲线 a 所示，地基变形的发展可分为三个阶段：

1. 线性变形阶段

相应于 $p\text{-}s$ 曲线的 OA 段。由于荷载较小，地基主要产生压密变形，基底压力 p 与沉降 s 基本上成直线关系，此时土体中各点的剪应力均小于抗剪强度，地基处于弹性平衡状态。

2. 弹塑性变形（或剪切）阶段

相应于 $p\text{-}s$ 曲线的 AB 段。当荷载增加超过 A 点压力时，$p\text{-}s$ 曲线不再保持直线。此时基础边缘土体开始发生剪切破坏，随着荷载的增加，剪切破坏区（或塑性变形区）逐渐扩大，土体开始向周围挤出。

3. 完全破坏阶段

相应于 $p\text{-}s$ 曲线的 BC 段。如果荷载继续增加，剪切破坏区不断扩大，最终在地基中形成一连续的滑动面，基础急剧下沉或向一侧倾斜，同时土体被挤出，基础四周地面隆起，地基发生整体剪切破坏，$p\text{-}s$ 曲线陡直下降。

整体剪切破坏的 $p\text{-}s$ 曲线有两个转折点 A 和 B，A 点对应的荷载称为临塑荷载，以 p_{cr} 表示，指基础边缘土体开始出现剪切破坏时基底压力。B 点对应的荷载称为极限荷载，以 p_u 表示，指地基承受基础荷载的极限压力。当基底压力达到 p_u 时，地基发生剪切破坏。一般紧密的砂土、硬黏性土地基常发生整体剪切破坏。

局部剪切破坏是介于整体剪切破坏和冲剪破坏之间的一种破坏形式。随着荷载的增加，剪切破坏区从基础边缘开始，发展到地基内部某一区域（b 中实线区域），但滑动面并不延伸到地面，基础四周地面虽有隆起迹象，但不会出现明显的倾斜和倒塌。相应的 p-s 曲线如图 5-30 中曲线 b 所示，拐点不甚明显，拐点后沉降增长率较前段大，但不像整体剪切破坏那样急剧增加。中等密实的砂土地基常发生局部剪切破坏。

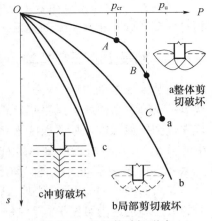

图 5-30 中曲线 c 为冲剪破坏的情况。随着荷载的增加，基础下土层发生压缩变形，当荷载继续增加，基础四周土体发生竖向剪切破坏，基础"切入"土中，但基础中不出现明显的连续滑动面，基础四周地面不隆起，沉降随荷载增加而加大，p-s 曲线无明显拐点。松砂及软土地基常发生冲剪破坏。

图 5-30　地基的破坏形式

地基的剪切破坏形式与多种因素有关，目前尚无合理的理论作为统一的判别标准，表 5-4 综合列出了条形基础在中心荷载作用下不同剪切破坏形式的各种特征，以供参考。

表 5-4　条形基础在中心荷载作用下地基破坏形式的特征

破坏形式	地基中滑动面	p-s曲线	基础四周地面	基础沉降	基础表现	控制指标	事故出现情况	适用条件		
								基土	埋深	加荷速率
整体剪切	连续，至地面	有明显拐点	隆起	较小	倾斜	强度	突然倾倒	密实	小	缓慢
局部剪切	连续，至地面	拐点不易明确	有时稍有隆起	中等	可能倾斜	变形为主	较慢下沉时有倾倒	松散	中	快速或冲击荷载
冲剪	不连续	拐点无法确定	沿基础下陷	较大	仅有下沉	变形	缓慢下沉	软弱	大	快速或冲击荷载

注：表中埋深为基础的相对埋深，即基础埋深与基础宽度的比值。

5.6.2　破坏模式的影响因素和判别

影响地基破坏模式的因素有：地基土的条件，如种类、密度、含水量、压缩性、抗剪强度等；基础条件，如型式、埋深、尺寸等，其中土的压缩性是影响破坏模式的主要因素。如果土的压缩性低，土体相对比较密实，一般容易发生整体剪切破坏。反之，如果土体比较疏松，压缩性高，则会发生冲剪破切。

地基压缩性对破坏模式的影响也会随着其他因素的变化而变化。建在密实土层中的基础，如果埋深大于受到瞬时冲击荷载，也会发生冲切破坏。如果在密实砂层下卧有可压缩的软弱土层，也可能发生冲剪破切。建在饱和正常固结黏土上的基础，若地基土在加载时不发生体积变化，将会发生整体剪切破坏；如果加荷很慢，使地基土固结，发生体积变化，则有可能会发生任何破坏模式，需考虑各方面的因素后综合确定。

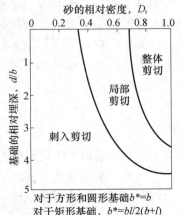

图 5-31　砂土中模型基础下的地基破坏模式

图 5-31 给出魏锡克在砂土上的模型基础试验结果，该图说明了地基破坏模式与基础相对埋深和砂土相对密度的关系。

5.6.3　地基土的临塑荷载

地基土在基础边缘处有剪应力集中。当荷载较小时，地基土处于弹性阶段，对应的荷载 p-s 沉降关系曲线也呈直线形式。当荷载增大到某一值时，基础边缘处地基土中剪应力首先达到抗剪强度，处于极限平衡状态，对应于 p-s 曲线直线段的终点（图 5-30 曲线 a 中的 A 点），A 点所对应的荷载称为临塑荷载（critical pressure），或比例界限荷载，用 p_{cr} 表示。临塑荷载即为即将出现塑性区时所对应的荷载。

如图 5-32（a）所示，当地表作用有均匀条形荷载 p_0 时，地表下任一点 M 处附加应力的大、小主应力可按下式计算

$$\left.\begin{array}{l} \sigma_1 = \dfrac{p_0}{\pi}(\beta_0 + \sin\beta_0) \\[2mm] \sigma_3 = \dfrac{p_0}{\pi}(\beta_0 - \sin\beta_0) \end{array}\right\} \tag{5-41}$$

式中　p_0——均布条形荷载大小（kPa）；

β_0——M 点与荷载两端点的夹角（弧度）。

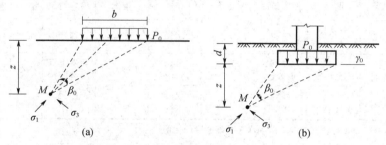

图 5-32　均布条形荷载下地基中的主应力

（a）p_0 作用在地表；（b）有埋深的情况

地基土中一点的总应力是附加应力与自重应力之和。一般的，土中自重应力在各个方向是不等的；但在极限平衡状态时，土体将产生塑性流动，各点处自重应力沿各个方向的压力相等。因此，可以假定土的自重应力场为静力压力场，可将竖向自重应力叠加到大、小主应力上。再考虑基础埋深，如图 5-32（b）所示，则式（5-41）变为

$$\begin{cases} \sigma_1 = \dfrac{p_0}{\pi}(\beta_0 + \sin\beta_0) + \gamma_0 d + \gamma z \\[2mm] \sigma_3 = \dfrac{p_0}{\pi}(\beta_0 - \sin\beta_0) + \gamma_0 d + \gamma z \end{cases} \tag{5-42}$$

式中　γ_0——基础埋深范围内土的加权平均重度；

γ——基底下的重度。

根据莫尔—库仑强度理论，土体极限平衡条件为：

$$\sigma_1 = \sigma_3 \frac{1 + \sin\varphi}{1 - \sin\varphi} + 2c\frac{\cos\varphi}{1 - \sin\varphi} \tag{5-43}$$

将式（5-42）代入式（5-43），整理后得

$$z = \frac{p_0}{\pi\gamma}\left(\frac{\sin\beta_0}{\sin\varphi} - \beta_0\right) - \frac{c}{\gamma\tan\varphi} - \frac{\gamma_0 d}{\gamma} \qquad (5\text{-}44)$$

式（5-44）即为土体中塑性区的边界方程，它是 β_0 的函数，若 P、d、γ_0、γ、φ 为已知，则可绘出塑性区的边界线，如图 5-33 所示。

由式 5-44 可求出塑性区的最大深度，令

$$\frac{\mathrm{d}z}{\mathrm{d}\beta_0} = \frac{p_0}{\pi\gamma}\left(\frac{\cos\beta_0}{\sin\varphi} - 1\right) = 0$$

解得

$$\beta_0 = \frac{\pi}{2} - \varphi \qquad (5\text{-}45)$$

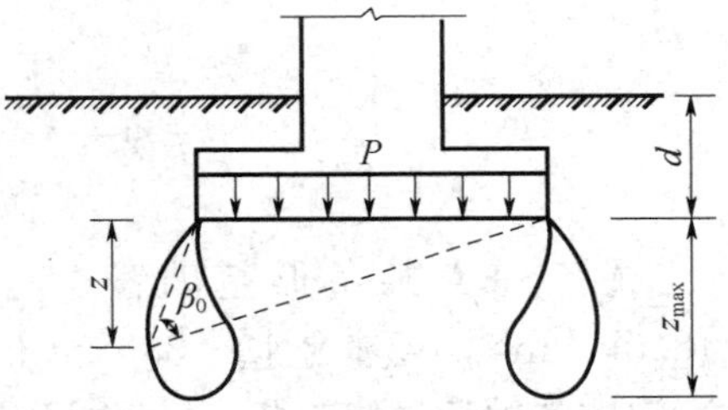

将式（5-45）代入式（5-44），可求得 z_{max}

图 5-33 条形基础底面边缘的塑性区

$$z_{max} = \frac{p_0}{\pi\gamma}\left(\cot\varphi - \frac{\pi}{2} + \varphi\right) - \frac{c}{\gamma\tan\varphi} - \frac{\gamma_0 d}{\gamma} \qquad (5\text{-}46)$$

若 $z_{max} = 0$，则意味着在地基内部即将出现塑性区的情况，由临塑荷载的定义可知，此时对应的荷载即为临塑荷载（基底压力）p_{cr}，其表达式为（考虑 $p_0 = p - \gamma_0 d$）

$$p_{cr} = \frac{\pi(\gamma_0 d + c \cdot \cot\varphi)}{\cot\varphi + \varphi - \frac{\pi}{2}} + \gamma_0 d = N_q \gamma_0 d + c N_c \qquad (5\text{-}47)$$

从式中（5-47）可看出，临塑荷载 p_{cr}，其由两部分组成，第一部分为基础埋深的影响，第二部分为地基土黏聚力的作用，这两部分都是内摩擦角 φ 的函数，p_{cr} 随 φ 的增大而增大，也随 c 的增大而增大。

5.6.4 地基土的界限荷载

工程实践表明，只有在一些地基土特别软弱的情况下，采用不允许地基产生塑性区的临塑荷载 p_{cr} 作为地基承载力特征值，不能重复发挥地基的承载能力，取值偏于保守。对于中等强度以上地基土，将控制地基土中塑性区在一定深度范围内的基础荷载作为地基承载力特征值，使地基既有足够的安全度，保证稳定性，又能比较充分的发挥地基土的承载能力，从而达到优化设计，减少地基工程量，节约投资的目的，符合经济合理的原则。根据工程实践经验，在中心荷载作用下，控制塑性区最大开展深度 $z_{max} = b/4$（b 为基础地面宽度），在偏心荷载作用下控制 $z_{max} = b/3$，对一般建筑物是允许的。

允许地基产生一定范围塑性区所对应的基础荷载为塑性临界荷载（critical load），对应于 $z_{max} = b/4$，$z_{max} = b/3$ 的基础荷载分别为塑性临界荷载 $p_{1/4}$、$p_{1/3}$。

若令 $z_{max} = b/4$，则相应荷载即为临界荷载，其表达式为：

$$p_{1/4} = \frac{\pi\left(\gamma_0 d + c \cdot \cot\varphi + \frac{1}{4}\gamma_0 b\right)}{\cot\varphi + \varphi - \frac{\pi}{2}} + \gamma d = c N_c + \gamma_0 d N_q + \gamma_0 b N_{1/4} \qquad (5\text{-}48)$$

若令 $z_{max} = b/3$，则相应荷载即为临界荷载，其表达式为：

$$p_{1/3} = \frac{\pi\left(\gamma_0 d + c \cdot \cot\varphi + \frac{1}{3}\gamma_0 b\right)}{\cot\varphi + \varphi - \frac{\pi}{2}} + \gamma d = c N_c + \gamma_0 d N_q + \gamma_0 b N_{1/3} \qquad (5\text{-}49)$$

其中 N_c、N_q、$N_{1/4}$、$N_{1/3}$ 为承载力系数，可以由下式确定：

$$N_c = \frac{\cot\varphi}{\cot\varphi + \varphi - \frac{\pi}{2}}, \quad N_q = \frac{\pi+1}{\cot\varphi + \varphi - \frac{\pi}{2}}$$

$$N_{1/4} = \frac{\frac{\pi}{4}}{\cot\varphi + \varphi - \frac{\pi}{2}}, \quad N_{1/3} = \frac{\frac{\pi}{3}}{\cot\varphi + \varphi - \frac{\pi}{2}}$$

【例 5-8】 某条形基础置于一均质地基上，宽 3m，埋深 1m，地基土天然重度 $18.0kN/m^3$，天然含水量 38%，土粒相对密度 2.73，抗剪强度指标 $c=15kPa$，$\varphi=12°$，试问该基础的临塑荷载 p_{cr}、临界荷载 $p_{1/4}$、$p_{1/3}$ 各为多少？若地下水位上升至基础底面，假定土的抗剪强度指标不变，其 p_{cr}、$p_{1/4}$、$p_{1/3}$ 有何变化？

【解】 根据 $\varphi=12°$，算得 $N_c=4.42$，$N_q=1.94$，$N_{1/4}=0.23$，$N_{1/3}=0.31$；计算 $q=\gamma_m d=18.0\times1.0=18.0kPa$。按式 (5-47)、式 (5-48)、式 (5-49) 分别求算如下：

$p_{cr}=cN_c+qN_q=15\times4.42+18.0\times1.94=101$ (kPa)

$p_{1/4}=cN_c+\gamma_0 dN_q+\gamma_0 bN_{1/4}=15\times4.42+18.0\times1.94+18.0\times3.0\times0.23=114$ (kPa)

$p_{1/3}=cN_c+\gamma_0 dN_q+\gamma_0 bN_{1/3}=15\times4.42+18.0\times1.94+18.0\times3.0\times0.31=118$ (kPa)

地下水位上升到基础底面，此时 γ 需取浮重度 γ' 为

$$\gamma' = \frac{(d_s-1)\gamma}{d_s(1+w)} = \frac{(2.73-1)\times18.0}{2.73(1+0.38)} = 8.27 \text{ (kN/m}^3\text{)}$$

则

$p_{cr}=15\times4.42+18.0\times1.94=101$ (kPa)

$p_{1/4}=15\times4.42+18.0\times1.94+8.27\times3.0\times0.23=107$ (kPa)

$p_{1/3}=15\times4.42+18.0\times1.94+8.27\times3.0\times0.31=109$ (kPa)

5.7　地基的极限承载力

地基极限承载能力（ultimate bearing capacity of foundation soil）是地基即将破坏时作用在基础底面的压力。目前，求解极限承载力一般采用假定滑动面法，即先假设滑动面的形状，然后取滑动面所包围的土体作为隔离体，根据静力平衡条件求出极限荷载。

5.7.1　普朗德尔公式

普朗德尔（Prandtl，1920）根据塑性理论，导得了刚性冲模压入无质量的半无限刚塑性介质时的极限压应力公式。若应用于地基极限承载力课程，则相当于一无限长、底面光滑的条形荷载板置于无质量（$\gamma=0$）的土表面上，当土体处于极限平衡状态时，塑性区的边界如图 5-34 (a) 所示。由于基底光滑，Ⅰ区大主应力 σ_1 为垂直方向，破裂面与水平面成 $45°+\varphi/2$ 角，称为主动朗金区；Ⅲ区大主应力 σ_1 方向水平，破裂面与水平面成 $45°-\varphi/2$ 角，称被动朗金区；Ⅱ区的滑动线由对数螺线 bc 及辐射线 ab 和 ac 组成，且 $ab=\gamma_0$，$ac=\gamma_1$，bc 的方程为 $\gamma=\gamma_0 \exp(\theta\tan\varphi)$。取脱离体 $obce$，根据作用在脱离体上力的平衡条件，不计基底以下地基土的重度，可求得极限承载力为

$$p_u = cN_c \tag{5-50}$$

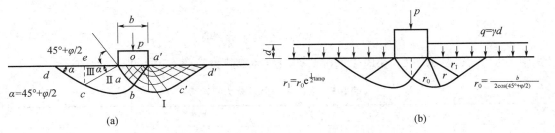

图 5-34　普朗德尔理论假设的滑动面
(a) 基础无埋深；(b) 基础油埋深

其中

$$N_c = \cot\varphi \left[\tan^2 \left(45° + \frac{\varphi}{2} \right) \exp(\pi\tan\varphi) - 1 \right] \tag{5-51}$$

式中　N_c——承载力因数，是仅与 φ 有关的无量纲系数；

　　　　c——土的黏聚力。

　　如果考虑到基础有一定的埋置深度 d [图 5-34 (b)]，将基底以上土重用均布超载 $q(=\gamma d)$ 代替，赖斯纳（Reissner，1924）导得了计入基础埋深后的极限承载力为：

$$p_u = cN_c + qN_q \tag{5-52}$$

其中

$$N_q = \tan^2 \left(45° + \frac{\varphi}{2} \right) \exp(\pi\tan\varphi) \tag{5-53}$$

　　显见，普朗德尔的极限承载力公式与基础宽度无关，这是由于公式推导中不计地基土的重度所致，此外基底与土之间尚存在一定的摩擦力，因此普朗德尔公式只是一个近似公式。在普朗德尔和赖斯纳之后，不少学者在这方面继续进行了许多研究工作，如太沙基（1943）、泰勒（Taylor，1948）、梅耶霍夫（Mcyerhof，1951）、汉森（Hansen，1961）以及魏西克（Vesic，1973）等。以下仅对太沙基公式及汉森公式进行简要介绍。

5.7.2　太沙基公式

　　太沙基假定基础底面是粗糙的，基底与土之间的摩擦阻力阻止了基底处剪切位移的发生，因此直接在基底以下的土不发生破坏而处于弹性平衡状态，根据 I 区土楔体的静力平衡条件可导得太沙基极限承载力计算公式为：

$$p_u = cN_c + qN_q + \frac{1}{2}\gamma bN_\gamma \tag{5-54}$$

式中　q——基底水平面以上基础两侧的超载（kPa），$q = \gamma_0 d$；

　　　b、d——基底的宽度和埋置深度（m）；

　　　N_c、N_q、N_γ——无量纲承载力因数，仅与土的内摩擦角有关，可由表 5-5 中实线查得，N_q 及 N_c 值也可按式（5-51）及（5-53）计算求得。

　　式（5-54）适用于条形荷载下的整体剪切破坏（坚硬黏土和密实砂土）情况。对于局部剪切破坏（软黏土和松砂），太沙基建议采用经验方法调整抗剪强度指标 c 和 φ，即以 $c' = 2c/3$，$\varphi' = \arctan(2/3\tan\varphi)$ 代替式（5-51）及（5-53）中的 c 和 φ。故式（5-54）

变为

$$p_u = \frac{2}{3}cN_c' + qN_q' + \frac{1}{2}\gamma bN_\gamma' \tag{5-55}$$

式中 N_c'、N_q' 及 N_γ'——相应于局部剪切破坏的承载力因数，可查表 5-5 得到。

表 5-5　太沙基地基承载力系数表

φ (°)	N_c	N_q	N_γ	φ' (°)	N_c'	N_q'	N_γ'
0	5.7	1.00	0.00	24	23.4	11.4	8.6
2	6.5	1.22	0.23	26	27.0	14.2	11.5
4	7.0	1.48	0.39	28	31.6	17.8	15
6	7.7	1.81	0.63	30	37.0	22.4	20
8	8.5	2.20	0.86	32	44.4	28.7	28
10	9.5	2.68	1.20	34	52.8	36.6	36
12	10.9	3.32	1.66	36	63.6	47.2	50
14	12.0	4.00	2.20	38	77.0	61.2	90
16	13.0	4.91	3.00	40	94.8	80.5	130
18	15.5	6.04	3.90	42	119.5	109.4	195
20	17.6	7.42	5.00	44	151.0	147.0	260
22	20.2	9.17	6.50	45	172.2	173.3	326

方形和圆形基础属于三维，至今尚未导得其分析解，太沙基根据试验资料建议按以下公式计算。

方形基础（宽度为 b）：

$$p_u = 1.2cN_c + \gamma_0 dN_q + 0.4\gamma bN_\gamma \tag{5-56}$$

圆形基础（直径为 d）：

$$p_u = 1.2cN_c + \gamma_0 dN_q + 0.6\gamma bN_\gamma \tag{5-57}$$

对于矩形基础（$b \times l$），可按 b/l 值在条形基础（$b/l = 10$）与方形基础（$b/l = 1$）之间以插入法求得。若地基为软黏土或松砂，将发生局部剪切破坏，此时，上两式中的承载力因数均应改用 N_c'、N_q' 及 N_γ' 值。

应用太沙基极限荷载公式（5-54）、公式（5-55）、公式（5-56）和公式（5-57）进行基础设计时地基承载力为：

$$f = \frac{p_u}{K} \tag{5-58}$$

式中 K——地基承载力安全系数，$K \geqslant 3.0$。

5.7.3　汉森公式

上述的极限承载力 p_u 和承载力系数 N_γ、N_q、N_c 均按条形竖直荷载推导得到。汉森在极限承载力上的主要贡献就是对承载力进行数项修正，包括非条形荷载的基础形状修正。埋深范围内考虑土抗剪强度的深度修正，基底有水平荷载时的荷载倾斜修正，地面有倾角 β 时的地面修正以及基底有倾角 η 时的基底修正，每种修正均在承载力系数 N_γ、N_q、

N_c 上乘以相应的修正系数。加修正后汉森的极限承载力公式为：

$$p_u = \frac{1}{2}\gamma b N_\gamma s_\gamma d_\gamma i_\gamma g_\gamma b_\gamma + q N_q s_q d_q i_q g_q b_q + c N_c s_c d_c i_c g_c b_c \tag{5-59}$$

式中　N_γ、N_q、N_c——地基承载力系数；在汉森公式中取 $N_q = \tan^2(45° + \varphi/2)e^{\pi\tan\varphi}$，$N_c = (N_q - 1)\cot\varphi$，$N_\gamma = 1.5(N_q - 1)\tan\varphi$；

　　　　s_γ、s_q、s_c——相应于基础形状修正的修正系数；

　　　　d_γ、d_q、d_c——相应于考虑埋深范围内土强度的深度修正系数；

　　　　i_γ、i_q、i_c——相应于荷载倾斜的修正系数；

　　　　g_γ、g_q、g_c——相应于地面倾斜的修正系数；

　　　　b_γ、b_q、b_c——相应于基础底面倾斜的修正系数。

对于 $d \leqslant b$，$\varphi > 0°$ 的情况，汉森提出的上述各系数的计算公式见表 5-6。

表 5-6　汉森承载力公式中的修正系数

形状修正系数（无荷载倾斜）	深度修正系数	荷载倾斜修正系数	地面倾斜修正系数	基底倾斜修正系数
$s_c = 1 + 0.2\dfrac{b}{l}$	$d_c = 1 + 0.4\dfrac{d}{b}$	$i_c = i_q - \dfrac{1 - i_q}{N_q - 1}$	$g_c = 1 - \dfrac{\beta°}{147°}$	$b_c = 1 - \dfrac{\overline{\eta}°}{147°}$
$s_q = 1 + \dfrac{b}{l}\tan\varphi$	$d_q = 1 + 2\tan\varphi \cdot$ $(1-\sin\varphi)^2\dfrac{d}{b}$	$i_q = \left(1 - \dfrac{0.5 P_h}{P_v + A_f c \cdot \cot\varphi}\right)^5$	$g_q = (1 - 0.5\tan\beta)^5$	$b_q = \exp(-2\overline{\eta}\tan\varphi)$
$s_\gamma = 1 - 0.4\dfrac{b}{l}$	$d_\gamma = 1.0$	$i_\gamma = \left(1 - \dfrac{0.7 P_h}{P_v + A_f c \cdot \cot\varphi}\right)^5$	$g_\gamma = (1 - 0.5\tan\beta)^5$	$b_\gamma = \exp(-2\overline{\eta}\tan\varphi)$

表中符号

A_f——基础的有效接触面积 $A_f = b'l'$；

b'——基础的有效宽度 $b' = b - 2e_b$；

l'——基础的有效长度 $l' = l - 2e_l$；

d——基础的埋置深度；

e_b、e_l——相对于基础面积中心的荷载偏心距；

l——基础的长度；

φ——地基土的内摩擦角

P_h——平行于基底的荷载分量；

P_v——垂直于基底的荷载分量；

β——地面倾角；

$\overline{\eta}$——基底倾角；

b——基础的宽度；

c——地基土的黏聚力；

应用汉森公式进行基础设计时，地基承载力设计值应在计算值的基础上按表 5-7 进行折减。

表 5-7　汉森公式安全系数

土或荷载条件	安全系数 K
无黏性土	2.0
黏性土	3.0
瞬时荷载（风、地震及相当的荷载）	2.0
静荷载或长期的活荷载	2 或 3（视土样而定）

5.7.4 影响地基承载力的因素

通过理论方法确定地基承载力的分析可知，地基承载力的大小受各种因素的影响。经总结有以下几个方面：

1. 地基土性质指标

地基土的物理力学性质指标很多，对地基极限荷载有影响的主要是土的抗剪强度指标 φ、c 和密度指标 γ。土的内摩擦角 φ 值的大小，对地基极限荷载的影响最大。如 φ 越大，即 $\tan(45° + \varphi/2)$ 越大，则承载力系数 N_γ、N_q、N_c 都大；如地基土的黏聚力 c 较大，则极限承载公式中的含 c 的一项将增大；不言而喻，凡地基土的 c、φ、γ 越大，则极限承载力 p_u 相应也越大。

2. 基础宽度

若基础设计宽度 b 加大时，地基极限荷载公式第一项增大，即 p_u 增大。但在饱和软土地基中，b 增大后对 p_u 几乎没有影响，这是因为饱和软土地基内摩擦角 $\varphi = 0$，即承载力系数 $N_\gamma = 0$，无论 b 增大多少，p_u 的第一项均为零。

3. 基础埋深

当基础埋深 d 加大时，则基础旁侧荷载 $q = \gamma_0 d$ 增大，即极限荷载公式第三项增加，因而 p_u 也增大。

4. 荷载作用方向不同

若荷载为倾斜荷载，偏离竖直方向的倾斜角度越大，则相应的倾斜系数 i_γ、i_q、i_c 就越小，因而极限荷载 p_u 也越小，反之越大；如荷载为竖直方向，即倾斜角为零，倾斜系数 $i_\gamma = i_q = i_c = 1$ 则极限荷载最大。

5. 荷载作用时间

若荷载作用时间很短，如地震荷载，则极限荷载可以提高；如地基为高塑性黏土，呈可塑或软塑状态，在长时期荷载作用下，使土产生蠕变降低土的强度，即极限荷载降低。

【例 5-9】 某条形基础宽 5m，基底埋深 1.2m，地基土 $\gamma = 18.0 \text{kN/m}^3$，$\varphi = 22°$，$c = 15.0 \text{kPa}$，试计算该地基的临塑荷载 p_{cr} 及 $p_{1/4}$。

【解】（1）由式（5-47）可求得临塑荷载 p_{cr} 为：

$$p_{cr} = \left[\frac{\pi(18.0 \times 1.2 + 15.0\cot 22°)}{\cot 22° + 22° \times \pi/180° - \pi/2} + 18.0 \times 1.2 \right] \text{kPa} = 164.8 \ (\text{kPa})$$

（2）由式（5-48）可求得 $p_{1/4}$ 为：

$$p_{1/4} = \left[\frac{\pi(18.0 \times 1.2 + 15.0\cot 22° + 18.0 \times 5/4)}{\cot 22° + 22° \times \pi/180° - \pi/2} + 18.0 \times 1.2 \right] \text{kPa} = 210.7 \ (\text{kPa})$$

【例 5-10】 若地基属于整体剪切破坏，试分别采用太沙基公式及汉森公式确定其承载力设计值，并与 $p_{1/4}$ 进行比较。

【解】（1）根据 $\varphi = 22°$，由表 5-5 查得太沙基承载力因数为

$$N_c = 20.2, \quad N_q = 9.17, \quad N_\gamma = 6.50$$

由式（5-54）可得极限承载力为

$$p_u = (20.2 \times 15.0 + 9.17 \times 18.0 \times 1.2 + 6.50 \times 18.0 \times 5/2) \text{kPa} = 793.6 (\text{kPa})$$

式（5-59）可得：$N_c = 16.9$，$N_q = 7.8$，$N_\gamma = 4.1$；垂直荷载 $i_c = i_q = i_\gamma = 1$；条形基

础 $S_c=S_q=S_\gamma=1$；又 $\beta=0$ 和 $\eta=0$，故有 $g_c=g_q=g_\gamma=b_c=b_q=b_\gamma=1$；根据 $d/b=0.24$，由式（5-59）可得

$$d_c=1+0.35\times0.24=1.1$$
$$d_q=1+2\tan22°(1-\sin22°)\times0.24=1.1$$
$$d_\gamma=1$$

故

$$p_u=(15.0\times16.9\times1\times1.1\times1\times1\times1\times1+18.0\times1.2\times7.8\times1\times1.1\times1\times1\times1+$$
$$18.0\times5\times4.1\times1\times1\times1\times1\times1/2)kPa=648.7(kPa)$$

（2）若取安全系数 $K=3$（黏性土），则可得承载力设计值 p_v 分别为

太沙基公式　$p_v=793.6/3=264.5(kPa)$

汉森公式　$p_v=648.7/3=216.2(kPa)$

而　$p_{1/4}=219.7(kPa)$

由上可见，对于该例题地基，由汉森公式计算的承载力设计值与 $p_{1/4}$ 比例接近，而由太沙基公式计算的结果相差较大。

5.8　地基容许承载力

5.8.1　地基容许承载力概念

地基极限承载力是从地基稳定的角度判断地基土体所能够承受的最大荷载。但是虽然地基尚未失稳，若变形太大，引起上部建筑物结构破坏或者不能正常使用也是不允许的。所以正确的地基设计，既要保证满足地基稳定性要求，也要保证满足地基变形的要求，也就是说，要求作用在基底的压应力不超过地基的极限承载力，并且有足够的安全度，而且所引起的变形不能超过建筑物的容许变形。满足以上两项要求，地基单位面积上所能承受的荷载就称为地基在正常使用极限状态设计中的容许承载力。

显然，地基的容许承载力不仅取决于地基土的性质，而且受其他很多因素的影响。除基础宽度、基础埋置深度外，建筑物的容许沉降起重要作用。所以，地基的"容许承载力"与材料的"容许强度"的概念差别很大。材料的容许强度一般只取决于材料的特性，例如钢材的容许强度 $[\sigma]$ 很少与构件断面的大小和形状有关。而地基的容许承载力不只取决于地基土的特性。这是研究地基容许承载力问题时必须了解的一个基本概念。

由于地基的容许承载力牵涉到建筑物的容许变形，因此要确切的确定它就很难。一般的求法是先保证地基稳定的要求，即按极限承载力除以安全系数（通常取 $2\sim3$），或者是控制地基内极限平衡区的发展范围，或者采用某种经验数值作为初值。根据这个初值设计基础，然后再进行沉降验算，如果沉降也满足要求，则这时的基底压力就是地基的容许承载力。

5.8.2　按《建筑地基基础设计规范》确定地基承载力

根据具体工程要求，可采用由极限平衡理论得到的地基土临塑荷载 p_{cr} 和塑性临界荷载 $p_{1/4}$、$p_{1/3}$ 计算公式确定地基承载力特征值，也可以采用普朗特尔（Prandtl）、雷斯诺（Reissner）、太沙基（Terzaghi）、斯肯普顿（Skempton）、魏西克（Visic）、汉森（Han-

173

son）等地基极限承载力公式除以安全系数确定地基承载力的特征值。对太沙基极限承载力公式，安全系数取 2～3，对斯肯普顿公式，安全系数取 1.1～1.5。

《建筑地基基础设计规范》（GB 50007）采用塑性临界荷载的概念，并参考普朗特尔、太沙基的极限承载力公式，规定了按地基土抗剪强度确定地基承载力特征值的方法。

1. 承载力公式法

当偏心距 e 小于或等于 0.033 倍基础底面宽度时，根据土的抗剪强度指标确定地基承载力特征值可按下式计算，并应满足变形要求：

$$f_a = M_b \gamma b + M_d \gamma_m d + M_c c_k \tag{5-60}$$

式中　f_a——由土的抗剪强度指标确定的地基承载力特征值（kPa）；

　　　M_b、M_d、M_c——承载力系数，按表 5-8 确定；

　　　b——基础底面宽度，大于 6m 时按 6m 取值，砂土小于 3m 时按 3m 取值（m）；

　　　c_k、φ_k——基底以下 1 倍底宽 b 内的地基土摩擦角和黏聚力标准值。

表 5-8　承载力系数表

φ_k (°)	M_b	M_d	M_c	φ_k (°)	M_b	M_d	M_c
0	0	1.00	3.14	22	0.61	3.44	6.04
2	0.03	1.12	3.32	24	0.80	3.87	6.45
4	0.06	1.25	3.51	26	1.10	4.37	6.90
6	0.10	1.39	3.71	28	1.40	4.93	7.40
8	0.14	1.55	3.93	30	1.90	5.59	7.95
10	0.18	1.73	4.17	32	2.60	6.35	8.55
12	0.23	1.94	4.42	34	3.40	7.21	9.22
14	0.29	2.17	4.69	36	4.20	8.25	9.97
16	0.36	2.43	5.00	38	5.00	9.44	10.80
18	0.43	2.72	5.31	40	5.80	10.84	11.73
20	0.51	3.06	5.66				

使用该公式时有如下几点值得注意：

（1）该公式与确定塑性区深度的临界荷载 $p_{1/4}$ 的公式是相似的，在表 5-8 中，当 $\varphi < 20°$ 时，它与式（5-54）中 $p_{1/4}$ 的三个承载力系数数值基本相同；当 $\varphi > 20°$ 时，试（5-60）的宽度系数值显著提高了。

（2）与 $p_{1/4}$ 的公式一样，该公式也是在竖向中心荷载条件下推导的，所以它适用于偏心距 e 不大的情况，要求 $e \leqslant 0.033b$。

2. 承载力修正公式

理论分析和工程实践均已证明，基础是深埋，基础底面尺寸影响地基承载力。而上述原位测试中，地基承载力测定都是在基础宽度 $\leqslant 3m$ 和基础埋深 $\leqslant 0.5m$ 条件下进行的。因此，必须考虑这两个因素影响。通常采用经验修正的方法来考验实际基础的埋置深度和基础宽度对地基承载力的有利影响。《建筑地基基础设计规范》（GB 50007）规定，当基础宽度大于 3m 或基础埋置深度大于 0.5m 时，从载荷试验或其他原位测试、经验值等方法确定的地基承载力特征值尚应按下式进行修正

$$f_a = f_{ak} + \eta_b \gamma (b-3) + \eta_d \gamma_m (d-0.5) \tag{5-61}$$

式中　f_a——修正后的地基承载力特征值；

　　　f_{ak}——地基承载力特征值，按前述方式确定；

η_b、η_d——基础宽度和埋深的地基承载力修正系数，按表 5-9 查取；

γ——基础底面以下土的重度，水位以下取浮重度；

b——基础底面宽度（m），当基宽小于 3m 按 3m 取值，大于 6m 按 6m 取值；

γ_m——基础底面以上土加权平均重度，水位以下取浮重度；

d——基础埋置深度（m），一般自室外地面标高算起。在填方整平地区，可自填土地面标高算起，但填土在上部结构施工完成时，应从天然地面标高算起。对于地下室，如采用箱形基础或板基础时，应从室内地面标高算起。

表 5-9　承载力修正系数

土的类别		η_b	η_d
淤泥和淤泥质土		0	1.0
人工填土		0	1.2
e 或 I_L 大于等于 0.85 的黏性土		0.15	1.4
红黏土	含水比 $a_w > 0.8$	0	1.2
	含水比 $a_w \leqslant 0.8$	0.15	1.4
大面积压实填土	压实系数大于 0.95，黏粒含量 $\rho_e \geqslant 10\%$ 的粉土、	0	1.5
	最大干密度大于 $2.1 t/m^3$ 的级配砂石		2.1
粉土	黏粒含量 $\rho_c \geqslant 10\%$ 的粉土	0.3	1.5
	黏粒含量 $\rho_c < 10\%$ 的粉土	0.5	2.0

注：① 强风化和全风化的岩石，可参照所风化土的类型取值，其他状态下的岩石不修正；
　　② 地基承载力特征值按深层平板载荷试验确定时 η_d 取 0。

【例 5-11】某场地土层分布及各项物理力学指标如图 5-35 所示，若在该场地拟建下列基础：①柱下扩展基础，底面尺寸 2.6m×4.8m，基础底面设置于粉质黏土层顶面；②高层箱形基础，底面尺寸 12m×45m，基础埋深为 4.2m。试确定这两种情况下持力层承载力修正特征值。

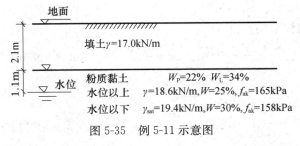

图 5-35　例 5-11 示意图

【解】（1）柱下扩展基础

$$b = 2.6m < 3 \text{ 按 3m 考虑，} \quad d = 2.1m$$

粉质黏土层水位以上

$$I_L = \frac{w - w_p}{w_L - w_p} = \frac{25 - 22}{34 - 22} = 0.25$$

$$e = \frac{d_s(1+w)\gamma_w}{\gamma} - 1 = \frac{2.71 \times (1+0.25) \times 10}{18.6} - 1 = 0.82$$

查表 5-9 得 $\eta_b=0.3$、$\eta_d=1.6$

将各指标值代入公式（5-61）中得

$$f_a=f_{ak}+\eta_b\gamma(b-3)+\eta_d\gamma_m(d-0.5)$$
$$=[165+0+1.6\times17\times(2.1-0.5)]kPa=211.2(kPa)$$

（2）箱形基础

$$b=6m，按6m考虑，d=4.2m$$

基础底面位于水位以下

$$I_L=\frac{w-w_p}{w_L-w_p}=\frac{30-22}{34-22}=0.67$$

$$e=\frac{d_s(1+w)\gamma_w}{\gamma}-1=\frac{2.71\times(1+0.30)\times10}{19.4}-1=0.82$$

查表 5-9 得到 $\eta_b=0.3$、$\eta_d=1.6$

水位以下浮重度

$$\gamma'=\frac{d_s-1}{1+e}\gamma_w=\frac{(2.71-1)\times10^3}{1+0.82}=9.4(kN/m^3)$$

或

$$\gamma'=\gamma_{sat}-\gamma_w=9.4(kN/m^3)$$

基底以上土的加权平均重度为

$$\gamma_m=\frac{17\times2.1+18.6\times1.1+9.4\times1}{4.2}=15.6(kN/m^3)$$

将各指标代入式（5-61）

$$f_a=[158+0.3\times9.4\times(6-3)+1.6\times15.6\times(4.2-0.5)]=258.8(kPa)$$

【例 5-12】 某柱下扩展基础（2.2m×3.0m），承受中心荷载作用，场地土为粉土，水位在地表以下 2.0m，基础埋深 2.5m，水位以上土的重度 $\gamma=17.6kN/m^3$，水位以下饱和重度为 $\gamma_{sat}=18kN/m^3$。土的抗剪强度指标为内聚力 $c_k=14kPa$，内摩擦角 $\varphi_k=21°$，试按规范推荐的理论公式确定地基承载力特征值。

【解】 由 $\varphi_k=21°$，查《建筑地基基础设计规范》（GB 50007）表 5-8 并进行内插，得到 $M_b=0.56$、$M_d=3.25$、$M_c=5.85$。

基底以上土的加权平均重度

$$\gamma_m=\frac{17.6\times2.0+(19-10)\times0.5}{2.5}=15.9(kN/m^3)$$

得到

$$f_a=M_b\gamma b+M_d\gamma_m d+M_c c_k$$
$$=[0.56\times(19-10)\times2.2+3.25\times15.9\times2.5+5.85\times14]=222.2(kPa)$$

5.8.3 按《公路桥涵地基与基础设计规范》确定地基承载力

《公路桥涵地基与基础设计规范》（JTG D63）规定：桥涵地基的容许承载力，可根据地质勘探、原位测试、野外承载试验、邻近旧桥涵调查对比，以及既有的建筑经验和理论公式的计算综合分析确定。如缺乏上述数据时，可参照下述的方法确定。对地质和结构复杂的桥涵地基的容许承载力，应经现场载荷试验确定。

1. 承载力基本容许值 $[f_{a0}]$ 的确定

地基承载力的验算，应以修正后的地基承载力容许值 $[f_{a0}]$ 控制。该值系在地基原位测试或本规范给出的各类岩土承载力容许值［f_{a0}］的基础上，经修正得。

（1）地基承载力特征值容许值应按以下原则确定。

① 地基承载力基本容许值应首先考虑由荷载试验或其他原位测试取得，其值不应大于地基极限承载力1/2。对中小桥、涵洞，当受现场条件限制，或载荷试验和原位测试确有困难时，也可按照下述查表的有关规定采用。

② 地基承载力基本容许值尚应根据基底埋深、基础宽度及地基土的类别进行修正。

③ 软土地基承载力容许值可按照相关规定确定。

④ 其他特殊性岩土地基承载力基本容许值可参照各地区经验或相应的标准确定。

（2）地基承载力基本容许值［f_{a0}］，可根据岩土类别、状态及其物理力学特性指标表5-10～表5-16选用。

① 一般岩石地基可根据强度等级、节理按表5-10确定承载力基本容许值［f_{a0}］。对于复杂的岩层（如溶洞、断层、软弱夹层、易溶岩石、软化岩石等），应按各项因素综合确定。

表 5-10 岩石地基承载力基本容许值［f_{a0}］

坚硬程度	节理发育程度		
	节理不发育	节理发育	节理很发育
	［f_{a0}］/kPa		
坚硬岩、软硬岩	＞3000	3000～2000	2000～1500
较软岩	3000～1500	1500～1000	1000～800
软岩	1200～1000	1000～800	800～500
极软岩	500～400	400～300	300～200

② 碎石土地基可根据其类别和密实程度按表5-11确定承载力基本容许值［f_{a0}］。

表 5-11 碎石土地基承载力基本容许值［f_{a0}］

土名	密实程度			
	密实	中密	稍密	松散
	［f_{a0}］/kPa			
卵石	1200～1000	1000～650	650～500	500～300
碎石	1000～800	800～550	550～400	400～200
圆砾	800～600	600～400	400～300	300～200
角砾	700～500	500～400	400～300	300～200

注：①由硬质岩组成，填充砂土者取高值；由软质岩组成，填充黏性土者取低值；②半胶结的碎石土，可按密实的同类土的［f_{a0}］值提高10%～30%；③松散的碎石土在天然河床中很少遇见，需特别注意鉴定；④漂石、块石的［f_{a0}］值，可参照卵石碎石适当提高。

③ 老黏性土地基可根据压缩模 E_s 量按表5-12确定承载力基本容许值［f_{a0}］。

表 5-12 老黏性土地基承载力基本容许值［f_{a0}］

E_s/kPa	10	15	20	25	30	35	40
［f_{a0}］/kPa	380	430	470	510	550	580	620

注：当老黏性土 E_s＜10MPa 时，承载力基本容许值［f_{a0}］按一般黏性土（表5-13）确定。

④ 一般黏性土可根据液性指数 I_L 和天然孔隙比 e 按表 5-13 确定地基承载力基本容许值 $[f_{a0}]$。

表 5-13　一般黏性土地基承载力基本容许值 $[f_{a0}]$

e	I_L												
	0	0.1	0.2	0.3	0.4	0.5	0.6	0.7	0.8	0.9	1.0	1.1	1.2
	$[f_{a0}]$/kPa												
0.5	450	440	430	420	400	380	350	310	270	240	220	—	—
0.6	420	410	400	380	360	340	310	280	250	220	200	180	
0.7	400	370	350	330	310	290	270	240	220	190	170	160	150
0.8	380	330	300	280	260	240	230	210	180	160	150	140	130
0.9	320	280	260	240	220	210	190	180	160	140	130	120	100
1.0	250	230	220	210	190	170	160	150	140	120	110		
1.1	—	160	150	140	130	120	110	100	90	—	—	—	—

注：①土中含有粗径大于 2mm 的颗粒质量超过总质量 30% 以上者，$[f_{a0}]$/kPa 可适当提高；②当 $e<0.5$ 时，取 $e=0.5$；当 $I_L<0$ 时，取 $I_L=0$。此外，超过表列范围的一般黏性土，$[f_{a0}]=57.22E_s^{0.75}$。

⑤ 新近沉积黏性土地基可根据液性指数 I_L 和天然孔隙比 e 按表 5-14 确定承载力为基本容许值。

表 5-14　新近沉积黏性土地基承载力基本容许值 $[f_{a0}]$

e	I_L		
	≤0.25	0.75	1.25
	$[f_{a0}]$/kPa		
≤0.8	140	120	100
0.9	130	110	90
1.0	120	100	80
1.1	110	90	—

2. 修正后的地基承载力容许值 $[f_{a0}]$ 的确定

当基础位于水中不透水当地层上时，$[f_{a0}]$ 按平均常水位至一般冲刷线的水深每米再增大 10kPa。

$$[f_a]=[f_{a0}]+k_1\gamma_1(b-2)+k_2\gamma_2(h-3) \tag{5-62}$$

式中　$[f_a]$——修正后的地基承载力容许值（KPa）；

　　　　b——基础地面的最小边宽（m），当 $b<2m$ 时，取 $b=2m$，当 $b>10m$ 时，取 $b=10m$；

　　　　h——基础深度（m），自天然地面算起，有水流冲刷时自一般冲刷线算起，当 $h<3m$ 时，$h=3m$，当 $h/b>4$ 时，取 $h=4b$；

　　k_1、k_2——基地宽度、深度修正系数；根据基地持力层土的类别按表 5-15 确定；

　　　　γ_1——基地持力层土的天然重度（kN/m³），若持力层在水面以下且为透水者，应取浮重度；

γ_2——基地以上土层的加权平均重度（kN/m³），换算时若持力层在水面以下，且不透水时，不论基地以上的土的透水性质如何，一律取饱和重度，当透水时，水中部分土层则应取浮重度。

表 5-15　地基土承载力宽度、深度修正系数 k_1、k_2

系数	黏性土				粉土	砂土								碎石土			
	老黏性土	一般黏性土		新近沉积黏性土		粉砂		细砂		中砂		砾砂、粗砂		碎石、圆砾角砾		卵石	
		$I_L\geqslant0.5$	$I_L<0.5$			中密	密实	中密	密实	中密	密实	中密	密实	中密	密实	中密	密实
k_1	0	0	0	0	0	1.0	1.2	1.5	2.0	2.0	3.0	3.0	4.0	3.0	4.0	3.0	4.0
k_2	2.5	1.5	2.5	1.0	1.5	2.0	2.5	3.0	4.0	4.0	5.5	5.0	6.0	5.0	6.0	6.0	10.0

注：① 对于稍密和松散状态的砂、碎石土，k_1、k_2 值可采用表列中密值的50%；② 强风化和全风化的岩石，可参照风化成的相应土类取值，其他状态下的岩石不修正。

3. 软土地基承载力容许值 $[f_a]$ 的确定

软土地基承载力基本容许值 $[f_{a0}]$ 应由载荷试验或其他原位测试取得。载荷试验和原位测试确有困难时，对于中小桥、涵洞地基未经处理的软土地基，承载力容许值 $[f_a]$ 可采用以下两种方法确定。

（1）根据原状土天然含水量 w，按表 5-16 确定软土地基承载力基本容许值 $[f_{a0}]$，然后按下式计算修正后的地基承载力容许值 $[f_a]$

$$[f_a]=[f_{a0}]+\gamma_2 h \tag{5-63}$$

式中　γ_2、h——意义同前。

表 5-16　软土地基承载力基本容许值 $[f_{a0}]$

天然含水量 w（%）	36	40	45	50	55	65	75
$[f_{a0}]$/kPa	100	90	80	70	60	50	40

（2）根据原状土强度指标确定软土地基承载力容许值 $[f_a]$

$$[f_a]=\frac{5.14}{m}k_p C_u+\gamma_2 h \tag{5-64}$$

$$k_p=\left(1+0.2\,\frac{b}{l}\right)\left(1-\frac{0.4H}{blC_u}\right) \tag{5-65}$$

式中　m——抗力修正系数，可视为软土灵敏度及基础长宽等因素，选用 $1.5\sim2.5$；

$\qquad C_u$——地基土不排水抗剪强度标准值（kPa）；

$\qquad k_p$——系数；

$\qquad H$——由作用（标准值）引起水平力（kN）；

$\qquad b$——基础宽度（m），有偏心作用时，取 $b-2e_b$；

$\qquad l$——为垂直于 b 边的基础长度（m），有偏心作用时，取 $l-2e_1$；

$\quad e_2$、e_3——为偏心作用在宽度和长度方向的偏心距；

$\qquad \gamma_2$、h——意义同前。

经排水固结方法处理的软土地基，其承载力基本容许值 $[f_{a0}]$ 应通过载荷试验或其他原位测试方法确定；经复合地基处理的软土地基，其承载力基本容许值应通过载荷试验确定，然后，计算修正后的软土地基地基承载力容许值 $[f_a]$。

4. 地基承载力容许值 $[f_a]$ 的确定

地基承载力容许值 $[f_a]$ 应根据地基受荷阶段及受荷情况，乘以下列规定的抗力系数 r_R。

（1）使用阶段

① 当地基承受的作用为短期效应组合或作用效应偶然组合时，可取 $r_R=1.25$；但对承载力容许值 $[f_a]$ 小于 150kPa 的地基，应取 $r_R=1.0$。

② 当地基承受的作用为短期效应组合且仅包括结构自重、预加力、土重、土侧压力、汽车和人群效应时，应取 $r_R=1.0$。

③ 当基础建于经多年压实未遭破坏的旧桥基（岩石旧桥基除外）上时，不论地基承受的作用情况如何，抗力系数均可取 $r_R=1.5$；对 $[f_a]$ 小于 150kPa 的地基，可取 $r_R=1.25$。

④ 基础建于岩石旧桥基上，应取 $r_R=1.0$。

（2）施工阶段

① 地基在施工荷载作用下，可取 $r_R=1.25$。

② 当墩台施工期间承受单向推力时，可取 $r_R=1.5$。

习　题

5-1　已知某土样的 $\varphi=25°$，$c=0$，若承受 $\sigma_1=280$kPa，$\sigma_3=120$kPa，

（1）根据土样应力情况，绘制应力圆与抗剪强度线；

（2）判断土样在该应力状态下是否达到破坏；

（3）假设 σ_3 不变，求出极限状态下土样达到极限状态时最大的轴向应力 σ_1。

5-2　某扰动饱和砂土的三轴试验结果见表 5-17，求 φ' 及 φ_{cu}。

表 5-17　三轴试验结果

试验方法	CD	CU
σ_{3f}（kPa）	50	110
σ_{1f}（kPa）	140	200

5-3　一饱和黏土试样在三轴压缩仪中进行固结不排水剪试验，施加的周围压力 $\sigma_3=200$kPa，试样破坏时的轴向偏应力 $(\sigma_1-\sigma_3)_f=280$kPa，测得孔隙水压力 $u_f=180$kPa，有效应力强度 $c'=80$kPa，$\varphi'=24°$，试求破坏面上法向应力和剪应力，以及该面与水平面的夹角 α_f。若该试样在同样周围压力下进行固结排水剪试验，问破坏时的大主应力 σ_1' 是多少？

5-4　某无黏性土饱和试样进行排水剪试验，测得抗剪强度指标为 $c_d=0$，$\varphi_d=31°$，如果对同一试样进行固结不排水剪切试验，施加的周围压力 $\sigma_3=200$kPa，试样破坏时的轴向偏应力 $(\sigma_1-\sigma_3)_f=180$kPa。试求试样的不排水剪切强度指标 φ_{cu} 和破坏时的孔隙水压力 u_f 和系数 A_f。

5-5　某条形基础置于一均质地基上，宽 3m，埋深 1m，地基土天然重度 19.1kN/m³，

天然含水量 28%，土粒相对密度 2.68，抗剪强度指标 $c=25\text{kPa}$，$\varphi=19°$，试问该基础的临塑荷载 p_{cr}、临界荷载 $p_{1/4}$、$p_{1/3}$ 各为多少？若地下水位上升至基础底面，假定土的抗剪强度指标不变，其 p_{cr}、$p_{1/4}$、$p_{1/3}$ 有何变化？

5-6 某条形基础宽 5m，基底埋深 1.2m，地基土 $\gamma=18.9\text{kN/m}^3$，$\varphi=25°$，$c=17.0\text{kPa}$，试分别采用太沙基公式及汉森公式确定其承载力设计值，并与 $p_{1/4}$ 进行比较。

5-7 某均匀黏性土地基上条形基础的宽度 $b=3.0\text{m}$，基础埋置深度 $d=2.0\text{m}$，地下水位在基底高程处。地基土的比重为 2.70，孔隙比为 0.70，水位以上的饱和度 80%，土的强度指标 $\varphi=25°$，$c=12.0\text{kPa}$，求地基的临塑荷载 p_{cr}、临界荷载 $p_{1/4}$、$p_{1/3}$，用《建筑地基基础设计规范》计算承载力特征值 f_a，并与太沙基的极限承载力 p_u 进行比较。

5-8 有一基础，底面尺寸为 4.0m×6m，埋深 3m，持力层为黏性土，天然孔隙比为 0.6，天然含水量 $w=20\%$，塑性含水量 $w_p=11\%$，液限含水量为 28%，土的重度为 $\gamma=20\text{kN/m}^3$，基础埋深范围内土的重度 $\gamma_{sat}=20\text{kN/m}^3$，则由《公路桥涵地基与基础设计规范》确定该地基允许承载力为多少？

第6章　土压力理论和土坡稳定性分析

6.1　概　　述

在土木、水利、交通等工程中，经常会遇到修建挡土结构物的问题，它是用来支撑天然或人工斜坡不致坍塌，以保持土体稳定性的一种建筑物，俗称挡土墙。图 6-1 为几种经典的挡土墙类型。从图中不难看出，不论哪种形式的挡土墙，都要承受来自墙后填土的侧向压力——土压力。因此，土压力是设计挡土结构物断面及验算其稳定性的主要荷载。

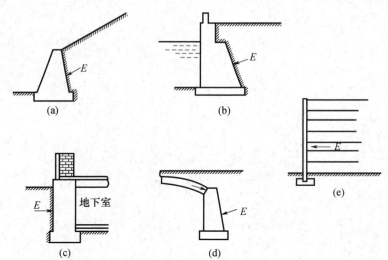

图 6-1　挡土墙的几种类型
（a）支撑土坡的挡土墙；（b）堤岸挡土墙；（c）地下室侧墙；（d）拱桥桥台；（e）加筋挡土墙

土坡可以分为由于地质作用而形成的天然土坡和因人类平整场地、开挖基坑等而形成的人工土坡两类。由于某些外界不利因素，土坡可能出现局部土体滑动而丧失其稳定性。土坡的坍塌常造成严重的工程事故，并危及人身安全。因此应验算土坡的稳定性并采取适当的工程措施。

6.1.1　土压力的类型

影响挡土墙土压力的大小及其分布规律的因素很多，挡土墙的位移方向和位移量是最主要的因素。根据挡土墙的位移情况和墙后土体所处的应力状态，可将土压力分为以下三种：

（1）静止土压力：当挡土墙静止不动，墙后土体处于弹性平衡状态时，作用在墙背上的土压力称为静止土压力，用 E_0 表示，如图 6-2（a）所示。如地下室外墙、地下水池侧壁、涵洞的侧壁以及其他不产生位移的挡土构筑物均可按静止土压力计算。

（2）主动土压力：挡土墙向离开土体方向偏移时，土压力随之减少。当位移至一定数值时，墙后土体达到主动极限平衡状态，作用在墙背上的土压力称为主动土压力，一般用 E_a 表示，如图 6-2（b）所示。

（3）被动土压力：挡土墙在外力作用下向土体方向偏移时，作用在墙上的土压力随之增加。当位移至一定数值时，墙后土体达到被动极限平衡状态，作用在墙背上的土压力称为被动土压力，一般用 E_p 表示，如图 6-2（c）所示。如拱桥桥台在桥上荷载作用下挤压土体并产生一定量的位移，则作用在台背的侧压力属被动土压力。

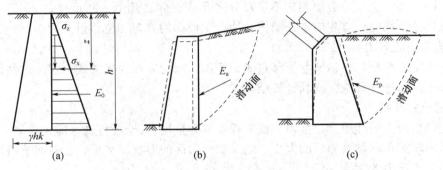

图 6-2　挡土墙的三种土压力

（a）静止土压力；（b）主动土压力；（c）被动土压力

图 6-3 给出了三种土压力与挡土墙位移的关系。由图可见，产生被动土压力所需的位移量 $\Delta\delta_p$ 比产生主动土压力所需的位移量 $\Delta\delta_a$ 要大得多。经验表明，一般 $\Delta\delta_a$ 为 $(0.001\sim0.005)h$，而 $\Delta\delta_p$ 为 $(0.01\sim0.1)h$。在相同的墙高和填土条件下，主动土压力小于静止土压力，而静止土压力又小于被动土压力，亦即 $E_a < E_0 < E_p$。

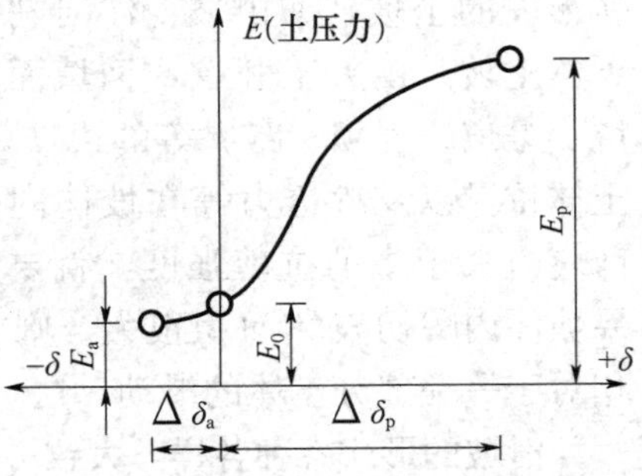

静止土压力犹如半空间弹性变形体，在土的自重作用下无侧向变形时的水平侧压力，故填土表面下任意深度 z 处的静止土压力强度可按下式计算：

$$\sigma_0 = K_0 \gamma z \tag{6-1}$$

图 6-3　土压力与墙身位移的关系

式中　K_0——土的侧压力系数或静止土压力系数；

　　　γ——墙后填土的重度（kN/m^3）。

静止土压力系数 K_0 与土的性质、密实程度等因素有关，一般砂土可取 $0.35\sim0.50$，黏性土为 $0.50\sim0.70$。对正常固结土，也可近似地按下列半经验公式计算：

$$K_0 = 1 - \sin\varphi' \tag{6-2}$$

式中　φ'——土的有效摩擦角（°）。

由式（6-1）可知，静止土压力沿墙高呈三角形分布，如取单位墙长，则作用在墙上的静止土压力为

$$E_0 = \frac{1}{2}K_0\gamma h^2 \qquad (6\text{-}3)$$

式中 h——挡土墙墙高（m）；

　　　　E_0——挡墙所受的静止土压力，其作用点在距离墙底 $h/3$ 处（kN/m）。

6.1.2　影响土压力的因素

试验研究表明，土压力的影响因素可归纳为以下几方面。

1. 挡土墙的位移

挡土墙的位移（或转动）方向和位移量的大小，是影响土压力大小的最主要因素。挡土墙位移方向不同，压力的种类就不同。由试验与计算可知，其他条件完全相同，仅挡土墙位移方向相反，土压力数值相差不是百分之几或百分之几十，而是相差 20 倍左右。因此，在设计挡土墙时，首先应考虑墙体可能产生位移的方向和位移量的大小。

2. 挡土墙的形状

挡土墙剖面形状，包括墙背为竖直或是倾斜，墙背表面为光滑或粗糙。这些都关系到采用何种土压力计算理论公式和计算结果。

3. 填土的性质

挡土墙后填土的性质，包括填土松密程度（即重度）、干湿程度（即含水率）、土的强度指标（内摩擦角和黏聚力）的大小，以及填土表面的形状（水平、上斜或下斜）等。这些都会影响土压力的大小。

6.1.3　土坡稳定的作用

土坡是具有倾斜坡面的土体，它的外形和各部位名称如图 6-4 所示。由自然地质作用所形成的土坡，如山坡、江河湖海的岸坡等，称为天然土坡。由人工开挖或回填而形成的土坡，如基坑、渠道、土坝、路堤等的边坡，则称为人工土坡。土体重量以及渗透力等在坡体内引起剪应力，如果剪应力大于土的抗剪强度，就要产生剪切破坏。如果坡面内剪切破坏面积很大，则将发生一部分土体相对于另一部分土体的滑动，这一现象称为滑坡。

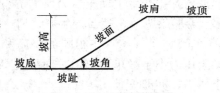

图 6-4　土坡各部位名称

滑坡的形式各种各样，大致可以分为平面的滑坡和曲面的滑坡，前者坡面的长度与滑坡深度相比大很多，呈平面的形状滑动，如图 6-5（a）所示，在岩坡上有浅层残积土及强风化层时，常会出现这种情况。而后者滑动面长度与滑坡深度在相同的数量级，如图 6-5（b）所示。

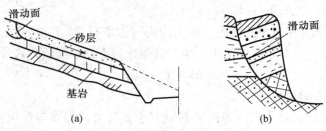

图 6-5　滑坡的类型

对滑坡的实际调查表明，粗粒土中的滑坡，通常程度浅而形状接近于平面，或者由两个以上的平面所组成的折线形滑动面。黏性土中的滑坡则深入坡体内。均质黏性土坡滑动面的形状按塑性理论分析为对数螺旋线曲面，它接近于圆弧面，故在计算中通常以圆弧面代替，如图 6-5 所示。沟渠、土石坝、河堤、路堤等都是人工土坡，其中土石坝是常见的大型人工土坡。典型的边坡稳定问题主要包括以下三个方面：

1. 基坑开挖

基坑开挖产生的边坡是人工边坡的一种主要形式，且随着城镇化发展，深、大、紧、近形基坑工程数量与日俱增，伴随而至的是基坑失稳事故频发。2005 年 7 月 21 日广州海珠区某广场深基坑发生滑坡，导致 3 人死亡，4 人受伤，地铁二号线停运一天，并造成巨大的经济损失，如图 6-6 所示。

图 6-6　基坑失稳情况

2. 天然土坡

经过漫长时期形成的天然土坡原本是稳定的，如在土坡上建造房屋，增加坡上荷载，则土坡可能发生滑动。若在坡脚建房，为增加平地面积，往往将坡脚的缓坡削平，则土坡更易失稳发生滑动，如图 6-7 所示。这类情况在实际工程中屡见不鲜，应引起注意。2013 年 8 月 5 日凌晨 3 时左右，山西省吕梁市石楼县境内发生一起山体滑坡事件，造成 8 人遇难。造成山体滑坡的原因主要在于坡脚下建房，大面积开挖土体导致土坡稳定性下降。

图 6-7　天然土坡滑动情况

3. 路坝路基

人工填筑河堤、土坝、铁路与公路路基，形成路面以上新的土坡。这类土坡的坡度，设计时应做到既安全又经济。由于这类工程长度往往很大，设计最优坡度具有很高的经济价值。例如，10m 高的土堤坡度，两侧均由 1∶1.5 改建为 1∶1.4，只差 0.1，而 10km 土堤可节约 10 万立方米的工程量。

6.1.4 影响土坡稳定的因素

影响土坡稳定有很多种因素，包括土坡坡度、土坡高度、土质条件和外界条件等，具体因素分述如下：

1. 土坡坡度

土坡坡度有两种表示方法：一种用高度与水平尺度之比来表示，例如，1∶2 表示高度 1m，水平长度为 2m 的缓坡；另一种以坡角 θ 的大小来表示。由图 6-8 可见，坡角 θ 越小，土坡越稳定，但不经济。

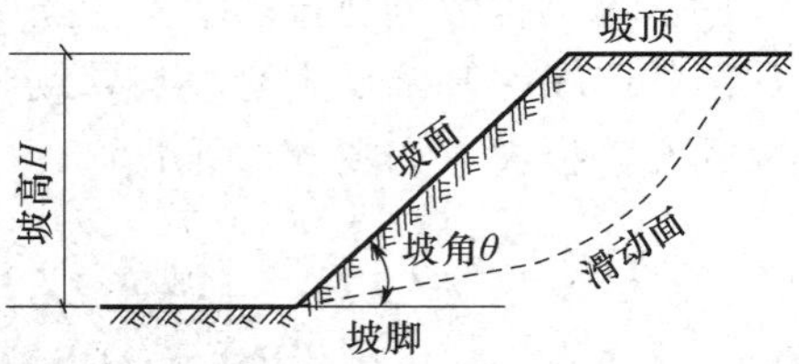

图 6-8 土坡各部位名称

2. 土坡高度

土坡高度 H 指坡脚至坡顶之间的铅直距离。试验研究表明，对于黏性土边坡，在其他条件相同时，坡高越小，土坡越稳定。

3. 土质条件

土的性质越好，土坡越稳定。例如：土的抗剪强度指标 c、θ 值小的土坡更安全。

4. 气象条件

若天气晴朗，土坡处于干燥状态，土的强度高，土坡稳定性好。若雨季，尤其是连续大暴雨，大量雨水渗入，使土的强度降低，可能导致土坡滑动。

5. 地下水的渗透

当土坡中存在与滑动方向一致的渗透力时，对土坡稳定不利。

6. 地震

发生地震时，会产生附加的地震荷载，降低土坡的稳定性。地震荷载还可能使土体中的孔压升高，降低土体的抗剪强度。

6.2 静止土压力计算

当挡土墙完全没有侧向位移、偏转和自身弯曲变形时，作用在其上的土压力即为静止土压力，建在岩石地基上的重力式挡土墙，或墙上下端有顶板、底板固定的重力式挡土墙，实际变形极小，墙后土体应处于侧限压缩应力状态，与土的自重应力状态相同，墙后的土压力就属于这种土压力。

6.2.1 静止土压力

图 6-9（a）表示半无限土体中 z 深度处一点的应力状态，由于任一竖直平面都是对称面，其水平面和竖直面都是主应力面，所以，作用于该土单元上的竖直向主应力 $\sigma_v = \gamma z$，水平向自重应力 $\sigma_h = K_0 \sigma_v = K_0 \gamma z$。设想用一垛刚性墙代替墙背左侧的土体，若该墙的墙背垂直光滑（无摩擦剪应力），则代替后，右侧土体中的应力状态并没有改变，墙后土体仍处于侧限应力状态［图 6-9（b）］；σ_v 仍然是土的自重应力，只不过 σ_h 由原来表示土体

内部的应力，变成土对墙的压力，按定义即为静止土压力的强度 e_0，故

$$e_0 = K_0 \gamma z \tag{6-4}$$

式中 K_0——静止土压力系数，对于一种土，一般设为常数。

若将处在静止土压力时土单元的应力状态用莫尔应力圆表示在 τ-σ 坐标上，则如图 6-9 (d) 所示。可以看出，这种应力状态离破坏包线还很远，属于弹性平衡应力状态。

由式 (6-4) 可知，e_0 沿墙高呈三角形分布；若墙高为 H，则作用于单位长度墙上的总静止土压力 E_0 为

$$E_0 = \frac{1}{2} K_0 \gamma H^2 \tag{6-5}$$

E_0 的作用点应在墙高的 1/3 处，如图 6-9 (c) 所示。

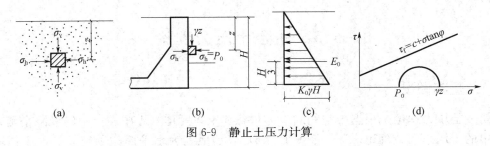

图 6-9 静止土压力计算

6.2.2 静止土压力系数

对于弹性体，式 (3-4) 给出了泊松比 μ 与静止土压力系数的关系，但土并不是完全弹性体。K_0 的大小可根据试验测定，也可以根据经验公式计算。研究证明，K_0 除了与土性及密度有关外，黏性土的 K_0 值还与应力历史有很大关系。下列经验公式可供估算 K_0 值之用。

对于无黏性土及正常固结黏性土：

$$K_0 = 1 - \sin\varphi' \tag{6-6}$$

式中 φ'——土的有效内摩擦角（°）。

显然，对这类土，K_0 值均小于 1.0。

对于超固结黏性土：

$$(K_0)_{O.C} = (K_0)_{N.C} \cdot (OCR)^m \tag{6-7}$$

式中 $(K_0)_{O.C}$——超固结土的 K_0 值；

  $(K_0)_{N.C}$——正常固结土的 K_0 值；

  OCR——超固结比；

  m——经验系数，一般取 $m = 0.40 \sim 0.50$，塑性指数小的取大值。

图 6-10 表示超固结 OCR 与 K_0 值范围的关系，它是根据大量实测数据总结得到的，分别令 $m = 0.4$ 与 $m = 0.5$，也把用式 (6-7) 计算得的曲线绘在图中，可以看出，对于 OCR 较大的超固结土，K_0 值可大于 1.0。

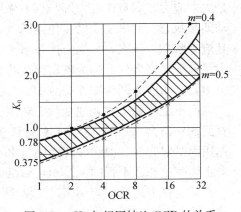

图 6-10 K_0 与超固结比 OCR 的关系

6.2.3 静止土压力的应用

1. 地下室外墙

通常地下室外墙，都有内隔墙支挡，墙位移与转角为零，按静止土压力计算。

2. 岩基上的挡墙

挡土墙与岩石地基牢固联结，墙体不发生位移或转动。按静止土压力计算。

3. 拱座

拱座不允许产生位移，故亦按静止土压力计算。

此外，水闸、船闸的边墙，因与闸底板连成整体，边墙位移可忽略不计，也可按静止土压力计算。

6.3 朗金土压力理论

6.3.1 基本假设

朗金土压力理论是根据半空间的应力状态和土单元体（土中一点）的极限平衡条件而得出的土压力经典理论之一。图 6-11（a）表示地表为水平面的半空间，即土体向下和沿水平方向都伸展至无穷，在离地表 z 处取一单元体 M，当整个土体都处于静止状态时，各点都处于弹性平衡状态。设土的重度为 γ，显然 M 单元水平界面上的法向应力等于该点土的自重应力，即 $\sigma_z = \gamma z$；而竖直截面上的水平法向应力相当于静止土压力强度，即 $\sigma_x = \sigma_z = K_0 \gamma z$。由于半空间内每一竖直面都是对称面，因此竖直截面和水平截面上的剪应力都等于零，因而相应截面上的方向应力 σ_z 和 σ_x 都是主应力，此时的应力状态用莫尔应力圆表示为如图 6-11（d）所示的圆 I，由于该点处于弹性平衡状态，故莫尔应力圆没有和抗剪强度包线相切。

设想由于某种原因将使整个土体在水平方向均匀地伸展或压缩，使土体由弹性平衡状态转化为塑性平衡状态。如果土体在水平方向伸展，则 M 单元竖直截面上的法向应力逐渐减少，在水平截面上的法向应力 σ_z 不变而满足极限平衡条件时，它是小主应力，而 σ_z 是大主应力，即莫尔应力圆与抗剪强度包线相切，如图 6-11（d）中的圆 II 所示，称为主动朗金状态。此时 σ_x 达最低极限值，若土体继续伸展，则只能造成塑性流动，而不改变其应力状态。反之，如果土体在水平方向压缩，那么 σ_x 不断增加而 σ_z 仍保持不变，直到满足极限平衡条件，称为被动朗金状态。这时 σ_x 达到极限值，是大主应力，而 σ_z 是小主应力，莫尔应力圆为图 6-11（d）中的圆 III。

由于土体处于主动朗金状态时大主应力 σ_1 所作用的面是水平面，故剪切破坏面与竖直面的夹角为（$45° - \varphi/2$）［图 6-11（b）］。当土体处于被动朗金状态时，大主应力 σ_1 的作用面是竖直面，剪切破坏面则与水平面的夹角为（$45° - \varphi/2$），如图 6-11（c）所示，整个土体各由相互平行的两簇相切面组成。

朗金将上述原理应用于挡土墙土压力计算中，假设以墙背光滑、直立、填土面水平的挡土墙代替半空间左边的土（图 6-12），则墙背与土的接触面上满足剪应力为零的边界应力条件以及产生主动或被动朗金状态的边界变形条件，由此推导出主动、被动土压力的计算理论公式。

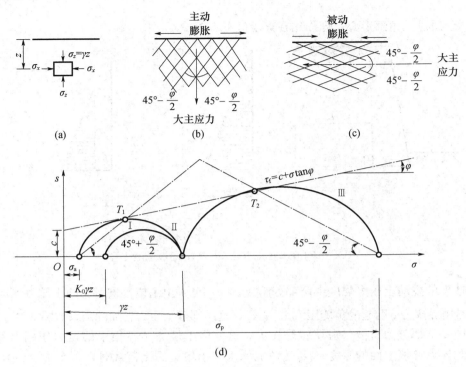

图 6-11 半空间的极限平衡状态
（a）半空间内的微单元体；（b）用莫尔应力圆表示主动和被动朗金状态；
（c）半空间的主动朗金状态；（d）半空间的被动朗金状态

6.3.2 主动土压力

根据土的强度理论，当土体中某点处于极限平衡状态时，大、小主应力 σ_1 和 σ_3 应满足关系式（5-13）。设墙背竖直光滑，填土面水平，如图 6-12（a）所示，当挡土墙沿背离土体方向移动并使墙背土体达到极限平衡状态（主动朗金状态）时，墙背土体中离地表任意深度 z 处竖向应力 σ_z 为大主应力 σ_1，σ_x 为小主应力 σ_3。该小主应力 σ_x 即为朗金主动土压力强度 e_a。

黏性土：

$$e_a = \sigma_x = \gamma z \tan^2\left(45° - \frac{\varphi}{2}\right) - 2c\tan\left(45° - \frac{\varphi}{2}\right) = K_a\gamma z - 2c\sqrt{K_a} \qquad (6-8)$$

无黏性土：

$$e_a = K_a\gamma z \qquad (6-9)$$

式中 K_a——主动土压力系数，$K_a = \tan^2\left(45° - \frac{\varphi}{2}\right)$；

c——黏聚力（kPa）。

由式（6-9）可知，无黏性土的主动土压力强度与 z 成正比，沿墙高的压力呈三角形分布，如图 6-12（b）所示，如取单位墙长计算，则主动土压力为：

$$E_a = \frac{1}{2} K_a \gamma h^2 \tag{6-10}$$

且 E_a 通过三角形形心，即作用在离墙底 h/3 处。

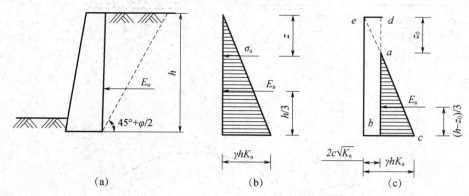

图 6-12　朗金主动土压力分布

(a) 主动土压力图示；(b) 无黏性土；(c) 黏性土

黏性土的主动土压力强度由两部分组成。一部分是由土体自重引起的土压力 $K_a \gamma z$，另一部分是由黏聚力 c 引起的负侧压力 $2c \sqrt{K_a}$，这两部分土压力叠加的结果如图 6-12（c）所示。图中 ade 部分为负值，对墙背是拉力，但实际上墙与土在很小的拉力作用下就会分离，因此 a 点离填土面的深度 z_0 称为临界深度，当填土面无荷载时，可令式（6-8）为零求得，即

$$e_a = K_a \gamma z - 2c \sqrt{K_a} = 0 \tag{6-11}$$

故临界深度：

$$z_0 = \frac{2c}{\gamma \sqrt{K_a}} \tag{6-12}$$

若取单位墙长计算，则主动土压力为：

$$E_a = \frac{1}{2}(h - z_0)(K_a \gamma h - 2c \sqrt{K_a}) = \frac{1}{2} K_a \gamma h^2 - 2ch \sqrt{K_a} + \frac{2c^2}{\gamma} \tag{6-13}$$

主动土压力 E_a 通过三角形压力分布图 adc 的形心，即作用在离墙底 $(h - z_0)/3$ 处。

尚需注意，当填土面有超载时，不能直接套用式（6-12）计算临界深度，此时应按 z_0 处侧土压力 $\sigma_{az} = 0$ 求解方程而得。

6.3.3　被动土压力

如前所述，当挡土墙在外力作用下挤压土体出现被动郎金状态时，墙背填土中任意深度 z 处的竖向应力 σ_z 已变为小主应力 σ_3，而水平应力 σ_x 为大主应力 σ_1。该大主应力 σ_x 即为郎金被动土压力强度 e_p，由式（5-13）导得：

黏性土：

$$e_p = K_p \gamma z + 2c \sqrt{K_p} \tag{6-14}$$

无黏性土：

$$e_p = K_p \gamma z \tag{6-15}$$

式中 K_p——被动土压力系数，$K_p = \tan^2 (45° + \varphi/2)$。

被动土压力分布如图 6-13 所示，取单位墙长计算，则总被动土压力为

黏性土：

$$E_p = \frac{1}{2}K_p\gamma h^2 + 2ch\sqrt{K_p} \tag{6-16}$$

无黏性土：

$$E_p = \frac{1}{2}K_p\gamma h^2 \tag{6-17}$$

被动土压力 E_p 通过三角形或梯形压力分布图的形心，可通过一次求矩得到。

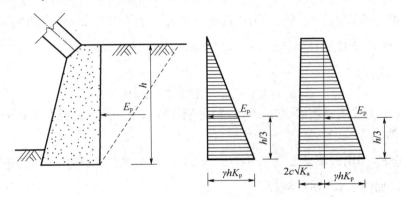

图 6-13 朗金被动土压力分布

(a) 被动土压力图示；(b) 无黏性土；(c) 黏性土

【例 6-1】已知某挡土墙高度 $H = 8.0$m，墙背竖直、光滑，填土表面水平，墙后填土为中砂，重度 $\gamma = 18.0$kN/m³，饱和重度 $\gamma_{sat} = 20$kN/m³，内摩擦角为 30°，试求：

(1) 计算作用在挡土墙上总静止土压力 E_0 和总主动土压力 E_a。

(2) 当墙后地下水位上升至离墙顶 4.0m 时，计算总主动土压力 E_a 和水压力 E_w。

【解】(1) 墙后无地下水情况

求静止土压力 E_0 应用式 (6-5)，取中砂的静止土压力系数 $K_0 = 0.4$，可得总静止土压力为

$$E_0 = \frac{1}{2}K_0\gamma H^2 = \frac{1}{2} \times 0.4 \times 18.0 \times 8^2 = 230.4 \text{ (kN/m)}$$

p_0 作用点位于距墙底 $H/3 = 2.67$m 处，如图 6-14 (a) 所示。

主动土压力 E_a。挡土墙竖直、光滑，填土表面水平，适用朗金土压力理论。由式 (6-5) 得

$$E_a = \frac{1}{2}K_a\gamma H^2 = \frac{1}{2} \times \tan^2\left(45° - \frac{30°}{2}\right) \times 18.0 \times 8^2 \approx 192 \text{ (kN/m)}$$

E_a 作用点位于距离墙底 $H/3 = 2.67$m 处，如图 6-14 (b) 所示。

(2) 墙后地下水位上升情况

因为地下水位上、下砂土计算重度不同，土压力分两部分计算：

① 水上部分墙高 $H_1 = 4.0$m，重度 $\gamma = 18.0$kN/m³，则

$$E_{a1} = \frac{1}{2} \times \tan^2\left(45° - \frac{30°}{2}\right) \times 18.0 \times 4^2 = 48 \text{ (kN/m)}$$

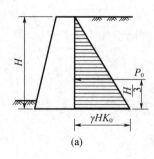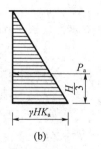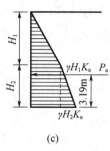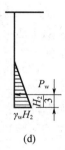

(a)   (b)   (c)   (d)

图 6-14   例 6-1 土压力、水压力图

② 水下部分墙高 $H_2 = 4.0\text{m}$，用浮重度 $\gamma' = \gamma_{\text{sat}} - \gamma_{\text{w}} = 20 - 10 = 10$（$\text{kN/m}^3$），则

$$E_{a2} = K_a \gamma H_1 H_2 + \frac{1}{2} K_a \gamma' H_2^2 = 18.0 \times 0.333 \times 4 \times 4 + \frac{1}{2} \times 0.33 \times 10 \times 4^2 = 122.2 \text{（kN/m）}$$

总主动土压力为

$$E_a = E_{a1} + E_{a2} = 170.2 \text{（kN/m）}$$

总主动土压力作用点离墙底 3.19m。可分别计算水上、水下两部分各自的作用点，如图 6-14（c）所示。

水上部分 E_{a1} 作用点离墙底 $\dfrac{H_1}{3} + 4 = 5.33\text{m}$ 处；水下部分 E_{a2} 作用点为梯形重心，离墙底 2.35m 处，如图 6-14（d）所示。

【例 6-2】已知某混凝土挡土墙，墙高为 $H = 6.0\text{m}$，墙背竖直，墙后填土表面水平，填土的重度 $\gamma = 18.5\text{kN/m}^3$，内摩擦角 $\varphi = 20°$，黏聚力 $c = 19\text{kPa}$，计算作用在此挡土墙上的静止土压力、主动土压力和被动土压力，并绘出土压力分布图。

【解】（1）静止土压力。取静止土压力系数 $K_0 = 0.5$，则

$$E_0 = \frac{1}{2} K_0 \gamma H_2^2 = \frac{1}{2} \times 0.5 \times 18.5 \times 6^2 = 166.5 \text{（kN/m）}$$

E_0 作用点位于 $H/3 = 2.0\text{m}$ 处，如图 6-15（a）。

（2）主动土压力。根据题意，挡土墙墙背竖直、光滑，填土表面水平，符合朗金土压力理论的假设。应用式（6-13），可得

$$E_a = \frac{1}{2} K_a \gamma H_2^2 - 2cH \sqrt{K_a} + \frac{2c^2}{\gamma}$$

$$= \frac{1}{2} \times \tan^2\left(45° - \frac{20°}{2}\right) \times 18.5 \times 6^2 - 2 \times 19 \times 6 \times \tan\left(45° - \frac{20°}{2}\right) + \frac{2 \times 19^2}{18.5} = 42.6 \text{（kN/m）}$$

临界深度 z_0 由式（6-12）得，E_a 作用点距离 $(H - z_0)/3 = (6 - 2.93)/3 = 1.02\text{m}$ 处，如图 6-15（b）所示。

（3）被动土压力。

墙顶处土压力强度为

$$e_{p1} = 2c \sqrt{K_p} = 2 \times 19 \times 1.43 = 54.34 \text{（kPa）}$$

墙底处土压力强度为

$$e_{p2} = K_p \gamma z + 2c \sqrt{K_p}$$

$$= \tan^2\left(45° + \frac{20°}{2}\right) \times 18.5 \times 1.43 + 2 \times 19 \times \tan\left(45° + \frac{20°}{2}\right) = 28067 \text{（kPa）}$$

应用式（6-16），可得

$$E_p = \frac{1}{2}K_p\gamma H_2^2 + 2cH\sqrt{K_p}$$

$$= \frac{1}{2}\times\tan^2\left(45°+\frac{20°}{2}\right)\times 18.5\times 6^2 + 2\times 19\times 6\times\tan\left(45°+\frac{20°}{2}\right) = 1005(\text{kN/m})$$

总被动土压力作用点位于梯形的重心距墙底 2.32m 处，如图 6-15（c）所示。

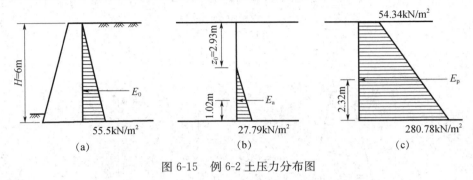

图 6-15　例 6-2 土压力分布图

6.4　库仑土压力理论

法国学者库仑研究了挡土墙后滑动楔体达到极限平衡状态时，用静力平衡方程解出作用于墙背的土压力，于 1776 年提出了著名的库仑土压力理论。库仑土压力理论更具有普遍实用意义。

库仑研究的课题：①墙背俯斜，倾角为 α，如图 6-16 所示；②墙背粗糙，墙与土间摩擦角为 δ；③填土为理想散粒体，黏聚力 $C=0$；④填土表面倾斜，坡角为 β，如图 6-16 所示。

库仑理论的基本假定：①挡土墙向前移动；②墙后填土沿墙背$\overline{AB}$和填土中某一平面$\overline{BC}$同时下滑，形成滑动楔体△ABC；③土楔体△ABC 处于极限平衡状态，不计本身压缩变形；④楔体△ABC 对墙背的推力即主动土压力 P_a，如图 6-17。

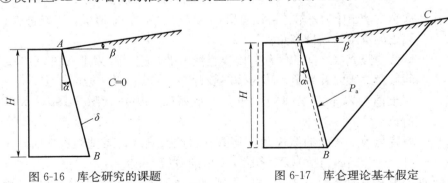

图 6-16　库仑研究的课题　　　　　　图 6-17　库仑理论基本假定

6.4.1　无黏性土主动土压力

设挡土墙如图 6-18（a）所示，墙高为 H，墙后为无黏性填土。当墙向前移动时，

BC 面为其假设的滑动面，与水平面夹角为 θ。取土楔体 $\triangle ABC$ 为隔离体，根据静力平衡条件，作用于隔离体 $\triangle ABC$ 上的力 W、E、R 组成力的闭合三角形如图 6-18（b）所示。根据几何关系可知，W 与 E 之间的夹角 $\psi=90°-\delta-\alpha$，δ 和 α 为已知量，故 ψ 为已知数；W 与 R 之间的夹角，按图 6-18 的几何关系应为 $\theta-\varphi$，利用正弦定理可得

$$\frac{E}{\sin(\theta-\varphi)}=\frac{W}{\sin[180°-(\theta-\varphi+\psi)]} \tag{6-18}$$

则

$$E=\frac{W\sin(\theta-\varphi)}{\sin(\theta-\varphi+\psi)} \tag{6-19}$$

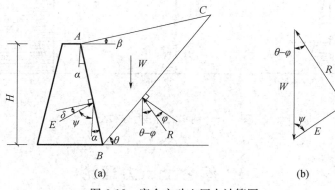

图 6-18　库仑主动土压力计算图

由于式（6-18）中的土楔自重 W 也是 θ 的函数，而 φ 和 ψ 为已知常数，E 就只是 θ 的单值函数，即 $e=f(\theta)$。令 $\mathrm{d}E/\mathrm{d}\theta=0$，用数解法解出 θ 值，再代回式（6-18），即可得出最后作用于墙背土的总主动土压力 E_a 的大小，其表达式为

$$E_a=\frac{1}{2}K_a\gamma H^2 \tag{6-20}$$

其中

$$K_a=\frac{\cos^2(\varphi-\alpha)}{\cos^2\alpha\cdot\cos(\alpha+\delta)\left[1+\sqrt{\dfrac{\sin(\varphi+\delta)\cdot\sin(\varphi-\beta)}{\cos(\alpha+\delta)\cdot\cos(\alpha-\beta)}}\right]^2} \tag{6-21}$$

式中　K_a——库仑主动土压力系数。可以看出，K_a 与 α、β、δ、φ 有关，可以查表 6-1；

γ、φ——填土的重度与内摩擦角；

α——墙背与竖直线之间的倾角，以竖直线为准，逆时针为正（图 6-18），称为俯斜墙背，顺时针为负，称为仰斜墙背；

β——填土面与水平面之间的倾角，水平面以上为正（图 6-18），水平面以下为负；

δ——墙背与填土之间的摩擦角，其值可由试验确定，无试验资料时，一般取为 $(1/3\sim2/3)\varphi$，也可以参考表 6-2 中的数值。

可以证明，当 $\alpha=0$，$\delta=0$，$\beta=0$ 时，由式（6-20）及式（6-21）可得出与前述的朗金总土压力公式（6-13）完全相同，说明在这种条件下，库仑与朗金理论的结果是一致的。

表 6-1　主动土压力系数 K_a 值

$\delta/°$	$\alpha/°$	$\beta/°$	$\varphi/°$							
			15	20	25	30	35	40	45	50
0	0	0	0.589	0.490	0.406	0.333	0.271	0.217	0.172	0.132
		15	0.933	0.639	0.505	0.402	0.319	0.251	0.194	0.147
		30				0.75	0.436	0.318	0.235	0.172
	10	0	0.652	0.56	0.478	0.407	0.343	0.288	0.238	0.194
		15	1.039	0.737	0.603	0.498	0.411	0.337	0.274	0.221
		30				0.925	0.566	0.433	0.337	0.262
	20	0	0.736	0.648	0.569	0.498	0.434	0.375	0.322	0.274
		15	1.96	0.868	0.73	0.621	0.529	0.45	0.38	0.318
		30				1.169	0.74	0.586	0.474	0.385
	−10	0	0.54	0.433	0.344	0.27	0.209	0.158	0.117	0.083
		15	0.86	0.562	0.425	0.322	0.243	0.18	0.13	0.09
		30				0.614	0.331	0.226	0.155	0.104
	−20	0	0.497	0.38	0.287	0.212	0.153	0.106	0.07	0.043
		15	0.809	0.494	0.352	0.25	0.175	0.119	0.076	0.046
		30				0.498	0.239	0.147	0.09	0.051
10	0	0	0.533	0.447	0.373	0.309	0.253	0.204	0.163	0.127
		15	0.947	0.609	0.476	0.379	0.301	0.238	0.185	0.141
		30				0.762	0.423	0.306	0.226	0.166
	10	0	0.603	0.52	0.448	0.384	0.326	0.275	0.23	0.189
		15	1.089	0.721	0.582	0.48	0.396	0.326	0.267	0.216
		30				0.969	0.564	0.427	0.332	0.258
	20	0	0.695	0.615	0.543	0.478	0.419	0.365	0.316	0.271
		15	1.298	0.872	0.723	0.613	0.522	0.444	0.377	0.317
		30				1.268	0.758	0.594	0.478	0.388
	−10	0	0.477	0.385	0.309	0.245	0.191	0.146	0.109	0.078
		15	0.847	0.52	0.39	0.297	0.224	0.167	0.121	0.085
		30				0.605	0.313	0.212	0.146	0.098
	−20	0	0.427	0.33	0.252	0.188	0.137	0.096	0.064	0.039
		15	0.772	0.445	0.315	0.225	0.158	0.108	0.07	0.042
		30				0.475	0.22	0.135	0.082	0.047
20	0	0	—	—	0.375	0.297	0.245	0.199	0.16	0.125
		15			0.467	0.371	0.295	0.234	0.183	0.14
		30				0.798	0.425	0.306	0.225	0.166
	10	0	—	—	0.438	0.377	0.322	0.273	0.229	0.19
		15			0.586	0.48	0.397	0.328	0.269	0.218
		30				1.051	0.582	0.437	0.338	0.264
	20	0	—	—	0.543	0.479	0.422	0.37	0.321	0.277
		15			0.747	0.629	0.535	0.456	0.387	0.327
		30				1.434	0.807	0.624	0.501	0.406
	−10	0	—	—	0.291	0.232	0.182	0.14	0.105	0.076
		15			0.374	0.284	0.215	0.161	0.117	0.053
		30				0.614	0.306	0.207	0.142	0.096
	−20	0	—	—	0.231	0.174	0.128	0.090	0.061	0.038
		15			0.294	0.210	0.148	0.102	0.067	0.040
		30				0.468	0.210	0.129	0.079	0.043

表 6-2　土对挡土墙墙背的摩擦角

挡土墙情况	摩擦角 δ
墙背平滑、排水不良	$(0 \sim 0.33)\varphi$
墙背粗糙、排水良好	$(0.33 \sim 0.5)\varphi$
墙背很粗糙、排水良好	$(0.5 \sim 0.67)\varphi$
墙背与填土间不可能滑动	$(0.67 \sim 1.0)\varphi$

注：φ 为墙后填土的内摩擦角。

关于土压力强度沿墙高的分布形式，可通过对式（6-20)求导得出，即

$$e_{az} = \frac{dE_a}{dz} = \frac{d}{dz}\left(\frac{1}{2}K_a\gamma z^2\right) = K_a\gamma z \quad (6-22)$$

式（6-22）说明 e_{az} 沿墙高呈三角形分布，如图 6-19 (b)所示。值得注意的是，这种分布形式只表示土压力大小。土压力合力 E_a 的作用方向仍在墙背法线上方，并与法线成 δ 角或与水平面成 $\alpha+\delta$ 角，如图 6-19 (a) 所示；E_a 作用点在距离墙底 $H/3$ 处。

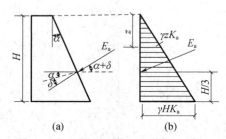

图 6-19　库仑主动土压力强度分布

【例 6-3】 已知某挡土墙高度 $H=6.0m$，墙背倾斜 $\alpha=10°$，墙后填土倾角 $\beta=10°$，墙与填土摩擦角 $\delta=20°$，墙后填土为中砂，中砂的重度 $\gamma=18kN/m^3$，内摩擦角 $\varphi=30°$，计算作用在该挡土墙上的主动土压力。

【解】 根据题意，采用库仑土压力理论计算。根据 $\varphi=30°$，$\alpha=10°$，$\beta=10°$ 及 $\delta=20°$，由表 6-1 可得主动土压力系数 $K_a=0.46$。

将各数据代入式（6-20）得

$$E_a = \frac{1}{2}K_a\gamma H^2 = \frac{1}{2}\times 0.46\times 18.5\times 6^2 = 153.0(kN/m)$$

E_a 的作用点位于 $H/3=2.0m$ 处，E_a 与法线 N 成 $\delta=20°$ 角，且位于法线 N 的上侧，如图 6-20 所示。

6.4.2　无黏性土被动土压力

用同样方法可得出总被动土压力值 E_p 为

$$E_p = \frac{1}{2}K_p\gamma H^2 \quad (6-23)$$

其中

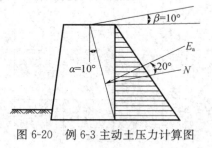

图 6-20　例 6-3 主动土压力计算图

$$K_p = \frac{\cos^2(\varphi+\alpha)}{\cos^2\alpha\cdot\cos(\alpha-\delta)\left[1-\sqrt{\dfrac{\sin(\varphi+\delta)\cdot\sin(\varphi+\beta)}{\cos(\alpha-\delta)\cdot\cos(\alpha-\beta)}}\right]^2} \quad (6-24)$$

式中　K_p——库仑被动土压力系数。式中其他符号意义同前。

被动土压力强度 e_p 沿墙也呈三角形分布，如图 6-21 (b) 所示。被动土压力强度及其合力 E_p 作用方向在墙背法线下方，与法线成 δ 角，与水平成 $\delta-\alpha$ 角，如图 6-21 (a) 所示，作用点在距墙底 $H/3$ 处。

6.4.3 《建筑地基基础设计规范》建议方法

《建筑地基基础设计规范》（GB 50007）推荐采用"广义库仑理论"解答，但不计地表裂缝深度 h_0 及墙背与填土间的黏结力 c'，并注意到此时墙背倾角 $\alpha = 90° - \alpha'$（图 6-22），从而可得：

$$K_a = \frac{\sin(\alpha+\beta)}{\sin^2\alpha\,\sin^2(\alpha+\beta-\varphi-\delta)}\{k_q[\sin(\alpha+\beta)\sin(\alpha-\delta)+\sin(\varphi+\delta)\sin(\varphi-\beta)]+$$
$$2\eta\sin\alpha\cos\varphi\cos(\alpha+\beta-\varphi-\delta)-2[(k_q\sin(\alpha+\beta)\sin(\varphi-\beta)+$$
$$\eta\sin\alpha\cos\varphi)(k_q\sin(\alpha-\delta)\sin(\varphi+\delta)+\eta\sin\alpha\cos\varphi)]^{1/2}\} \tag{6-25}$$

其中 $k_q = 1 + \dfrac{2q}{\gamma h}\dfrac{\sin\alpha\sin\beta}{\sin(\alpha+\beta)}$，$\eta = \dfrac{2c}{\gamma h}$。

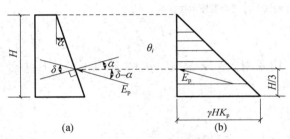

图 6-21　库仑被动土压力强度分布

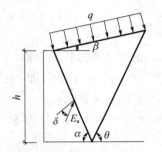

图 6-22　挡土墙的一般计算图示

6.4.4 黏性土中库仑土压力

遇挡土墙墙背倾斜、粗糙、填土表面倾斜的情况时，不符合朗金土压力理论，应采用库仑土压力理论。若填土为黏性土，工程中常用等值内摩擦角法。具体计算分两种。

1. 根据抗剪强度相等原理

黏性土的抗剪强度为

$$\tau_f = \sigma\tan\varphi + c \tag{6-26}$$

等值抗剪强度为

$$\tau_f = \sigma\tan\varphi_D \tag{6-27}$$

式中　φ_D——等值内摩擦角（°），将黏性土 c 折算在内。

令式（6-26）与式（6-27）相等可得

$$\sigma\tan\varphi_D = \sigma\tan\varphi + c \tag{6-28}$$

$$\tan\varphi_D = \tan\varphi + \frac{c}{\sigma} \tag{6-29}$$

所以

$$\varphi_D = \arctan\left(\tan\varphi + \frac{c}{\sigma}\right) \tag{6-30}$$

分析：式（6-26）与（6.27）中的 σ 应为滑动面上的平均法向应力，实际上常以土压力合理作用点处的自重应力来代替，即 $\sigma = 2\gamma H/3$，因而产生误差。

由图 6-23 可见，挡土墙上部 $\sigma_1 < \sigma$，$\varphi_{D1} > \varphi_D$，偏于保守。

对于挡土墙下部 $\sigma_2 > \sigma$，$\varphi_{D2} < \varphi_D$，偏于不安全。

因此，若挡土墙高度 H 较大，应考虑采用多种等值内摩擦角，以减小误差。

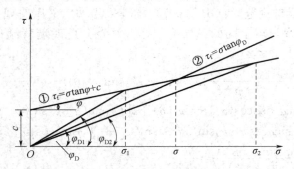

图 6-23　等值内摩擦角强度
①实际黏性土强度线；②等值内摩擦角强度线

2. 根据土压力相等原理

为简化计算，任何墙形与填土情况，均采用 $\varepsilon = 0$，$\delta = 0$，$\beta = 0$ 情况下的土压力公式来折算等值内摩擦角 φ_D。

填土为黏性土的土压力为

$$E_{a1} = \frac{1}{2}\gamma H^2 \tan^2\left(45° - \frac{\varphi}{2}\right) - 2cH\tan\left(45° - \frac{\varphi}{2}\right) + \frac{2c^2}{\gamma} \tag{6-31}$$

按等值内摩擦角土压力为

$$E_{a2} = \frac{1}{2}\gamma H^2 \tan^2\left(45° - \frac{\varphi_D}{2}\right) \tag{6-32}$$

令 $E_{a1} = E_{a2}$ 得

$$\tan^2\left(45° - \frac{\varphi_D}{2}\right) = \tan^2\left(45° - \frac{\varphi_D}{2}\right) - \frac{4c}{\gamma H}\tan\left(45° - \frac{\varphi}{2}\right) + \frac{4c^2}{\gamma^2 H^2} \tag{6-33}$$

故

$$\tan\left(45° - \frac{\varphi_D}{2}\right) = \tan\left(45° - \frac{\varphi}{2}\right) - \frac{2c}{\gamma H} \tag{6-34}$$

按《铁路路基设计规范》（TB 10001）取综合内摩擦角：墙高 $H \leqslant 6\text{m}$，$\varphi_D = 35° \sim 40°$；$H > 6\text{m}$，$\varphi_D = 30° \sim 35°$。

分析：按土压力相等原理计算等值内摩擦角 φ_D，考虑了黏聚力和墙高 H 的影响，但公式中并未计入挡土墙的边界条件对 φ_D 的影响，因此与实际情况仍有一定的误差。

6.5　朗金理论与库仑理论的异同

朗金理论和库仑理论分别根据不同的假设，以不同的分析方法计算土压力，只有在最简单的情况下（$\alpha = 0$，$\beta = 0$，$\delta = 0$），用这两种古典理论计算结果才相同，否则将得出不同的结果。

朗金土压力理论应用半空间中的应力状态和极限平衡理论的概念比较明确，公式简单，便于记忆，对于黏性土和无黏性土都可以用该公式直接计算，故在工程中得到广泛应用。但为了使墙后的应力状态符合半空间或应力状态，必须假设墙背是直立的、光滑的，墙后填土面是水平的。由于该理论忽略了墙背与填土之间摩擦的影响，使计算的主动土压力增大，而计算的被动土压力偏小。朗金理论可推广用于非均质填土、有地下水情况，也可用于填土面上有均布荷载（超载）的几种情况（其中也有墙背倾斜和墙后填土面倾斜。）

库仑土压力理论根据墙后滑动土楔的静力平衡条件导得计算公式，考虑了墙背与土之间的摩擦力，并可用于墙背倾斜，填土面倾斜情况，但由于该理论假设填土时为无黏性土，因此不能用库仑理论的原始公式直接计算黏性土的土压力。库仑理论假设后填土破坏时，只有当墙背的斜度不大，墙背与填土间的摩擦角较小时，破坏面才接近于一平面，因此，计算结果与按曲线滑动面计算的有出入。在通常情况下，这种偏差在计算主动土压力时约2%～10%，可以认为已满足实际工程所需要的精度；但在计算被动土压力时，由于破坏面接近于对数螺线，因此计算结果误差较大，有时可达2～3倍，甚至更大。库仑理论可以用数解法也可以用图解法。用图解法时，填土表面可以是任何形状，可以有任意分布的荷载（超载），还可以推广用于黏性土、粉土填料以及有地下水的情况。用数解法时，也可以推广用于黏性土、粉土填料以及墙后有限填土（有较陡峻的稳定岩石坡面）的情况。

6.6 几种常见情况下的土压力计算

6.6.1 成层土的土压力

若挡土墙后填土有几种不同性质的水平土层，如图 6-24 所示，此时土压力的计算分第一层土和第二层土两部分：

1. 等一层土，挡土墙高 h_1 填土指标 γ_1、c_1、φ_1，土压力计算同前。

2. 第二层土的土压力计算，将第一层土的重度 γ_1、厚度 h_1 折算成与第二层土的重度相应的当量厚度 h_1' 来计算。

3. 土的当量高度 $h_1'=h_1\gamma_1/\gamma_2$。按挡土墙厚度为 $h_1'+h_2$ 计算，土压力为图形 $\triangle gef$，去第二层范围的土压力梯形分布 $bdfe$ 部分，即为所求。

分析：由于上下各层土的性质与指标不同，各自相应的主动土压力系数 K_a 不相同，因此交界面土压力有两个数值：（1）$bc=\gamma_1h_1K_{a1}$；（2）$bd=\gamma_2h_1'K_{a2}$，如图 6-24 所示。

6.6.2 墙后填土中有地下水

遇挡土墙填土中有地下水的情况，应将土压力和水压力分别进行计算，如图 6-25 所示。

1. 土压力计算

在地下水以下部分用有效重度 γ' 计算，水深 h_2，墙底处土压力为：

$$E_a=\gamma'h_2K_a$$

(6-35)

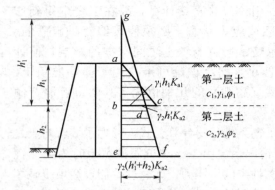

图 6-24　分层填土的土压力计算

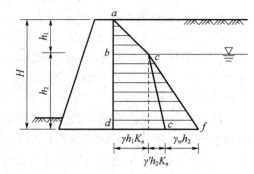

图 6-25　填土中有地下水的土压力计算

2. 水压力计算

水压力按下式计算：

$$E_w = \frac{1}{2}\gamma_w h_2^2 \tag{6-36}$$

6.6.3　填土表面满布均布荷载

1. 主动土压力

（1）墙背竖直、填土表面水平的情况

当填土表面作用均布荷载 q（kPa）时，可将荷载 q 视为由虚构的填土 γh 的自重产生的，虚构填土的高度为 $h=q/\gamma$，如图 6-26（a）所示。

作用在挡土墙墙背 AB 上的土压力由两部分组成：

① 实际填土高 H 产生的土压力 $\gamma H^2 K_a/2$；

② 均布荷载 q 换算成虚构填土高 H 产生的土压力 qHK_a。

墙上作用的总土压应力为

$$E_a = \frac{1}{2}\gamma H^2 K_a + qHK_a \tag{6-37}$$

土压力分布呈梯形，土压力作用点在梯形重心。

（2）墙背倾斜、填土表面倾斜的情况

如图 6-26（b）所示，工程中遇到墙背倾斜、墙后填土表面倾斜的情况时，按以下步骤计算：

① 计算当量土层高度，此虚构填土的表面斜向延伸墙背 AB 向上延长线交于 A' 点；

② 按 $A'B$ 为虚构墙背计算土压力；

③ 构挡土墙高度为 $h'+H$；

④ h' 的计算。由正弦定理得：

$$\frac{h'}{\sin(90°-\varepsilon)} = \frac{AA'}{\sin 90°} \tag{6-38}$$

根据 $\triangle AA'E$ 得：

$$\frac{h}{\sin(90°-\varepsilon+\beta)} = \frac{AA'}{\sin(90°-\beta)} \tag{6-39}$$

故

$$AA' = \frac{h'\sin 90°}{\sin(90° - \varepsilon)} = \frac{h'\sin(90° - \beta)}{\sin(90° - \varepsilon + \beta)} \tag{6-40}$$

即

$$h' = h\frac{\sin(90° - \beta)\sin(90° - \varepsilon)}{\sin[90° - (\varepsilon - \beta)]} = h\frac{\cos\beta\cos\varepsilon}{\cos(\varepsilon - \beta)} \tag{6-41}$$

2. 被动土压力

与主动土压力计算同理，可得总被动土压力为：

$$E_{\mathrm{P}} = \frac{1}{2}\gamma H^2 K_{\mathrm{P}} + qHK_{\mathrm{P}} \tag{6-42}$$

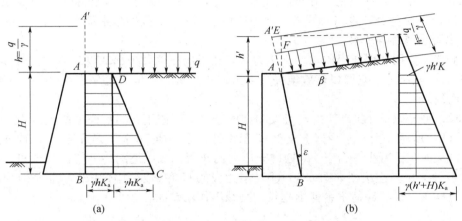

图 6-26 填土表面有均布荷载的土压力计算

6.6.4 填土表面受局部均布荷载

如图 6-27 所示，当填土表面承受有局部均布荷载时，荷载对墙背的土压力强度附加值仍为 qK_{a}，但其分布范围难以从理论上严格规定。通常可采用近似方法处理，即从局部均布荷载的两端点 m 和 n 各作一条直线，其与水平表面成 $45° + \varphi/2$ 角，与墙背相交于 c、d 点，则墙背 cd 段范围内受到 qK_{a} 的作用，故作用于墙背的土压力分布如图 6-28 所示。

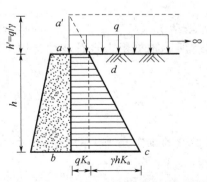

图 6-27 填土表面有连续均布荷载

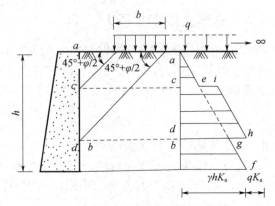

图 6-28 填土表面有局部均布荷载

6.6.5 墙背形状有变化情况

1. 折线形墙背

当挡土墙墙背不是一个平面而是折面时，如图 6-29（a）所示，可用墙背转折点为界，分成上墙与下墙，然后分别按库仑理论计算主动土压力 E_a，最后再叠加。

首先将上墙 AB 当作独立挡土墙，计算出主动土压力 E_{a1}，这时不考虑下墙的存在。然后计算下墙的土压力。计算时，可将下墙背 BC 向上延长交地面线于 D 点，以 DBC 作为假想墙背，算出墙背土压力分布，如图 6-29（b）中 DCE 所示，再截取与 BC 段相应的部分，即 $BCEF$ 部分，算出其合力，即为作用于下墙 BC 段的总主动土压力 E_{a2}。

2. 墙背设置卸荷平台

为了减少作用在墙背上的主动土压力，有时采用在墙背中部加设卸荷平台的办法，如图图 6-30（a）所示，它可以有效地提高重力式挡土墙的抗倾覆稳定安全系数，并使墙底应力更均匀。

此时，平台以上 H_1 高度内，可按朗金理论，计算作用在 AB 面上的土压力分布，如图 6-30（b）所示。由于平台以上土重 W 已由卸荷台 DBC 承担，故平台下 C 点处土压力变为零，从而起到减少平台下 H_2 段内土压力的作用。减压范围，一般认为至滑动面与墙背交点 E 处为止。连接图如图 6-30（b）中相应的 C' 和 E'，则图中阴影部分即为减压后的土压力分布。显然卸荷平台伸出越长，则减压作用越大。

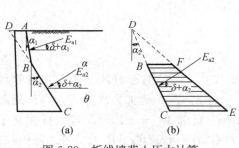

图 6-29　折线墙背土压力计算

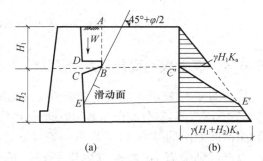

图 6-30　带卸荷台的挡土墙土压力

6.6.6 有限土体中土压力

当支挡结构后缘有较陡峻的稳定岩石破面，岩坡的坡角 $\theta > (45° + \varphi/2)$ 时，应按有限范围填土计算土压力，取岩石坡面为破裂面。如图 6-31 所示根据稳定岩石坡面与填土间的摩擦角按下式计算主动土压力系数：

$$K_a = \frac{\sin(\alpha+\theta)\sin(\alpha+\beta)\sin(\theta-\delta_r)}{\sin^2 a \sin(\theta-\beta)\sin(\alpha-\delta+\theta-\delta_r)} \tag{6-43}$$

式中　θ——稳定岩石坡面倾角（°）；

δ_r——稳定岩石坡面与填土间的摩擦角（°），根据试验确定。当无试验资料时，可取 $\delta_r = 0.33\varphi_k$，φ_k 为填土的内摩擦角标准值（°）。

6.6.7 考虑地震效应的土压力

地震时作用在挡土墙上的土压力为动土压力（dynamic earth pressure），由于受地震

时的动力作用，墙背上的动土压力不论其大小
或分布形式，均不同于无振动下的静土压力。
动土压力的确定，不仅与地震强度有关，还受
地基土、挡土墙及墙后填土等振动特性所影响，
是个比较复杂的问题。目前，国内外工程实践
中多采用静力法进行地震力计算，即以静力条
件下库仑土压力理论为基础，考虑竖向和水平
方向地震加速度的影响，对原库伦公式进行
修正。

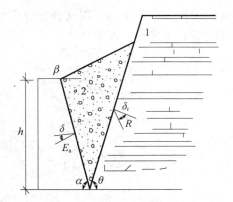

图 6-31　有限填土挡土墙土压力计算示意图
1—岩石边坡；2—填土

由于一般结构物在竖向有较大的强度储备，
故在多数情况下可忽略竖向地震加速度的影响。
因此分析土压力时，可以只考虑水平方向地震
加速度影响。

按静力法计算地震土压力，同计算非地震土压力的不同点在于多考虑了一个由破裂棱
体自重所引起的水平地震力。

由破裂棱体自重所引起的水平地震力，这个地震力作用于棱体中心，它的大小按
式（6-44)确定，方向水平，并朝向墙厚土体滑动的方向。

$$P = C_z K_H G \tag{6-44}$$

式中　C_z——综合影响系数，采取 1/4；

K_H——水平地震系数。

如图 6-32 所示，地震力 P 与破裂棱体重力 G 的合力 G_1 应为

$$G_1 = \frac{G}{\cos\eta} \tag{6-45}$$

式中　η——棱体重力与地震力之合力偏离铅垂线角度，称为地
震角。

由式（6-44）及图 6-32 可知

$$\eta = \arctan(C_z K_H) \tag{6-46}$$

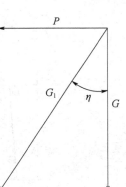

图 6-32　地震土压力计算

知道了地震力与重力的合力大小与方向，并且假定在地震条件
下土的内摩擦角 φ 与墙背摩擦角 δ 不变，则墙后破裂棱体上的平衡
力系即如图 6-33（a）所示。若保持挡土墙和墙后棱体位置不变，
将整个平衡力系移动 η 角，使 G_1 位于竖直方向 ［图 6-33（b）］，由于没有改变整个平衡
力系中三力间的相互关系，即没有改变图 6-33（c）中的力三角形△abc，则这种改变并
不影响对 E_a 的求算。然而，这样做却大大简化了计算工作。由图 6-33（b）可以看出，
只要用下列各值取代 γ、δ、φ 各值，即可直接采用一般库仑土压力公式求算地震土
压力：

$$\left.\begin{array}{l} \gamma_1 = \gamma/\cos\eta \\ \delta_1 = \delta + \eta \\ \varphi_1 = \varphi - \eta \end{array}\right\} \tag{6-47}$$

各种边界条件下的地震土压力均可用 γ_1、δ_1、φ_1 取代 γ、δ、φ，而按一般数解公式或

图解法求算。必须指出，用这种方法求出地震土压力 E_a 后，在计算 E_x 和 E_y 时，仍应采取实际墙背摩擦角，而不用 δ_1。

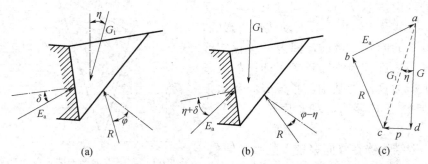

图 6-33　地震力作用时墙后破裂棱体上的平衡力系

6.6.8　有车辆荷载的土压力

在桥台或路堤挡土墙设计时，应考虑车辆荷载引起的侧土压力，按照库仑土压力理论，先将桥台台背或挡墙墙背填土的破坏棱体（滑动土楔）范围内的车辆荷载，用均布荷载 q 或换算为等代土层来代替，见《公路桥涵设计通用规范》（JTG D60）。当填土面水平（$\beta = 0°$）时，等代均布土层厚度 h 的计算，根据图 6-34，可以采用下列公式进行计算：

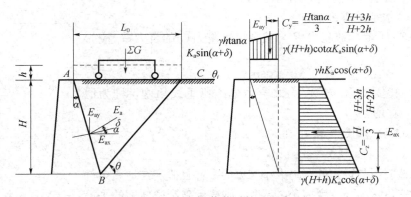

图 6-34　有车辆荷载时的土压力

$$h = q/\gamma = \sum G/BL_0\gamma \tag{6-48}$$

式中　γ——填土的重度（kN/m^3）；

$\sum G$——布置在 $b \times l_0$ 面积内的车轮的总重量（kN），计算挡土墙的土压力时，车辆荷载应按图 6-35 中的横向布置，车辆外侧中线距路面边缘 0.5m，计算中涉及多车道加载时，车轮总重力应进行折减，详见《公路桥涵设计通用规范》（JTG D60）；

　B——桥台横向全宽或挡土墙的计算长度（m）；

　L_0——台背或墙背填土的破坏棱体长度（m）；对于墙顶以上有填土的路堤式挡土墙，L_0 为破坏棱体范围内的路基宽度部分。

挡土墙的计算长度可按下列公式计算，但不应超过挡土墙分段长度〔图 6-36（b）〕：

$$B=13+H\tan30° \tag{6-49}$$

式中　H——挡墙高度，对于墙顶以上有填土的挡土墙，为两倍墙顶填土厚度加墙高（m）。

当挡土墙分段长度小于13m时，B取分段长度，并在该长度内按不利情况布置轮重。在实际工程中，挡土墙的分段长度一般为10～15m，新规范按照公路—Ⅰ级的车辆荷载，其前后轴轴距为12.8m≈13m。当挡土墙分段长度大于13m时，其技术长度取为扩散长度［图6-36（a）］，如果扩散长度超过挡土墙分段长度，则取分段长度计算。

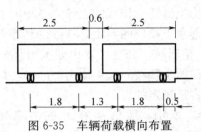

图 6-35　车辆荷载横向布置

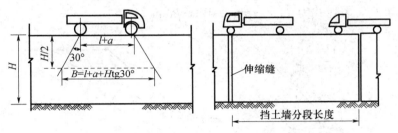

图 6-36　挡土墙计算长度 B 的计算

（a）重车的扩散长度；（b）挡土墙的分段长度

关于台背或墙背填土的破坏棱体长度 L_0，对于墙顶以上有填土的挡土墙，L_0 为破坏棱体范围内的路基宽度部分；对于桥台或墙顶以上没有填土的挡土墙 L_0 可用下式计算，如图6-34：

$$L_0=H(\tan\alpha+\cot\theta) \tag{6-50}$$

式中　H——桥台或挡土墙的高度；

α——台背或墙背倾斜角，仰斜时负值代入，垂直时则 $\alpha=0$；

θ——滑动面倾斜角，确定时忽略车辆荷载对滑动面位置的影响，按没有车辆荷载时的式（6-20）解得，使主动土压力 E 为极大值时最危险滑动面的破裂倾斜角，当填土面倾斜角 $\beta=0°$ 时，破裂棱体破裂面与水平面夹角 θ 的余切值可按下式计算：

$$\cot\theta=-\tan(\alpha+\delta+\varphi)+\sqrt{[\cot\varphi+\tan(\alpha+\delta+\varphi)][\tan(\alpha+\delta+\varphi)-\tan\alpha]}$$

以上求得等代均布土层厚度 h 后，有车辆时的主动土压力（当 $\beta=0°$）可按下式计算：

$$E_a=\frac{1}{2}K_a\gamma H(H+2h)B \tag{6-51}$$

式中各符号意义同式（6-20）、式（6-48）和式（6-49）。

主动土压力的着力点自计算土层底面起：

$$Z=\frac{H}{3}\cdot\frac{H+3h}{H+2h} \tag{6-52}$$

6.7　无黏性土坡稳定分析方法

1. 干的无黏性土坡

处于无渗水的砂、砾、卵石组成的无黏性土坡，只要坡面土颗粒能保持稳定，那么整个土坡便是稳定的。

均质砂性土或成层的非均质砂性土构成的土坡，滑坡时其滑动面常接近于平面，在横断面上则为一条直线。对于透水土构成的路堤，如砂砾和卵石路堤或其他土坡，或某些透水土虽具有一定的黏聚力 c，但其抗剪强度主要由摩擦力部分提供者，皆可采用直线滑动面法进行分析。由于均质无黏性土颗粒间无黏聚力，$c=0$，只要无黏性土坡坡面上的土颗粒能保持稳定，则整个土坡将是稳定的。

均质无黏性土坡如图 6-37 所示，坡角为 β，土的内摩擦角为 φ，设位于坡面上的颗粒 M，其重量为 W，颗粒沿坡面方向的下滑力 $T=W\sin\beta$，阻止该颗粒下滑的力是颗粒与坡面的摩擦力 T_1，表达式为 $T_1=N\tan\varphi=W\cos\beta\tan\varphi$。

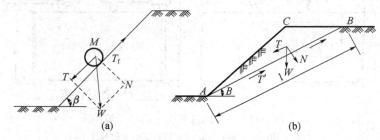

图 6-37　无黏性土坡表面颗粒的力系与平面滑坡
(a) 无黏性土坡表面颗粒的力系；(b) 平面滑坡

把抗滑力与滑动力之比定义为土坡的稳定安全系数 K_s，即

$$K_s=\frac{T_f}{T}=\frac{\tan\varphi}{\tan\beta} \tag{6-53}$$

当 $K_s\geqslant1$，即 $\beta\leqslant\varphi$ 时，颗粒不会沿坡面下滑，土坡是稳定的。由此可见，对于均匀无黏性土坡，只要坡角 β 小于土的内摩擦角 φ，土坡总是稳定的，且与坡高 H 无关。当 $K_s=1.0$ 时，坡角 β 等于土的内摩擦角 φ，称为自然休止角（nature angle of repose），此时土坡处于极限平衡状态。为了保证土坡有足够的安全储备，可取 $K_s=1.1\sim1.5$。

2. 渗流作用的无黏性土坡

有渗流作用的无黏性土坡，因受到渗透水流的作用，滑动力加大，抗滑力减小，如图 6-38所示，沿渗流逸出方向的渗透力为：

$$J=i\gamma_w \tag{6-54}$$

由 J 对单元土体产生的下滑分力和法向分力分别为

$$J_滑=i\gamma_w\cos(\beta-\theta) \tag{6-55}$$

$$J_法=i\gamma_w\sin(\beta-\theta) \tag{6-56}$$

式中　i——渗透水力坡降；

　　　γ_w——水的重力；

θ——渗透方向与水平面的夹角。

因土渗水，其重量采用有效重度 γ' 进行计算，故其稳定系数为

$$K=\frac{[\gamma'\cos\beta-i\gamma_w\sin(\beta-\theta)]\tan\varphi}{\gamma'\sin\beta+i\gamma_w\cos(\beta-\theta)} \tag{6-57}$$

当渗透方向为顺坡时，$\theta=\beta$，$i=\sin\beta$，则 K 为

$$K=\frac{\gamma'\tan\varphi}{\gamma_{sat}\tan\beta} \tag{6-58}$$

其中

$$\frac{\gamma'}{\gamma_{sat}}=\frac{1}{2} \tag{6-59}$$

说明渗透方向为顺坡时，无黏性土坡的稳定系数与干坡相比，将降低 1/2。

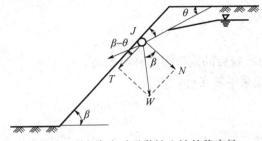

图 6-38　有渗流时无黏性土坡的稳定性

当渗流方向为水平逸出坡面时，$\theta=0$，$i=\tan\beta$，则 K 为

$$K=\frac{(\gamma'-\gamma_w\tan^2\beta)\tan\varphi}{(\gamma'+\gamma_w)\tan^2\beta} \tag{6-60}$$

其中

$$\frac{\gamma'-\gamma_w\tan^2\beta}{\gamma'+\gamma_w}<\frac{1}{2} \tag{6-61}$$

说明与干坡相比下降了一半之多。

上述分析说明，有渗透情况下无黏性土坡只有当坡角 $\beta\leqslant\varphi/2$ 时，才能稳定。

6.8　黏性土中几种土坡稳定分析方法

　　黏性土的抗剪强度包括摩擦强度和黏性强度两个组成部分。由于黏聚力的存在，黏性土坡不会像无黏性土坡一样沿坡面表面滑动或者沿平面滑动。如果在坡面上取一薄片土体进行稳定性分析。由于其厚度是一个微量，则重量和由此而产生的滑动力也是一个微量。在抗滑力中，摩擦力虽然是微量，而黏聚力则因为有一定的面积，并非微量。因此，稳定安全系数将会很大，这说明不会沿坡边表面滑动。危险的滑动面必定深入土体内部。根据土体极限平衡理论，可以推导出均质黏性土坡的滑动面对数螺旋线曲面，形状近似于圆柱面，在断面上近似为弧形。观察现场滑坡体断面上的形态，也与圆弧相似。因此，在工程设计中常假定平面应变状态的土坡的滑动面为圆弧面。建立在这一假定上的稳定分析方法称为圆弧滑动法，是极限平衡法的一种常用分析方法。

6.8.1　瑞典条分法

　　瑞典条分法是条分法中最简单最古老的一种。该法假定滑动面是一个圆弧面，并认为

条块间的作用力对边坡的整体稳定性影响不大，可以忽略，或者说，假定条块两侧的作用力大小相等，方向相反且作用于同一直线上，所以可以不予考虑。图 6-39 中取条块 i 进行分析，土条 i 的重力 W_i 沿该条滑动面的中点分解为切向力 $T_{wi}=W_i\sin\theta_i$ 和法向力 $N_{wi}=W_i\cos\theta_i$。滑动面以下部分土体对该条的反力的两个分量分别表示为 N_i 和 T_i。

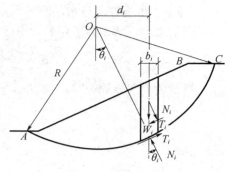

图 6-39　瑞典条分法

首先根据径向力的平衡条件，有

$$N_i=N_{wi}=W_i\cos\theta_i \tag{6-62}$$

设安全系数 F_s 定义为：

$$F_s=\frac{\tan\varphi}{\tan\varphi_e}=\frac{c}{c_e} \tag{6-63}$$

式中　φ_e、c_e——分别为折减后的内摩擦角和黏聚力。

再根据滑动面上的极限平衡条件，有

$$T_i=\frac{c_il_i+N_i\tan\varphi_i}{F_s} \tag{6-64}$$

可见在式（6-64）中，$T_i\neq T_{wi}=W_i\sin\theta_i$，这是由于没有考虑土条的切向静力平衡，因而土条 i 所受的 3 个力（W_i、T_i、N_i）形成的力三角形一般不会闭合，亦即不满足静力平衡条件。

最后，按照滑动土体的整体力矩平衡条件，土体产生的滑动力矩为：

$$\sum W_id_i=\sum W_iR\sin\theta_i \tag{6-65}$$

滑动面上的抗滑力矩为

$$\sum T_iR=\sum\frac{c_il_i+W_i\cos\theta_i\tan\varphi_i}{F_s}R \tag{6-66}$$

由于滑动土体处于极限平衡状态时，滑动力矩＝抗滑力矩，式（6-65）与式（6-66）相等，有

$$\sum W_iR\sin\theta_i=\sum\frac{c_il_i+W_i\cos\theta_i\tan\varphi_i}{F_s}R \tag{6-67}$$

$$F_s=\frac{\sum c_il_i+W_i\cos\theta_i\tan\varphi_i}{\sum W_i\sin\theta_i} \tag{6-68}$$

如果用土条 i 重力 W_i 在滑动面的切向分力 T_{wi} 计算，产生的对圆心滑动力矩 $M_{si}=T_{wi}R$，用在滑动面的法向分力 N_{wi} 产生的摩擦阻力和黏聚力一起计算形成的抗滑力矩 $M_{Ri}=(c_il_i+W_i\cos\theta_i\tan\varphi_i)/F_s$，再考虑滑动土体的整体力矩平衡条件，也可得到与式（6-64）完全相同的结果。

由此看来瑞典条分法是忽略条间力影响的一种简化方法，它只满足滑动土体整体力矩平衡条件而不满足土条的静力平衡条件，这是它区别于后面将要讲述的其他条分法的主要特点。此法应用的时间很长，积累了丰富的工程经验，一般得到的安全系数偏低，即误差偏于安全方面，故目前仍然是工程上常用的方法。

6.8.2　毕肖普法

毕肖普（Bishop）于 1995 年提出一个考虑土条侧面力的土坡稳定分析方法，称毕肖普法。图 6-40 中从圆弧滑动体内取出土条 i 进行分析。作用在条块 i 上的力，除了重力 W_i 外，滑动面上有切向力 T_i 和法向力 N_i，条块的侧面分别有法向力 P_i、P_{i+1} 和切向力 H_i、H_{i+1}。若条块处于静力平衡状态，竖向力平衡条件，应有

$$\sum F_z = 0 \quad W_i + \Delta H_i = N_i\cos\theta_i + T_i\sin\theta_i \tag{6-69}$$

$$N_i\cos\theta_i = W_i + \Delta H_i - T_i\sin\theta_i \tag{6-70}$$

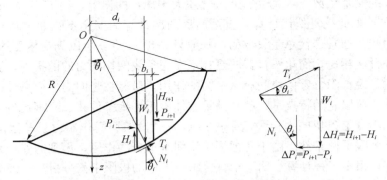

图 6-40　毕肖普条块作用力分析

根据满足安全系数为 F_s 时的极限平衡条件，即将式（6-64）代入式（6-70），整理后得

$$N_i = \frac{W_i + \Delta H_i - \dfrac{c_i l_i}{F_s}\sin\theta_i}{\cos\theta_i + \dfrac{\sin\theta_i\tan\varphi_i}{F_s}} = \frac{1}{m_{\theta_i}}\left(W_i + \Delta H_i - \frac{c_i l_i}{F_s}\sin\theta_i\right) \tag{6-71}$$

$$m_{\theta_i} = \cos\theta_i + \frac{\sin\theta_i\tan\varphi_i}{F_s} \tag{6-72}$$

考虑整个滑动土体的整体力矩平衡条件，各土条的作用力对圆心力矩之和应为零。这时条间力 P_i 和 H_i 成对出现，大小相等，方向相反，互相抵消，对圆心不产生力矩。滑动面上的正压力 N_i 通过圆心，也不产生力矩。因此，只有重力 W_i 和滑动面上的切向力 T_i 对圆心分别产生滑动和抗滑力矩，二者相等。

$$\sum W_i d_i = \sum T_i R \tag{6-73}$$

将式（6-64）代入上式，得

$$\sum W_i R\sin\theta_i = \sum \frac{1}{F_s}(c_i l_i + N_i\tan\varphi_i)R \tag{6-74}$$

代入式（6-71）的 N_i 值，简化后，得

$$F_s = \frac{\sum\dfrac{1}{m_{\theta_i}}[c_i b_i + (W_i + \Delta H_i)\tan\varphi_i]}{\sum W_i\sin\theta_i} \tag{6-75}$$

这是毕肖普法的土坡稳定一般计算公式。式中 $\Delta H_i = H_{i+1} - H_i$，仍然是未知量。

如果不引入其他的简化假定，式（6-75）仍然不能求解。毕肖普进一步假定 $\Delta H_i = 0$，

实际上也就是认为条块间只有水平作用力 P_i 而不存在切向力 H_i，或者假定两侧的切向力相等，即 $\Delta H = 0$，于是式（6-75）进一步简化为

$$F_s = \frac{\sum \frac{1}{m_{\theta_i}}(c_i b_i + W_i \tan\varphi_i)}{\sum W_i \sin\theta_i} \tag{6-76}$$

这称为简化毕肖普公式，式中，参数 m_{θ_i} 包含有安全系数 F_s。因此不能直接求出安全系数，而需要采用试算的办法，迭代求算 F_s 值。

试算时，可先假定 $F_s = 1.0$，由式（6-75）计算出各 θ_i 所相应的 m_{θ_i} 值。代入式（6-76）中，求得边坡的安全系数 F_s'。若 F_s 和 F_s' 之差大于规定的误差，用 F_s' 计算 m_{θ_i}，再次计算出安全系数 F_s''，如此反复迭代计算，直至前后两次计算的安全系数非常接近，满足规定精度的要求为止。通常迭代总是收敛的，一般只要 3~4 次就可以满足精度的要求。

与瑞典条分法相比，简化毕肖普法是在不考虑条块间切向力的前提下，满足力多边形闭合条件，就是说，隐含着条块间有水平力的作用，虽然在竖向力平衡条件的公式中水平作用力未出现。所以它的特点是：（1）满足整体力矩平衡条件；（2）满足各条块的多边形闭合条件，但不满足条块的力矩平衡条件；（3）假设条块间作用力只有法向力没有切向力；（4）满足极限平衡条件。由于考虑了条块间水平力的作用，得到的安全系数较瑞典条分法略高一些。很多工程计算表明，毕肖普法与严格的极限平衡分析法，即满足全部静力平衡条件的方法（如下述的简布法）相比，计算结果很接近。由于计算不很复杂，精度较高，所以是目前工程中常用的一种方法。

6.8.3 简布法

普遍条分法是适用于任意滑动面的方法，而不必规定圆弧滑动面。它特别适用于不均匀土体的情况。简布法是其中的一种方法。如图 6-41 所示的滑动面一般发生在地基具有软弱夹层的情况。简布法是假设条间力的作用位置。这样，各土条都满足所有的静力平衡条件和极限平衡条件，滑动土体的整体平衡条件自然也得到满足。

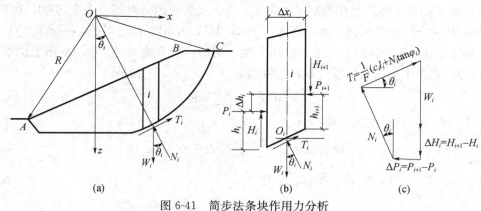

图 6-41　简步法条块作用力分析

从图 6-41（a）滑动土体 ABC 中取任意土条 i 进行静力分析。作用在土条 i 上的力及其作用点如图 6-41（b）所示，按静力平衡条件：

$$\sum F_z = 0，得式（6-69）及式（6-70）$$

$$W_i + \Delta H_i = N_i \cos\theta_i + T_i \sin\theta_i$$

$$N_i \cos\theta_i = W_i + \Delta H_i + T_i \sin\theta_i$$

$\sum F_z = 0$ ，得

$$\Delta P_i = T_i \cos\theta_i - N_i \sin\theta_i \qquad (6\text{-}77)$$

将式（6-69）、式（6-70）带入式（6-77）整理后得

$$\Delta P_i = T_i \left(\cos\theta_i + \frac{\sin^2\theta_i}{\cos\theta_i} \right) - (W_i + \Delta H_i)\tan\theta_i \qquad (6\text{-}78)$$

根据滑动面上的极限平衡条件，考虑安全系数 F_s 有

$$T_i = \frac{1}{F_s}(c_i l_i + N_i \tan\varphi_i) \qquad (6\text{-}79)$$

由式（6-69）和式（6-70）得

$$N_i = \frac{1}{\cos\theta_i}(W_i + \Delta H_i - T_i \sin\theta_i) \qquad (6\text{-}80)$$

将 N_i 代入式（6-79），整理后得

$$T_i = \frac{\dfrac{1}{F_s}\left[c_i l_i + \dfrac{1}{\cos\theta_i}(W_i + \Delta H_i)\tan\varphi_i \right]}{1 + \dfrac{\tan\theta_i \tan\varphi_i}{F_s}} \qquad (6\text{-}81)$$

将式（6-81）代入（6-78），得

$$\Delta P_i = \frac{1}{F_s}\frac{\sec^2\theta_i}{1 + \dfrac{\tan\theta_i \tan\varphi_i}{F_s}}[c_i l_i \cos\theta_i + (W_i + \Delta H_i)\tan\theta_i] - (W_i + \Delta H_i)\tan\theta_i \qquad (6\text{-}82)$$

图 6-42 表示作用在土条侧面的法向力 P_i，显然有 $P_1 = \Delta P_1$，$P_2 = P_1 + \Delta P_2 = \Delta P_1 + \Delta P_2$，以此类推，有

$$P_i = \sum_{j=1}^{i} \Delta P_j \qquad (6\text{-}83)$$

若全部条块的总数为 n，则有

$$P_n = \sum_{i=1}^{n} \Delta P_i \qquad (6\text{-}84)$$

将式（6-88）代入式（6-84），得

$$\sum \frac{1}{F_s}\frac{\sec^2\theta_i}{1 + \dfrac{\tan\theta_i \tan\varphi_i}{F_s}}[c_i l_i \cos\theta_i + (W_i + \Delta H_i)\tan\varphi_i] - \sum (W_i + \Delta H_i)\tan\theta_i = 0$$

$$(6\text{-}85)$$

整理后得

$$\begin{aligned}
F_s &= \frac{[c_i l_i \cos\theta_i + (W_i + \Delta H_i)\tan\varphi_i]\dfrac{1}{\cos\theta_i(\cos\theta_i + \sin\theta_i \tan\varphi_i / F_s)}}{\sum (W_i + \Delta H_i)\tan\theta_i} \\
&= \frac{[c_i l_i \cos\theta_i + (W_i + \Delta H_i)\tan\varphi_i]\dfrac{1}{m_{\theta_i}\cos\theta_i}}{\sum (W_i + \Delta H_i)\tan\theta_i}
\end{aligned} \qquad (6\text{-}86)$$

式中 m_{θ_i} 见式（6-72）。

比较毕肖普公式（6-76）和简布公式（6-86），两者很相似，但有一定的差别，毕肖甫公式是根据滑动面为圆弧面，滑动土体满足整体力矩平衡条件推导而出的。简布公式则是利用力的多边形闭合和极限平衡条件，最后根据 $\sum\limits_{i=1}^{n}\Delta p_i = 0$ 求出 F_s。显然这些条件适用于任何形式的滑动面而不仅限于圆弧面，在式（6-86）中，ΔH_i 仍然是待定的未知量。毕肖甫没有解出 ΔH_i，让 $\Delta H_i = 0$ 而成为简化毕肖甫公式。而简布公式则利用各条块的力矩平衡条件，因而整个滑动土体的整体力矩平衡也自然得到满足。

将作用在条 i 上的力对条块滑弧段中点 O_i 取距 [图 6-41（b）]，并让 $\sum M_{oi} = 0$。假设重力 W_i 和滑弧段上的力 N_i 作用在土条中心线上，T_i 通过 O_i 点，均不产生力矩。条间力的作用点位置在假设土条侧面的 1/3 高处，并有如图 6-42 所示推力线，故有：

$$H_i \frac{\Delta x_i}{2} + (H_i + \Delta H_i)\frac{\Delta x_i}{2} - (P_i + \Delta P_i)\left(h_i + \Delta h_i - \frac{1}{2}\Delta x_i \tan\theta_i\right) + P\left(h_i - \frac{1}{2}\Delta x_i \tan\theta_i\right) = 0$$

$$(6-87)$$

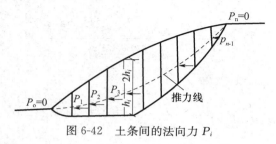

图 6-42　土条间的法向力 P_i

略去高阶微量整理后得

$$H_i \Delta x_i - P_i \Delta h_i - \Delta P_i h_i = 0 \tag{6-88}$$

$$H_i = P_i \frac{\Delta h_i}{\Delta x_i} + \Delta P_i \frac{h_i}{\Delta x_i} \tag{6-89}$$

$$\Delta H_i = H_{i+1} - H_i \tag{6-90}$$

式（6-88）表示条块间切向力与法向力之间的关系。式中符号如图 6-41 所示。

由式（6-82）、式（6-83）、式（6-84）、式（6-86）、式（6-89）和式（6-90），利用迭代法可求得普遍条分法的边坡稳定安全系数。其步骤如下：

（1）假定 $\Delta H_i = 0$，利用式（6-86），迭代求第一次近似的安全系数 F_{s1}；

（2）将式 F_{s1} 和 $\Delta H_i = 0$ 代入式（6-82），求相应的 ΔP_i（对每一条，从 1 到 n）；

（3）用式（6-83）$P_i = \sum\limits_{j=1}^{i}\Delta P_j$ 求条块间的法向力 P_i（对每一条，从 1 到 n）；

（4）将 P_i 和 ΔP_i 代入式（6-89）和式（6-90），求条块间的切向作用力 H_i（对每一条，从 1 到 n）和 ΔH_i；

（5）将 ΔH_i 重新代入式（6-86），迭代求新的稳定安全系数 F_{s2}。

如果 $F_{s2} - F_{s1} > \Delta$，Δ 为规定的安全系数计算精度，重新按上述步骤（2）～（5）进行第二轮计算。如此反复进行，直至 $F_{s(k)} - F_{s(k-1)} \leqslant \Delta$ 为止。$F_{s(k)}$ 就是该假定滑动面的安全系数。边坡的真正安全系数还要计算很多滑动面，进行比较，找出最危险的滑动面，其安全系数才是真正的安全系数。工作量相当浩繁。一般要编制程序在计算机上计算。用简布法计算一个滑动面安全系数的流程如图 6-43 所示。

除简布法之外，适用于任意滑动面的普遍条分法还有多种。它们多是假设条间力的方向。如假设条间力的方向为常数，或者其方向为某种函数，或者设条间力方向与滑动面倾角一致等。

6.8.4 不平衡荷载传递法

对于有潜在滑面的边坡不稳定时，作用在支挡结构上的荷载为滑体沿着潜在滑面滑动所产生的滑坡推力，只要确定了此荷载，结构设计就容易了。因此，滑坡推力计算是支挡结构设计的重要内容之一。

对滑坡推力的计算，当前国内外普遍采用的做法是利用极限平衡理论计算每米宽滑动断面的推力，同时假设断面两侧为内力而不计算侧向摩擦力。在计算时，应根据边坡类型和可能的破坏形式采用相应的计算方法。

一般利用地质勘探的方法确定滑面的位置后，即可进行稳定性评价和滑坡推力的计算。如果沿着（潜在）滑面上滑体的滑动力大于滑面上的抗滑力，就会发生滑坡，这时推力的计算结果可为所需设置的支挡结构提供设计荷载。稳定性分析和滑坡推力计算的一种比较简单

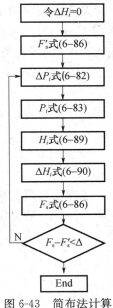

图 6-43 简布法计算
程序流程

而实用的方法就是条分法。在该法中，将滑裂面以上土体分成若干垂直土条，对作用在各土条上的力进行力与力矩平衡分析。这类方法很多，比如瑞典圆弧法、毕肖普法、沙尔玛法等，这里要介绍的是在铁路部门、工业与民用建筑部门应用广泛的传递系数法，该法也是众多规范所推荐的方法。

传递系数法亦称为不平衡推力法，其基本假定：

（1）滑坡体不可压缩并做整体下滑，不考虑条块之间挤压变形；

（2）条块之间只传递推力不传递拉力，不出现条块之间的拉裂；

（3）块间作用力（即推力）以集中力表示，它的作用线平行于前一块的滑面方向，作用在分解面的中点；

（4）垂直滑坡主轴单位长度（一般为 1m）宽的岩土体作计算的基本断面，不考虑条块间的摩擦力。

如图 6-44 取第 n 条块为分离体，将各力沿该条块底面的法向和切向分解。

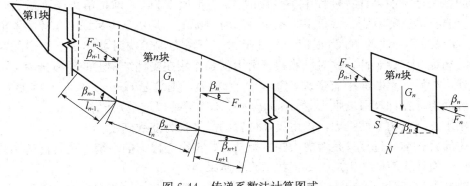

图 6-44 传递系数法计算图式

从图中可以确定切向力为 $F_n - F_{n-1}\cos(\beta_{n-1} - \beta_n) - G_n\sin\beta_n$，法向力为 $F_{n-1}\sin(\beta_{n-1} - \beta_n) + G_n\cos\beta_n$。并且条块处于极限平衡时应满足"切向力＋法向力×$\tan\varphi_n$＋条块底面的黏聚力＝0"的平衡条件，从而可得下列方程

$$F_n - F_{n-1}\cos(\beta_{n-1} - \beta_n) - G_n\sin\beta_n + [F_{n-1}\sin(\beta_{n-1} - \beta_n) + G_n\cos\beta_n]\tan\varphi_n + c_n l_n = 0$$
$$(6\text{-}91)$$

由上式可得出第 n 条块的剩余下滑力（即该部分的滑坡推力），即

$$F_n = G_n\sin\beta_n - G_n\cos\beta_n\tan\varphi_n - c_n l_n + F_{n-1}[\cos(\beta_{n-1} - \beta_n) - \sin(\beta_{n-1} - \beta_n)\tan\varphi_n] \quad (6\text{-}92)$$

令 $\psi = \cos(\beta_{n-1} - \beta_n) - \sin(\beta_{n-1} - \beta_n)\tan\varphi_n$，则有

$$F_n = G_n\sin\beta_n - G_n\cos\beta_n\tan\varphi_n - c_n l_n + \psi F_{n-1} \quad (6\text{-}93)$$

工程中算滑坡推力还要考虑一定的安全储备，推力计算中如何考虑安全系数目前认识还不一致，一般采用加大自重下滑力，即将下滑力乘以系数后代入式中计算，从而上式变为：

$$F_n = \psi F_{n-1} + \gamma_t G_n\sin\beta_n - G_n\cos\beta_n\tan\varphi_n - c_n l_n$$
$$= F_n\psi + \gamma_t G_{nt} - G_{nn}\tan\varphi_n - c_n l_n \quad (6\text{-}94)$$
$$\psi = \cos(\beta_{n-1} - \beta_n) - \sin(\beta_{n-1} - \beta_n)\tan\varphi_n \quad (6\text{-}95)$$

式中　　F_n，F_{n-1}——第 n 块、第 $n-1$ 块滑体的剩余下滑力；

ψ——传递系数；

γ_t——滑坡推力安全系数；

G_{nt}，G_{nn}——第 n 块滑体自重沿滑动面、垂直滑动面的分力；

φ_n——第 n 块滑体沿滑动面土的内摩擦角标准值；

c_n——第 n 块滑体沿滑动面土的黏聚力标准值；

l_n——第 n 块滑体沿滑动面的长度。

滑坡推力安全系数 γ_t，应根据滑坡现状及其对工程的影响等因素确定，对地基基础设计等级为甲级的建筑物宜取 12.5，设计等级为乙级的建筑物宜取 1.15，设计等级为丙级的建筑物宜取 1.05。

式（6-94）中 $G_{nn}\tan\varphi_n + c_n l_n$ 两项为该条块的下滑力，而 $F_{n-1}\psi + \gamma_t G_{nt}$ 两项为该条块的抗滑力，所以称这四项的运算结果 F_n 为剩余下滑力，即下滑力减去抗滑力剩下的下滑力。

计算时从上往下逐块进行（计算第一条块时，F_{n-1} 取 0），得到的推力可以用来推断滑坡体的稳定性。如果计算过程中某一块的 F_n 为负值或为 0，即抗滑力＞下滑力，说明本块以上岩土体已能稳定，并且下一条块计算时按无上一条块推力考虑（土体为不能受拉材料）。如果最后一块的 F_n 为正值，即抗滑力＜下滑力，说明滑坡体是不稳定的。应采用支挡结构提高其稳定性，这时，剩余下滑力就是作用在支挡结构上的滑坡推力。

另外，如果计算断面中有逆坡，倾角 β_n 为负值，则也是 $G_n\sin\beta_n$ 负值，因而 $G_n\sin\beta_n$ 变成了抗滑力，在计算滑坡推力时 $G_n\sin\beta_n$ 项就不应再乘以安全系数 γ_t。

作用于支挡结构上的推力，可由设计位置的滑坡推力曲线确定。

前述的公式推导过程只是考虑力的平衡条件，没有考虑力的平衡，这是传递系数法的一个缺点，但计算简便，为广大工程技术人员所采用。

滑坡推力计算时选平行滑动方向的断面不少于 3 条，其中一条应是主滑断面，当土体

存在多层滑面时应分别计算各层滑动面的滑坡推力，取其最大的推力作为设计值，并满足稳定要求。

【例 6-4】 如图 6-45 为一滑坡体断面，划分为 5 个条块，安全系数为 1.15，后缘破裂壁 $\varphi=22.5°$，$c=0$。拟修抗滑桩，求桩后滑坡推力。1～5 条块单位宽度的重力分别为 480kN、4910kN、6650kN、6600kN、3180kN。

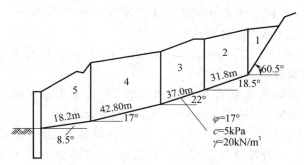

图 6-45 例 6-4 示意图

【解】（1）计算传递系数

由公式 $\psi=\cos(\beta_{n-1}-\beta_n)-\sin(\beta_{n-1}-\beta_n)\tan\varphi_n$ 得

$$\psi_2=\cos(60.5°-18.5°)-\sin(60.5°-18.5°)\tan17°=0.539$$
$$\psi_3=\cos(18.5°-22°)-\sin(18.5°-22°)\tan17°=1.017$$
$$\psi_4=\cos(22°-17°)-\sin(22°-17°)\tan17°=0.970$$
$$\psi_5=\cos(17°-8.5°)-\sin(17°-8.5°)\tan17°=0.944$$

（2）从第 1 条块开始计算每一延米推力

由公式 $F_n=G_n\sin\beta_n-G_n\cos\beta_n\tan\varphi_n-c_nl_n+\psi F_{n-1}$ 得

$$F_1=1.15\times480\times\sin60.5°-480\times\cos60.5°\times\tan22.5°=383\ （kN）$$

$F_2=1.15\times4910\times\sin18.5°-4910\times\cos18.5°\times\tan17°-5\times31.8+0.539\times383=416\ （kN）$

$F_3=1.15\times6650\times\sin22°-6650\times\cos22°\times\tan17°-5\times37+1.017\times416=1218\ （kN）$

$F_4=1.15\times6600\times\sin17°-4910\times\cos17°\times\tan17°-5\times42.8+0.979\times1218=1257\ （kN）$

$F_5=1.15\times3180\times\sin8.5°-3180\times\cos8.5°\times\tan17°-5\times18.2+0.944\times1257=673\ （kN）$

抗滑桩拟设在第 5 条块末端，因此作用在桩上单位宽度的滑坡推力荷载即为 673kN。

习　　题

6-1 某挡土墙墙高 $H=4.0$m，墙背直立、光滑，填土面水平。填土为干砂，重度 $\gamma=18.5$kN/m³，内摩擦角 $\varphi=32°$。计算作用在挡土墙上的静止土压力分布力及合力，并分别计算挡墙向前向后各产生多少位移，才能达到主动与被动土压力极限状态？

6-2 某挡土墙，高 6m，墙背直立、光滑，填土面水平。填土的物理力学性质指标 $\varphi=21°$，$c=16.0$kPa，$\gamma=18.2$kN/m³，试根据朗金土压力理论求主动土压力、主动土压力合力及其作用点位置，并绘制主动土压力分布图。

6-3 已知某挡土墙高度为 5m，墙背直立、光滑，填土面水平。填土为干砂，重度

$\gamma=18.3kN/m^3$，$\varphi=32°$，地下水埋深 3m。当墙后填土中地下水上升至距离墙顶 2m，砂土的饱和重度为 $\gamma_{sat}=21.0kN/m^3$，求水位变化前后挡墙所受静止、主动和被动土压力分布力、合力大小，及其作用点位置。

6-4 如题 6.1 所给条件，当考虑挡土墙与墙土间摩擦角为 26°，其余条件不变。计算此时的主动土压力大小？

6-5 已知一均质土坡，坡角 $\theta=30°$，土的重度 $\gamma=17.8kN/m^3$，内摩擦角 $\varphi=22°$，黏聚力 $c=5kPa$。计算此黏性土边坡的安全高度 H？

6-6 已知土坡倾角 $\beta=63°$，$\gamma=18.3kN/m^3$，$\varphi=0°$，当坡高度达到 6m 时该边坡滑塌，试求该土体的黏聚力 c。

6-7 已知某公路路基填筑高度 $H=8.0m$，填土重度 $\gamma=18.5kN/m^3$，内摩擦角 $\varphi=24°$，黏聚力 $c=8kPa$。求此路基边坡的稳定坡角 θ 大小？

6-8 某建筑物基坑开挖深度 $H=6.0m$，土坡开挖坡角 50°，地层按均质土考虑，天然重度 $\gamma=18.1kN/m^3$，内摩擦角 $\varphi=22°$，黏聚力 $c=5.8kPa$。试用瑞典条分法计算此基坑边坡的稳定性？

第 7 章 土的动力特性

7.1 概　　述

在本章以前所研究的问题，不论是土体的变形问题或稳定问题，都认为荷载是静止的，即不随时间变化，称为静力问题。即便在土压力和边坡稳定分析中考虑地震力作用时，也是把惯性力当成静力处理。严格地说，大多数实际荷载都不是静止的，只是它对被作用体系所引起的动力效应很小，可以忽略不计。动荷载则是指荷载的大小、方向或者作用位置等随时间变化，而且对作用体系所产生的动力效应不能忽略。一般情况下，当荷载变化的周期为结构自振周期的 5 倍以上时，就可以简化为静荷载计算。土在动荷载作用下的响应一般与静力条件下的响应有较大区别。比如，土的动强度除了与土的类型、物理性质和初始应力状态有关外，还与动荷载的幅值和循环周次有关；地震中常遇到的液化现象就与土的动强度有关。再如，在动荷载作用下土体应力应变关系的描述方法与静力条件下也有所不同。本章将对上述问题进行介绍。

7.2　土的动力特性

7.2.1　动荷载及其基本特性

1. 动荷载分类

动荷载可以由机械运动部分不平衡的惯性力产生，可以由坠落重物所引起的冲击力产生，可以由地震或大能量的爆破作用产生，也可以由移动荷载的作用产生，还可以由流体在管腔内所引起的脉冲力、高耸建筑物上作用的风力、海洋建筑物上作用的浪压力以及各种爆炸引起的气浪压力等产生。这些由不同原因引起的动荷载在其荷载作用时间和往返次数上均具有不同的特点，如图 7-1 所示。如果从荷载作用的基本要素，即振幅、频率、持续时间和波形等的变化来分析，则动力机械运行时所引起的动荷载，视机械的不同类型，其振幅和频率的变化范围较大，具有随时间变化的多样性和作用的长期性；坠落重量所引起的动荷载为冲击型，其大小取决于传递结构的弹性和惯性，作用时间长短；地震所引起的动荷载，振动复杂，缺乏规律性，幅值大，频率低（1~5Hz），历时短（通常只有几十秒），变化大；车辆移动引起的动荷载，其特性视道路的平整度，有时很大，有时很小；海浪引起的动荷载作用，周期长（5~10s），持时久（3~9s），循环次数大（几千次）；流体运动引起的动荷载，其特性视抽、压水力机械的性质和管腔的几何形状而定；风力引起的动荷载作用，频幅的变化都很大，时增时减，不够稳定；气浪引起的动荷载为多次连续的冲击，持续时间不等；爆炸引起的动荷载主要为大压力幅、很短持续时间的单脉冲，或多个这类脉冲的连续作用，其脉冲的压力上升很快，脉冲间的相互影响较小。对于上述各类复杂多变的动荷载作用，在研究其对土性的影响时，自然应该区别对待。因此，在土动力学的研究中，根据主要动荷载作用的特点，通常可以分为如下三类问题：一是脉冲型动荷载问题，如爆炸引起的动力作用；二是多次重复型的微幅动荷载问题，如机械基础引起的振动作用；三是有限次的、无规律的随机型动荷载问题，主要为地震等引起的振动作用。

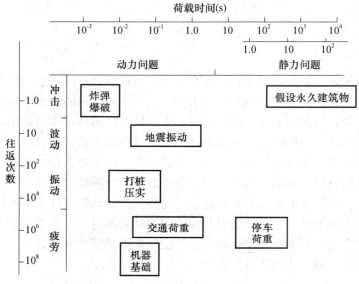

图 7-1　不同动荷载特性的对比

2. 动荷载的基本特性

（1）振动与波动的特性

在连续介质中，当介质在任一点处受到动荷载的作用而发生振动时，这一点上动荷载引起的位移将使该点周围的介质接收到新的能量也产生振动，而且这种振动要逐渐向远处传播，振动的传播时程称为波动。因此，对任一质点来说，动荷载过程是一种振动，服从振动理论。而对不同质点来说，它的动荷载时程取决于振动的传播，服从于波动理论。振动理论与波动理论的结合反映了动荷载的基本特性。也可以说，土体的动力特性主要取决于波动，土体质点的动力特性主要取决于振动。

（2）土工抗震中振动与波动的联系

在研究土工抗震问题时，既要研究地震运动在土体内任一质点上所引起振动的大小及其对该质点强度变形特性的影响，又要研究震源的能量向四周岩土内各点传播的基本特点和变化规律，从而了解附近建筑物地基内各点处的振动特性，然后才能根据各点在相应振动作用下的强度变形特性，评价其对稳定的可能影响。在室内进行的土工试验常是模拟某一点的振动特性，而某一点振动特性的正确估计有赖于对土体内地震波动特性的正确分析。从这里，既看到了振动与波动的差别，又看到了振动与波动的联系。只有掌握了这种既有差别又互相联系的观点，才能正确解决土工抗震中的各种问题。例如，对于一个建筑物的地基，如果由于地震的振动作用，在任一时刻每一个质点都要产生一个振动，那么由于地震的波动作用，在任一时刻各个质点的振动都各不相同，而且随着时间的增长又各有变化。这就需要先根据波动规律对地基中的各个点（一般简化为某些代表性的点）得出某种振动的幅值随时间的变化关系，然后分别对某一特定时刻研究各个点的动力特性，从而了解地震作用全过程中地基内各个点的动力特性和地基土体的稳定趋向。这种方法是当前解决土工抗震问题所普遍采用的方法。

3. 土体地震反应分析中实用的振动与波动

在土体的地震反应分析中，经常将岩土体振动作用作为对土体的输入，由于这种振动自基岩的覆层中及地面上的土工建筑物中以波动形式传播，引起了它们的振动，表现出动荷载的效应。根据西特（H. Seed）等的研究，虽然强地震引起的地面运动是随着震源特性、震中距、传播介质的特性以及局部地质地形条件的影响变化的，但对于水平地面，影响地面反应最主要的因素应是200ft（1ft＝0.3048m）范围内的土性特征，而覆层深度的变化（200～300ft）一般对地表运动特征只有很小的影响。至于基岩的运动特征（幅值及频率特性），虽然也是一个重要方面，但由于土盖层对基岩的激振有自补偿作用（Self-compensation），因此基岩运动幅值的变化（50％的差别）对于地面运动幅值的作用并不很大，差别只有5％～25％，没有必要过分地追求基岩运动的正确性。只要覆盖层的土性指标能够确定，基岩的运动能够合理估计，即可以计算出与实际记录结果相接近的地面运动。也就是说，只要能够从以往的强地震记录中总结出基岩运动的基本特征（哪怕不是十分准确），这对于实际应用也是十分有用的。从这个观点出发，西特等一些学者提出了关于基岩运动统计分析的资料。同对其他的振动一样，分别用振动的幅值（一般为最大加速度）、频率（或周期）和历时三个主要参数来表示。

（1）关于最大加速度问题。特里富纳茨（M. Trifunac）根据历史强地震记录的资料，提出了最大加速度、震级和震中距之间的实测结果，如图7-2（a）所示。可以看出，在震中区最大加速度与震级之间关系并不明显。但在远离震中的地区，最大加速度随震级的增高而增大的趋势是非常明显的。西特综合比较了以前研究的结果，分析了大量的强地震记录提出了如图7-2（b）所示的关系曲线。

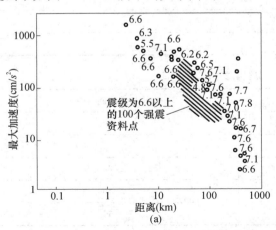

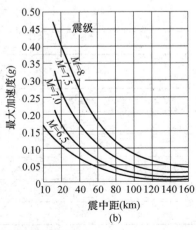

图 7-2 基岩的最大加速度、震级和震中距之间的实测结果

（2）关于基岩运动的频率及周期。一般也认为，基岩运动的周期是随震级和震中距而增长的。西特综合了古登堡-理查德（Gutenberg-Richter）的结果，建议按图 7-3 中所示的曲线来确定基岩运动的卓越周期。

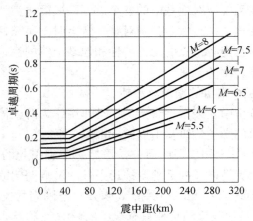

图 7-3 基岩运动的频率及周期

（3）关于基岩振动的持续时间。基岩振动的持续时间主要取决于地震的震级。震级越高，断裂越大，历时也就越长。乔治·W·豪斯纳（G. W. Housner）和西特提出的结果分别列于表 7-1 和表 7-2 中。

表 7-1 震级参数（一）

震级	最大加速度（g）	持续时间（s）
5.0	0.09	2
5.5	0.15	6
6.0	0.22	12
6.5	0.29	18
7.0	0.37	24
7.5	0.45	30
8.0	0.50	34
8.5	0.50	37

表 7-2 震级参数（二）

震级	持续时间（s）
5.5～6	8
6.5	14
7.0	20
7.5	40
8.0	60

综上所述，对于某一个给定的场地，可以根据场地周围可能的震中位置和震级确定出该场地地基岩运动的最大加速度和卓越周期。这样，在进行地震反应分析时，可以再选取一个适当的地震记录作为基础，把它的纵坐标（加速度）按所确定的最大加速度与记录上最大加速度的关系作比例放大或缩小，把它的纵坐标（时间）按所确定的卓越周期进行比例放大或缩小，再考虑强震部分的时间。在必要时，为了满足这个时间，曲线中的某些峰值可以人为地重复或去除。将这样得到的时程曲线作为场地基岩运动的时程曲线，利用它即可计算该场地地面的地震反应，进而计算地面上建筑物对地震的反应与它的稳定性。实际应用时，由于考虑到地震的随机性，对于比较重要的建筑物，应该选取几个地震记录进行上述的变换和计算，再在综合比较分析的基础上确定出研究系统（包括覆盖层和结构物）的地震反应。

由于振动与波动在土动力学中的重要作用，下面将根据振动理论与波动理论讨论它们的基本规律。

7.2.2　土体的动强度指标

20 世纪 60 年代以来，特别是 1964 年日本新潟地震和美国阿拉斯加大地震以后，人们对地震造成的灾害十分重视。许多灾害是由动荷载作用下地基失稳所致，因而引起人们系统地开展对土的动强度的较大规模的研究。在我国则是于 1966 年邢台地震以后，很多科学家及工作者也致力于这方面的研究工作。地震荷载虽然是一种不规则荷载，但是在研究中往往将其等价成为简单的周期荷载。此外，由于开发海洋油、气资源的要求，需建造很多大型的近海、离岸海工建筑物和海底管线，作用于这类建筑物和海床上的一种经常性荷载是波浪荷载，是一种典型的周期荷载。还有公路、铁路路基受车辆的作用，高耸建筑物（如烟囱和冷却塔等）受风荷载的作用，其下地基土受到的往复作用也可简化为周期荷载。因此周期荷载作用下土的动强度成为土动力学中的主要研究课题之一。

1. 动强度的测试方法

地震荷载或波浪荷载的作用是在土工建筑物或地基原有应力（自重应力和建筑物引起的附加应力）的基础上，增加一个动应力。显然土的动强度与振动前的应力状态密切相关，因此测试土的动强度必须模拟振动前的静应力状态。目前采用的室内试验设备有多种，其中最常用的是动三轴试验仪。电磁式动三轴仪的装置简图如图 7-4 所示。它的基本构造类似于静三轴剪力仪，但增加一套轴向的动力加载装置，所以构造要复杂得多。

动三轴试验的土样是一个圆柱体，装在压力室内，先加周围压力 σ_3 和轴应力 σ_1 固结，以模拟振动前土体的应力状态。振动前应力状态通常以 σ_3 和固结应力比 $K_c = \sigma_1/\sigma_3$ 表示。土样固结后，通过动力加载系统对试样施加简单的周期应力，常用的是简谐应力 $\sigma_d = \sigma_{d0}\sin wt$，如图 7-5 所示，$\sigma_{d0}$ 称为动应力幅值。在施加动力的试验过程中，用传感器测出试样的动应力、动应变和孔隙水压力的时程曲线，如图 7-6 所示。根据记录曲线和如下所述的破坏标准，可以找出这种动应力幅值下的破坏振次 N_f。

除了动三轴试验外，土的动强度还可以用振动单剪仪、振动扭剪仪等测试手段测定，本章不逐一作详细介绍。

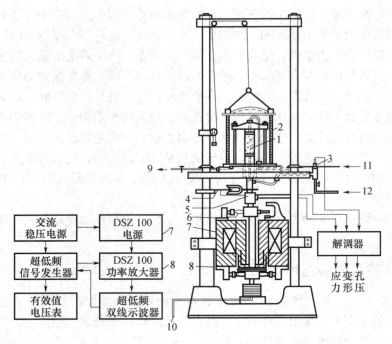

图 7-4　动三轴示意图

1—式样；2—压力室；3—孔隙压力传感器；4—变形传感器；5—拉压力传感器；

6—导轮；7—励磁线圈（定圈）；8—激振线圈（动圈）；9—接侧压力稳压罐系统；

10—接触向压力稳压罐系统；11—接反压力饱和及排水系统；12—接静孔隙压力测量系统

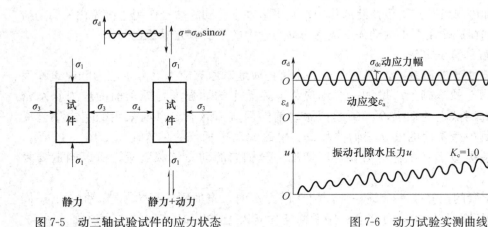

图 7-5　动三轴试验试件的应力状态　　　　图 7-6　动力试验实测曲线

2. 破坏标准

在动强度的资料整理中，目前常用的有如下三种破坏标准。

（1）极限平衡标准

假定土的静力极限平衡条件也适用于动力试验中，而且动载和静载的莫尔—库仑强度包线相同，即土的动力有效黏聚力 c_d' 和内摩擦角 φ_d' 分别等于静力有效黏聚力 c' 和内摩擦角 φ'。图 7-7 中，应力圆①表示振动前试样的应力状态，应力圆②表示加动载过程中最大的应力圆，也就是动应力等于幅值 σ_{d0} 瞬间应力圆。如果加动荷载的过程中，试样内的孔隙水压力不断发展，显然用有效应力表示时，应力圆②将不断向强度包线移动。当孔隙水压力达到临界值 u_{cr} 时，应力圆与强度包线相切。按极限平衡条件，这时试样达到破坏状态。根据几何条件，可以推导出极限平衡状态时的孔隙水压力，见式（7-1）

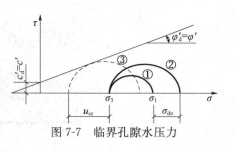

图 7-7　临界孔隙水压力

$$u_{cr}=\frac{\sigma_1+\sigma_3}{2}-\frac{\sigma_1-\sigma_3-\sigma_{d0}(1-\sin\varphi')}{2\sin\varphi'}+\frac{c'}{\tan\varphi'} \qquad (7\text{-}1)$$

式中　φ'——土的静力有效内摩擦角；

　　　c'——土的静力有效黏聚力；

　　　σ_{d0}——动应力幅值。

计算出 u_{cr} 后，在试验中所记录的孔隙水压力发展曲线上，可找到孔隙水等于 u_{cr} 的振次，它就是动应力幅值为 σ_{d0} 时的破坏振次 N_f。

应该指出，由于动应力是随时间不断变化的，图 7-7 中试样破坏时对应的应力圆③，仅仅发生于动应力达到幅值 σ_{d0} 的瞬间。过后，动应力即减小，应力圆相应缩小。土样若在瞬间不破坏，则又恢复到其稳定状态，这点与静荷载的应力保持不变有较大的差异。实际上，在某些情况下，例如对于饱和松砂，当固结应力比 $K_c=1.0$，按这一标准，土样确实已接近于破坏。而对于另外一些情况，例如土的密度较大，固结应力比 $K_c>1.0$，则虽然达到瞬时极限平衡状态，但试样仍能继续承担荷载，距离破坏尚远。一般来说，用这种标准将过低估计土的动强度，因而具有较高的安全度。

（2）液化标准

对于砂性土，当周期荷载所产生的累计孔隙水压力 $u=\sigma_3$，即 $\sigma'_3=0$ 时，土完全丧失强度，处于黏滞液体状态，称为液化状态。以这种状态作为土的破坏标准，即为液化标准。通常只有饱和松散的砂或粉土，且振动前的应力状态为固结应力比 $K_c=1.0$ 时，才会出现累积孔压 $u=\sigma_3$ 的情况。有关土的液化概念，将在下节进一步阐述。

（3）破坏应变标准

对于不出现液化破坏的土，随着振次增加，孔隙水压力增长的速率将逐渐减缓并趋向于一个小于 σ_3 的稳定值，但是变形却随振次继续发展。因此也如静力试验一样，对于周期荷载也可以规定一个限制应变作为破坏标准。例如等压固结，即 $K_c=1.0$ 时，常用双幅轴向动应变 $2\varepsilon_d$ 等于 5% 或 10% 作为破坏应变，$K_c>1.0$ 时则常以总应变（包括残余应变 ε 和动应变 ε_d）达 5% 或 10% 作为破坏应变，如图 7-8 所示。具体取值与建筑物的性质有关，目前尚无统一的规定。

显然，在以上三种破坏标准中，当土不可能液化时，常以限制应变值作为破坏标准。

3. 动强度曲线

以几个土质相同的试样为一组，在同样的 σ_1 和 σ_3 下固结稳定后，施加幅值 σ_{d0} 不相同的周期荷载，加载过程中，测得图 7-6 和图 7-8 所示的实测曲线，然后根据已经确定的破坏标准，同实测曲线上查得与该动应力幅值相对应的破坏振次 N_f。以 $\lg N_f$ 为横坐标，以试样 45° 面上动剪应力 τ_d（即动应力幅 σ_{d0} 的一半）或动应力比 $\sigma_{d0}/(2\sigma_3)$ 为纵坐标，绘制

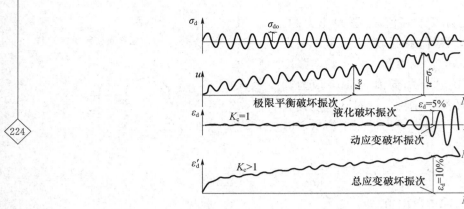

图 7-8　动力试验破坏标准

曲线，如图 7-9 所示，这种曲线称为土的动强度曲线。根据这种曲线，土的动强度可理解为：某种静应力状态下（即 σ_1 和 σ_3 一定）周期荷载使土样在某一预定的振次下发生破坏，这时试样 45°面上动剪应力幅值 $\sigma_{d0}/2$ 即为土的动强度。所以动强度并不仅仅取决于土的性质，而且与振动前的应力状态和预定的振次有关。根据一般土的测试结果可知，动强度随围压力 σ_3 和固结应力比 K_c 的增加而增加。只有很松散，结构很不稳定的土，或 K_c 比较大时才会出现固结应力比增加，动强度反而下降的现象。

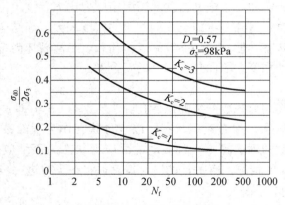

图 7-9　动强度曲线

4. 土的动强度指标 c_d 和 φ_d

用上述动强度的概念，只能判别某种应力状态下的土单元体在一定的动力作用下（即一定应力幅和振次下）是否破坏。在进行土体的土体稳定性分析时，如采用圆弧法和滑动楔体法，土的抗剪强度指标中，必须同时考虑静力和动力的作用。这时，常用的强度指标是动强度指标 c_d 和 φ_d，可根据试验结果求取，其整理方法如下。将固结应力比 K_c 相同，周围压力 σ_3 不同的几个动力试验分为一组，根据作用在每一试样上的固结应力比 K_c 和 σ_3，可从图 7-9 的动强度曲线上查得与某一规定振次 N_f 相应的动应力幅值 σ_{d0}，把 σ_{d0} 叠加在 σ_1 上并在 τ-σ 坐标上会出相应的破坏应力圆，如图 7-10 中破坏应力圆①和②。这几个破坏应力圆的公切线即为动强度包线，根据动强度包线可求出土的动强度指标 c_d 和 φ_d，还可用于静力和动力共同作用下土体的整体稳定性分析中。

应该特别注意的是，一种强度指标是对应于某一规定的破坏振次 N_f 和振动前的固结应力比 K_c 的。图 7-11 表示一种砂土的 N_f-K_c-φ_d 的关系曲线。在实际应用中，破坏振次 N_f 可以根据地震的震级由表 7-3 查用。K_c 代表土体整体滑动时，滑动面上的平均固结应力比。在对土体已经进行过应力—应变分析的情况下，可取滑动面所通过的各个单元的固结应力比的平均值。

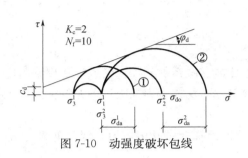

图 7-10 动强度破坏包线

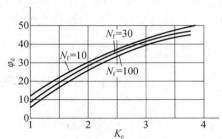

图 7-11 某种砂的 N_f-K_c-φ_d 关系曲线

表 7-3 地震等效循环周期

震级	等效循环应力幅	等效循环周数
7.0	$0.65\tau_{max}$	12
7.5	$0.65\tau_{max}$	20
8.0	$0.65\tau_{max}$	30

当没有进行过土体的应力—应变分析时，可用下述方法根据活动面的稳定安全系数 F_s，求滑动面的平均固结应力比。为阐述简明起见，以无黏性土为例。图 7-12 中应力圆①为土的极限状态应力圆，应力圆②为周围应力 σ_3 相同但土试样尚未达到极限应力状态的应力圆，此时安全系数为：

$$F_s = \frac{\tau_f}{\tau} = \frac{\frac{1}{2}(\sigma_{1f}-\sigma_3)\cos\varphi_d}{\frac{1}{2}(\sigma_1-\sigma_3)\cos\varphi_d} = \frac{\sigma_{1f}-\sigma_3}{\sigma_1-\sigma_3} = \frac{K_{cf}-1}{K_c-1}$$

(7-2)

式中 τ_f——破坏面上的剪应力，即抗剪强度；

τ——潜在破坏面上的剪应力；

K_{cf}——破坏时的固结应力比，根据极限平衡条件求得。

平衡条件

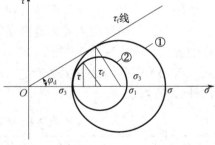

图 7-12 试样破坏前和破坏时的应力圆

$$K_{cf} = \frac{\sigma_{1f}}{\sigma_3} = \frac{1+\sin\varphi_d}{1-\sin\varphi_d}$$

(7-3)

代入式（7-2），简化后

$$K_c = \frac{1}{F_s} \cdot \frac{2\sin\varphi_d}{1-\sin\varphi_d} + 1$$

(7-4)

假定滑动土体沿某一滑动面各处的安全系数相同，则对于滑动面所通过的土体，其平均固结应力比 K_c 可以用式（7-4）估算。

当 K_c 和 N_f 确定以后，就可以从图 7-11 查找与这种应力状态相适应的动力内摩擦角

φ_d。c_d 和 φ_d 是总应力法指标，亦即振动所产生的孔隙水压力对强度的影响已在指标中得到反映。在动力稳定分析中，也可以采用有效应力法。这时试验中必需测出破坏时的孔隙水压力 u_f。将总应力扣去孔隙水压力 u_f，绘制破坏时的有效应力圆，即可得到有效应力强度包线。根据有效应力强度包线求出有效应力的动强度指标 c'_d 和 φ'_d。许多研究结果表明，土的有效应力动强度指标 c'_d 和 φ'_d 与有效应力静强度指标 c' 和 φ' 十分接近，所以用静力指标代替动力指标不会引起很大的误差。

7.2.3 土体动力参数

土的动力特征参数包括：动弹性模量、阻尼比或衰减系数、动强度或液化周期剪应力以及振动孔隙水压力增长规律等。其中动剪切模量和阻尼比是表征土的动力特征的两个主要参数，本节简介这两个动力特征参数。

土的动剪切模量 G_d 是指产生单位动剪切应变时所需要的动剪应力，即动剪应力 τ_d 与动剪应变 ε_d 之比值，按下式计算：

$$G_d = \frac{\tau_d}{\varepsilon_d} \tag{7-5}$$

土体作为一个振动体系，其质点在运动过程中由于黏滞摩擦作用而有一定的能量损失，这种现象称为阻尼，也称黏滞阻尼。在自由振动下，阻尼表现为质点的振幅随振次而逐渐衰减。在强迫振动中，则表现为应变滞后于应力而形成滞回圈。土的阻尼比 ζ 是指阻尼系数与临界阻尼系数的比值。由物理学可知，比例系数即为阻尼系数，使非弹性体产生振动过渡到不产生振动时的阻尼系数，称为临界阻尼系数。阻尼比是衡量吸收振动能量的尺度。地基或土工建筑物振动时，阻尼有两类，一类是逸散阻尼，另一类是材料阻尼。前者是土体中积蓄的振动能量以表面波或体波（包含剪切波和压缩波）向四周和下方扩散而产生的，后者是土粒间摩擦和孔隙中水与气体的黏滞性产生的。

土动力问题研究应变的范围很大，从精密设备基础振幅很小的振动到强烈地震或核爆炸的震害，剪应变从 10^{-6} 到 10^{-2}。在这样大的应变范围内，土动力计算中所用的特征参数，需用不同的测试方法来确定。动剪切模量和阻尼比，可用表 7-4 和表 7-5 所列各种室内外试验方法测定。

表 7-4 动剪切模量和阻尼比的室内试验方法

试验方法	动剪切模量	阻尼比	试验方法	动剪切模量	阻尼比
超声波脉冲	✓		周期单剪	✓	✓
共振柱	✓	✓	周期扭剪	✓	✓
周期三轴剪		✓			

表 7-5 动剪切模量和阻尼比的原位试验方法

试验方法	动剪切模量	阻尼比	试验方法	动剪切模量	阻尼比
折射法	✓		钻孔波速法	✓	
反射法	✓		动力旁压试验		✓
表面波法	✓		标准贯入试验	✓	

227

土动力测试和其他土工试验一样，尽管原位测试可以得到代表实际土层性质的测试资料，但限于原位试验的条件和较大的试验费用，通常在原位只做小应变试验，而在实验室内则可以做从小应变到大应变的试验。

土的动力特征参数的室内测定，由于周期加荷三轴剪切试验相对比较简单，故一般用它来确定土的动剪切模量 G_d（换算得到）和阻尼比 ζ，周期加载三轴试验仪器如图 7-13 所示（由于加载方式有用电磁激振器激振、气压或液压激振，故周期加荷三轴仪的型式也有多种）。

试验时，对圆柱形土样施加轴向周期压力，直接测量土样的应力和应变值，从而绘出应力应变曲线，如图 7-14 所示，称滞回曲线。试验所得的滞回曲线是在周期荷载作用下的结果，所以求得的模量称动弹性模量 E_d，而动剪切模量 G_d 则可由下式求出：

$$G_d = E_d/2(1+\mu) \tag{7-6}$$

式中 μ——土的泊松比。

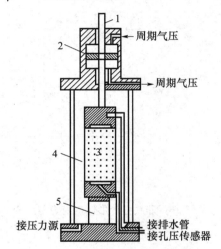

图 7-13 周期加荷三轴仪图

1—活塞杆；2—活塞；3—试样；4—压力室；5—压力传感器

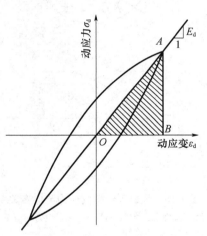

图 7-14 动应力与动应变关系曲线

土的阻尼比可由图 7-14 所示的滞回圈按下式求得：

$$\zeta = \Delta F/4\pi F \tag{7-7}$$

式中 ΔF——滞回圈包围的面积，表示加荷与卸荷的能量损失；

F——滞回圈顶点至原点的连线与横坐标所形成的直角三角形 AOB 的面积，表示加荷与卸荷的应变能。

另一种测定阻尼比的方法是让土样受一瞬间荷载作用，引起自由振动，量测振幅的衰减规律，用下式求土的阻尼比：

$$\zeta = (\omega_r/2\pi\omega)\ln(U_k/U_{k+1}) \tag{7-8}$$

式中 ω_r、ω——有阻尼和无阻尼时土样的自由振动频率；

U_k、U_{k+1}——第 k 和 $k+1$ 次循环的振幅。

一般 ω_r 和 ω 差别不大，故上式可简化为

$$\zeta = (1/2\pi)\ln(U_k/U_{k+1}) \tag{7-9}$$

必须指出，在小应变时把土体作为线弹性体，在周期应力作用下，应力可分为弹性部

分 σ_1 和阻尼部分 σ_2，弹性部分的应力与应变成正比，阻尼部分的应力与应变沿椭圆变化，两者相加即为实际的滞回曲线，如图 7-15 所示，当周期应力的幅值增大或减少时，滞回圈保持相似的形状扩大或减小。因此，表征动力特征参数的动剪变模量 G_d 和阻尼比 ζ 即可视为常数。而当大应变时，土体呈现非线性变形特征，弹性部分的应力与应变不是直线关系，阻尼部分的应力与应变也不再是椭圆变化，两种非线性变化的曲线合成后的滞回圈的形状随应力的变化而变化（图 7-16），使得动剪切模量 G_d 和阻尼比 ζ 也在不断变化。所以，在动力分析选用动力参数时，由于非线性的特点，应根据具体情况选用相应应力应变条件下的滞回圈，从而确定动剪切模量 G_d 和阻尼比 ζ 值。

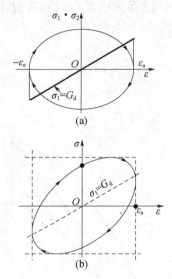

图 7-15　线黏弹性体的应力与应变关系曲线
（a）弹性部分与阻尼部分；（b）应力与应变滞回圈

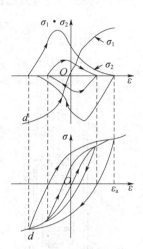

图 7-16　非线性变形体的应力与应变关系曲线

7.3　土的振动液化

7.3.1　液化的基本概念

地震时，在烈度比较高的地区往往发生喷水冒砂现象，这种现象就是地下砂层发生液化的宏观表现。砂土的液化机理可以用图 7-17 说明。假定砂土是一些均匀的圆球，若震前处于松散状态，排列如图 7-17（a）所示。当受水平方向的振动荷载作用时，颗粒有被剪切挤密的趋势。在由松变密的过程中，如果土是饱和的，孔隙内充满水，且孔隙水在振动的短促期间内排不出去，就将出现从松到密的过渡阶段。这时颗粒离开原来位置，而又未落到新的稳定位置上，与四周颗粒脱离接触，处于悬浮状态。这种情况下颗粒的自重，连同作用在颗粒上的荷载将全部由水承担。图 7-17（b）中容器内装填饱和砂，并在砂中装一测压管。摇动容器，即可见测压管水位迅速上升。这种现象表明饱和砂因振动出现超孔隙水压力。根据有效应力原理，土的抗剪强度为：

$$\tau_f = (\sigma - u)\tan\varphi'$$

(7-10)

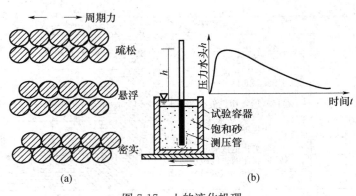

图 7-17　土的液化机理

显然，孔隙水压力增加，抗剪强度随之减小。如果振动强烈，孔隙水压力增长很快而又消散不了，则可能发展至 $u=\sigma$，导致 $\tau_f=0$。这时，土颗粒完全悬浮于水中，成为黏滞流体，抗剪强度 τ_f 和剪切模量 G 几乎都等于零，凸台处于流动状态，这就是液化现象，或称为完全液化。广义的液化通常还包括振动时孔隙水压力升高而丧失部分强度的现象，有时也称为部分液化。

若地基由几层土组成，且较易液化的砂层被不易液化的土层所覆盖。地震时，往往低级内部的砂层首先发生液化，在砂层内产生很高的超孔隙水压力，引起自下而上的渗流。

上覆土层中的渗流坡降大于临界坡降时，原来在振动中没有液化的土层，在渗流水流作用下也处于悬浮状态，砂层以上及上覆土层中的颗粒随水流喷出地面，这种现象称为渗流液化。这种情况下，表征地基液化的喷水冒砂现象在地震过程中可能并未表现出来，而在地震结束后才出现，并且要持续相当长时间，因为液化砂层中的孔隙水压力通过渗流消散，需要一个过程。

7.3.2　影响土体液化的主要因素

如前所述，液化是土体内孔隙水压力发展引起强度降低，直至丧失，使土体变成液态的一种现象。因此，一般只能发生于饱和土。上述影响孔隙水压力发展的因素也就是影响土体液化的因素，不过振动荷载一般都要在土体内引起孔隙水压力的累积，但不一定能达到液化的程度。是否能发生液化，主要还是取决于土的性质。

就土的种类而言，总结国内外现场调查和试验研究的结果表明，中、细、粉砂是最容易发生振动液化的土。粉土和砂粒含量较高的砂砾土也属于可液化土。砂土的抗液化性能与平均粒径 d_{50} 的关系很密切。$d_{50}=0.07\sim1.0\text{mm}$ 的土，抗液化性能最差。黏性土由于有黏聚力，振动不容易使其发生体积变化，也就不容易产生较高的孔隙水压力，所以是非液化土。粒径较粗的土，如砾石、卵石等渗透系数很大，孔隙水压力消散很快，难以累积到较高的数值，通常也不会液化。如图 7-18 所示为可液化土的范围，可供参考。

土的状态，即密度或相对密度是衡量砂土是否能液化的重要指标。曾经有些学者用临界孔隙比作为判别砂土能否液化的界限值。当实际孔隙比 $e<e_{cr}$ 时，不排水剪切将发生负孔隙水压力，土不会液化；只有当 $e>e_{cr}$ 时，不排水剪切产生正孔隙水压力，才有液化的可能。不过如前所述 e_{cr} 并不是恒值，它与周围压力 σ_3 有关。另外 e_{cr} 值是从静力试验求得

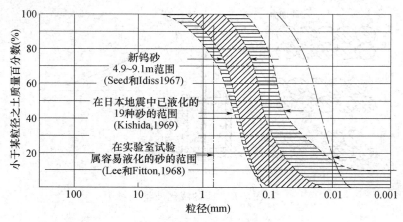

图 7-18 可液化土的范围

的。动荷载作用下孔隙水压力的发展与静荷载有所不同，因此似乎很难直接用临界孔隙比 e_{cr} 作为能否液化的判别标准。目前在工程中常用砂土粉土的标贯击数 N 来判别液化的可能性，因为 N 是反映土的相对密度的重要指标。

1964 年日本新潟地震的现场调查资料表明，相对密度低于 50% 的地区，地基砂土普遍出现液化现象，而相对密度大于 70% 的地区，则未出现地基砂土的液化。我国近 30 年来历次大地震的调查资料也得到类似的结论。因此在《水利水电工程地质勘查规范》（GB 50487）中规定，对于饱和砂土，当相对密度小于表 7-6 数值时，则可能发生液化。

表 7-6 饱和砂土地震时可能发生液化的相对密度

设计烈度（度）	6	7	8	9
地震动峰值加速度（g）	0.05	0.10	0.20	0.40
液化临界相对密度 $(D_r)_{cr}$（%）	65	70	75	85

对于饱和少黏性土，即粉土，只有当饱和含水量 $\omega_s \geqslant 0.9\omega_L$ 或液性指数 $I_L \geqslant 0.75 \sim 1.0$ 时才属于可液化土。

$$f_{aE} = \zeta_a f_a \tag{7-11}$$

式中 ζ_a——地基抗震承载力调整系数，应按表 7-7 取用；

f_a——深宽修正后的地基承载力特征值，应按现《建筑地基基础设计规范》（GB 50007）取用。

表 7-7 地基土抗震承载力调整系数

岩土名称和性状	ζ_a
岩石，密实的碎石土，密实的砾、粗、中砂的黏性土和粉土	1.5
中密、稍密的碎石土，中密和稍密的砾、粗、中砂，密实和中密的细、粉砂，$150 \leqslant f_{ak} < 300$ 的黏性土和粉土，坚硬黄土	1.3
稍密的细、粉砂，$100 \leqslant f_{ak} < 150$ 的黏性土和粉土，新近沉积的黏性土和粉土，可塑性黄土	1.1
淤泥，淤泥质土，松散的砂，杂填土，新近的沉积黄土和流塑黄土	1.0

7.3.3 地震场地的划分

1. 建筑场地划分

根据《建筑抗震设计规范》(GB 50011),建筑场地选择应按表7-8划分对建筑抗震有利、一般、不利和危险的地段。

表7-8 有利、一般、不利和危险地段的划分

地段类别	地质、地形、地貌
有利地段	稳定基岩、坚硬土,开阔、平坦、密实、均匀的中硬土等
一般地段	不属于有利、不利和危险的地段
不利地段	软弱土、液化土、条状突出的山嘴,高耸孤立的山丘,陡坡,陡坎,河岸和边坡的边缘,平面分布上成因、岩性、状态明显不均匀的土层(含故河道、疏松的断层破碎带、暗浜沟谷和半填半挖地基),高含水量的可塑黄土,地表存在结构性裂缝等
危险地段	地震时可能发生滑坡、崩塌、地陷、地裂、泥石流,发震断裂等可能发生地表位错的部分

2. 土层剪切波速

建筑场地类别的划分,应以土层等效剪切波速和场地覆盖层厚度为准。土层剪切波速的测量,应符合下列条件:

(1) 在场地初步勘察阶段,对大面积的同一地质单元,测试土层剪切波速的钻孔数量不宜少于3个。

(2) 在场地详细勘察阶段,对单栋建筑,测试土层剪切波速的钻孔数量不宜少于2个,测试数据变化较大时,可适量增加;对小区中处于同一地质单元内的密集建筑群,测试土层剪切波速的钻孔数量可适当减少,但每幢高层建筑和大跨度空间结构的钻孔数量均不得小于1个。

(3) 对丁类建筑及丙类建筑中层数不超过10层、高度不超过24m的多层建筑,当无实测剪切波速时,可根据岩土名称和性状,按表7-9划分土的类型,再利用当地经验在表7-9的剪切波速范围内估计各土层的剪切波速。

表7-9 土的类别划分和剪切波速范围

土的类型	岩土名称和性状	土层的剪切波速范围 v_s (m/s)
岩石	坚硬、较坚硬且完整的岩石	$v_s > 800$
坚硬土或软质岩石	破碎和较破碎的岩石或软和较软的岩石,密实的碎石土	$800 \geq v_s > 500$
中硬土	中密、稍密的碎石土,密实、中密的砾、粗、中砂,$f_{ak} > 150$ 的黏性土和粉土,坚硬黄土	$500 \geq v_s > 250$
中软土	稍密的砾、粗、中砂,除松散外的细、粉砂,$f_{ak} \leq 150$ 的黏性土和粉土,$f_{ak} > 130$ 的填土,可塑新黄土	$250 \geq v_s > 150$
软弱土	淤泥和淤泥质土,松散的砂,新近沉积的黏性土和粉土,$f_{ak} \leq 130$ 的填土,流塑黄土	$v_s \leq 150$

注:f_{ak}为由荷载试验等方法得到的地基承载力特征值(kPa)。

3. 建筑场地覆盖层厚度

建筑场地覆盖层厚度的确定，应符合下列要求：

（1）一般情况下，应按地面至剪切波速大于 500m/s 的土层顶面的距离确定。

（2）当地面 5m 以下存在剪切波速大于各层剪切波速 2.5 倍的土层，且该层及其下卧岩土的剪切波速均不小于 400m/s 时，可按地面至该土层顶面的距离确定。

（3）剪切波速大于 500m/s 的孤石、透镜体，应视同周围土层。

（4）土层中的火山岩硬夹层，应视为刚体，其厚度应从覆盖土层中扣除。

4. 土层的等效剪切波速

土层的等效剪切波速，应按下列公式计算：

$$v_{se} = d_0/t \tag{7-12}$$

$$t = \sum_{i=1}^{n}(d_i/v_{si}) \tag{7-13}$$

式中　v_{se}——土层等效剪切波速（m/s）；

$\quad\quad d_0$——计算深度（m），取覆盖层厚度和 20m 两者的较小值；

$\quad\quad t$——剪切波在地面至计算深度之间的传播时间（s）；

$\quad\quad d_i$——计算深度范围内第 i 土层的厚度（m）；

$\quad\quad v_{si}$——计算深度范围内第 i 土层的剪切波速（m/s）；

$\quad\quad n$——计算深度范围内土层的分层数。

5. 地震建筑场地类别

根据土层等效剪切波速和场地覆盖层厚度，建筑场地按表 7-10 划分为四类。其中 I_0、I_1 为两个亚类。当有可靠的剪切波速和覆盖层厚度，且其值处于表 7-10 所列场地类别的分界线附近时，应允许按插值方法确定地震作用计算所用的特征周期。

表 7-10　各类建筑场地的覆盖层厚度

岩石的剪切波速或土层的等效剪切波速（m/s）	场地类别				
	I_0	I_1	II	III	IV
$v_s > 800$	0	—	—	—	—
$800 \geqslant v_s > 500$	—	0	—	—	—
$500 \geqslant v_s > 250$	—	<5	≥5	—	—
$250 \geqslant v_s > 150$	—	<3	3～50	>50	—
$v_s \leqslant 150$	—	<3	3～15	15～80	>80

注：表中 v_s 系岩石的剪切波速。

7.3.4　地基液化判别与防治

饱和砂土或粉土的液化判别和地基处理，6 度时，一般情况下可不进行判别和处理，但对液化沉陷敏感的乙类建筑可按 7 度的要求进行判别和处理，7～9 度时，乙类建筑可按本地区设防烈度的要求进行判别和处理。

饱和的砂土或粉土，当符合下列条件之一时，可初步判别为不液化或不考虑液化的影响：

（1）质代年为第四纪晚更新世（Q_3）及其以前时，7度、8度和9度时可判为不液化。

（2）粉土的黏粒（粒径小于0.005mm的颗粒）含量百分率在7度、8度和9度分别不小于10、13和16时，可判为不液化土（注：用于液化判别的黏粒含量系采用六偏磷酸钠作分散剂测定，采用其他方法时应按有关规定换算）。

（3）采用天然地基的建筑，当上覆非液化土层厚度和地下水位深度符合下列条件之一时，可不考虑液化影响：

$$d_u > d_0 + d_b - 2 \tag{7-14}$$
$$d_w > d_0 + d_b - 3 \tag{7-15}$$
$$d_u + d_w > 1.5d_0 + 2d_b - 4.5 \tag{7-16}$$

式中　d_w——地下水位深度（m），宜按设计基准期内年平均最高水位采用，也可按近期内年最高水位采用；

d_u——上覆非液化土层厚度（m），计算时宜将淤泥和淤泥质土层扣除；

d_b——基础埋置深度（m），不超过2m时应采用2m；

d_0——液化土特征深度（m），可按表7-11采用。

表7-11　液化土特征深度（m）

饱和土类别	7度	8度	9度
粉土	6	7	8
砂土	7	8	9

当饱和砂土、粉土经初步判别认为需进一步进行液化判别时，应采用标准贯入试验判别法判别地面下20m范围内土的液化；但对可不进行天然地基及基础的抗震承载力验算的各类建筑，可只判别地面下15m范围内土的液化。当饱和土标准贯入锤击数（未经杆长修正）小于或等于液化判别标准贯入锤击数临界值时，应判为液化土。当有成熟经验时，也可采用其他判别办法，在地面下20m深度范围内，液化判别标准贯入锤击数临界值可按下式计算：

$$N_{cr} = N_0\beta[\ln(0.6d_s + 1.5) - 0.1d_w]\sqrt{3/\rho_c} \tag{7-17}$$

式中　N_{cr}——液化判别标准贯入锤击数临界值；

N_0——液化判别标准贯入锤击数基准值，应按表7-12采用；

d_s——饱和土标准贯入点深度（m）；

ρ_c——黏粒含量百分率，当小于3或为砂土时，应采用3；

β——调整系数，设计地震第一组取0.80，第二组取0.95，第三组取1.05。

表7-12　液化判别标准贯入锤击数基准值 N_0

设计基本地震加速度	0.10	0.15	0.20	0.30	0.40
液化判别标准贯入锤击数基准值	7	10	12	16	19

对存在液化土层的地基，应探明各液化土层的深度和厚度，按下式计算各个钻孔的液化指数，并按表7-13综合划分地基的液化等级：

$$I_{IE} = \sum_{i=1}^{n} \left(1 - \frac{N_i}{N_{cri}}\right) d_i W_i \qquad (7\text{-}18)$$

式中　I_{IE}——液化指数；

　　n——在判别深度范围内每一个钻孔标准贯入试验点的总数；

　　N_i、N_{cri}——分别为 i 点标准贯入锤击数的实测值和临界值，当实测值大于临界值时应取临界值的数值，当只需要判别 15m 范围以内的液化时，15m 以下的实测值可按临界值采用；

　　d_i——i 点所代表的土层厚度（m），可采用与该标准贯入试验点相邻的上、下两标准贯入试验点深度差的一半，但上界不小于地下水位深度，下界不大于液化深度；

　　W_i——i 土层考虑单位土层厚度的层位影响权函数值（单位为 m^{-1}）。当该层中点深度不大于 5m 时应采用 10，等于 20m 时应采用零值，5～20m 时应按线性内插法取值。

表 7-13　液化等级

液化等级	轻微	中等	严重
液化指数 I_{IE}	$0 < I_{IE} \leqslant 6$	$6 < I_{IE} \leqslant 18$	$I_{IE} > 18$

地基抗液化措施应根据工程结构的重要性、地基的液化等级，结合具体情况综合确定。当液化土层较平坦且均匀时，建筑地基宜按表 7-14 选用地基抗液化措施；还可计入上部结构重力荷载对液化危害的影响，根据液化震陷量的估计适当调整抗液化措施。

表 7-14　抗液化措施

建筑抗震设防类别	地基的液化等级		
	轻微	中等	严重
乙类	部分消除液化沉陷，或对基础和上部结构处理	全部消除液化沉陷，或部分消除液化沉陷且对基础上部结构处理	全部消除液化沉陷
丙类	基础和上部结构处理，亦可不采取措施	基础和上部结构处理，或更高要求的措施	全部消除液化沉陷，或部分消除液化沉陷且对基础上部结构处理
丁类	可不采取措施	可不采取措施	基础和上部结构处理，或其他经济的措施

不宜将未经处理的液化土层作为天然地基持力层。

全部消除地基液化沉陷的措施，应符合下列要求：

（1）采用桩基时，桩端伸入液化深度以下稳定土层中的长度（不包括桩尖部分），应按计算确定，且对碎石、砾、粗中砂、坚硬黏性土和密实粉土不应小于 0.5m，对其他非岩石土不宜小于 1.5m。

（2）采用深基础时，基础底面应埋入液化深度以下的稳定土层中，其深度不应小于 0.5m。

（3）采用加密法（如振冲、振冲加密、挤密碎石桩、强夯等）加固时，应处理至液化深度下界；振冲或挤密碎石桩加固后，桩间土的标准贯入锤击数实测值不宜小于按式（7-17）计算的标准贯入锤击数临界值。

（4）用非液化土替换全部液化土层，或增加上覆非液化土层的厚度。

（5）采用加密法或换土法处理时，在基础边缘以外的处理宽度，应超过基础底面下处理深度的1/2且不小于基础宽度的1/5。

部分消除地基液化沉陷的措施，应符合下列要求：

（1）处理深度应使处理后的地基液化指数减少，其值不宜大于5；大面积筏基、箱基的中心区域（注：中心区域指位于基础外边界以内沿长宽方向距外边界大于相应方向1/4长度的区域），处理后的液化指数可比上述规定降低1；对独立基础与条形基础，尚不应小于基础底面下液化土特征深度和基础宽度的较大值。

（2）采用振冲或挤密碎石桩加固后，桩间土的标准贯入锤击数实测值不宜小于式（7-17）计算的标准贯入锤击数临界值。

（3）采用加密法或换土法处理时，在基础边缘以外的处理宽度，应超过基础底面下处理深度的1/2且不小于基础宽度的1/5。

（4）采取减小液化震陷的其他办法，如增厚上覆非液化土层的厚度和改善周边的排水条件等。

减轻液化影响的基础和上部结构处理，可综合采用下列各项措施：

（1）择合适的基础埋置深度。

（2）调整基础底面，减少基础偏心。

（3）加强基础的整体性和刚性，如采用箱基、筏基或钢筋混凝土交叉条形基础，加设基础圈梁等。

（4）减轻荷载，增强上部结构的整体刚度和均匀对称性，合理设置沉降缝，避免采用对不均匀沉降敏感的结构形式等。

（5）穿过建筑处应预留足够尺寸或采用柔性接头等。

习　题

7-1　动三轴试验中，试样在 $\sigma_3=100\text{kPa}$，固结比 $K_c=2$ 的条件固结，然后施加幅值为30kPa的周期动应力，若土体的有效内摩擦角 $\varphi'=25°$，黏聚力 $c'=12\text{kPa}$，问振动水压力发展到多大时，试样处于动力极限平衡状态？

7-2　某饱和砂的动强度可以用 σ_3 进行归一化（即不同 σ_3 的动应力比 $\sigma_d/(2\sigma_3)$ 相同）。固结应力比 $K_c=2$ 时的动强度曲线如图7-19所示，地区震级为8级，问进行动力分析时可以采用多大的动力内摩擦角。

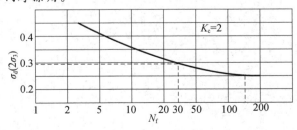

图 7-19　动强度曲线

7-3 某场地地质勘察资料如下：

(1) 0~2.0m，淤泥质土，$f_{ak}=110kPa$，$v_s=120m/s$；

(2) 2.0~25.0m，密实粗砂，$f_{ak}=380kPa$，$v_s=400m/s$；

(3) 25.0~26.0m，玄武岩，$f_{ak}=2000kPa$，$v_s=800m/s$；

(4) 26.0~40.0m，密实含砾中砂，$f_{ak}=300kPa$，$v_s=350m/s$；

(5) 40m以下，强风化粉砂质泥岩，$f_{ak}=800kPa$，$v_s=700m/s$。

该场地拟进行民用建筑住宅小区开发，按《建筑抗震设计规范》（GB 50011），其场地类别为几级？

7-4 某场地位于8度烈度区，场地土自地表至7m为黏土，可塑状态，7m以下松散砂土，地下水位埋深为6m，拟建筑基础埋深为2m，场地处于全新世的一级阶地上，试按《建筑抗震设计规范》（GB 50011）初步判断场地的液化性？

7-5 某民用建筑采用浅基础，基础埋深为2.5m，场地位于7度烈度区，涉及基本地震加速度为0.10g，设计地震分组为第一组，地下水位埋深为3.0m，地层资料如下：

(1) 0~10.0m，粉土，$f_{ak}=120kPa$；

(2) 10.0~25.0m，砂土，稍密状态，$f_{ak}=200kPa$。

标准贯入资料见表7-15。

表7-15 标准贯入资料

测试点深度（m）	12	14	16	18
实测标准贯入击数	8	13	12	17

7-6 某基础埋深为2.0m，场地地下水埋深3.0m，ZK-2钻孔资料如下：0~4.0m为黏土，硬塑状态，4.0m以下为中砂土，中密状态，标准贯入试验结果见表7-16，按《建筑抗震设计规范》（GB 50011）要求，该场地中ZK-2钻孔的液性指数为多少？

表7-16 钻孔标准贯入资料

测试点深度（m）	6	8	10	12	16	18
实测标准贯入击数	5	5	6	7	12	16

参 考 文 献

[1] 东南大学，浙江大学，湖南大学，苏州城建环保学院．土力学［M］．3 版．北京：中国建筑工业出版社，2001.

[2] 邹新军．土力学与地基基础［M］．长沙：湖南大学出版社，2015.

[3] 赵明华．土力学与基础工程［M］．3 版．长沙：湖南大学出版社，2009.

[4] 陈仲颐，周景星，王洪瑾．土力学［M］．北京：清华大学出版社，1994.

[5] 杨小平．土力学及地基基础［M］．武汉：武汉大学出版社，2000.

[6] 高大钊．土力学与基础工程［M］．北京：中国建筑工业出版社，1998.

[7] 陈希哲．土力学地基基础［M］．3 版．北京：清华大学出版社，2000.

[8] 李广信，张丙印，于玉贞．土力学［M］．3 版．北京：清华大学出版社，2013.

[9] 工程地质手册编写委员会．工程地质手册［M］．3 版．北京：中国建筑工业出版社，1995.

[10] 中华人民共和国住房和城乡建设部．GB 50007—2011 建筑地基基础设计规范［S］．北京：中国建筑工业出版社，2012.

[11] 中华人民共和国水利部．GB 50487—2008 水利水电工程地质勘察规范［S］．北京：中国标准出版社，2009.

[12] 中华人民共和国交通部．JTG E40—2007 公路土工试验规程［S］．北京：人民交通出版社，2007.

[13] 中华人民共和国住房和城乡建设部．GB/T 50123—1999 土工试验方法标准［S］．北京：中国建筑工业出版社，1999.

[14] 中华人民共和国住房和城乡建设部．GB 50011—2010 建筑抗震设计规范［S］．北京：中国建筑工业出版社，2010.